KB142027

21세기 연금술
3D 프린터

21세기 연금술
3D 프린터

과학국가박사 **이종호** 지음

MODOOBOOKS

머리말

과거부터 집권자들은 각 분야의 전문가들로부터 미래에 대한 예측을 수시로 점검받았다. 그러나 당대의 최고 전문가들이 예언한 내용 중 상당수가 전혀 예상과는 달리 진행되었다는 사실은 역사적으로 증명된다.

현대문명의 핵으로 불리는 컴퓨터가 처음 등장했을 때 개인에게 PC가 보급되는 일은 절대로 있을 수 없다고 단언한 당대의 석학이 줄을 이었고, 디지털카메라가 나왔을 때 '코닥(Kodak)' 사는 결코 필름 카메라를 대체할 수 없다고 주장했다.

결과는 어떤가?

PC는 이제 현대생활에서 개개인의 기본 필수품이 되었고 당대 세계 최대 회사 중의 하나였던 코닥사는 시대의 변화에 적응하지 못하여 파산했다.

지구상의 천재들이 아무리 많다고 한들 미래를 정확히 예언하기는 불가능하다는 사실이 분명해진 셈이다. 인간의 미래를 읽을 수 있는 교과서는 없기 때문이다. 아무리 그렇더라도 미래를 읽어주는 어떤 패턴이 있음은 분명하다. 인간의 미래는 인간에 의해 움직이기 때문이다.

과학 혁명 시대로 접어든 오늘날, 학자들은 몇 가지 분야에 대해서는 분명하게 전망한다.

첫째는 지구촌이 유비쿼터스시대, 즉 사물인터넷 시대로 들어서면서 스마트시티, 스마트홈 등으로 구현된다는 것이다. 둘째는 지구촌이 수많은 첨단 기술로 점철되고, 자율자동차와 드론 그리고 3D프린터라는 세 가지 기술이 인간 생활을 획기적으로 바꾸어준다는 것이다.

3D프린터가 미래의 핵심 3대 기술로 전망되는 까닭은 21세기의 연금술로서 앞으로 지구인들의 기본 생활 중 하나가 된다는 뜻이다.

이 책은 3D프린터가 어떤 이유로 미래의 지구인들에게 핵심기술이 될 수 있느냐를 다룬다. 비교적 정확한 정보로 무장하면 앞으로 어떤 미래가 닥칠지 예측하여 걸림돌을 슬기롭게 헤쳐 나갈 수 있게 마련이다.

태풍이 아무리 세차게 불어오더라도 태풍의 중앙에는 혼돈이 없다고 알려져 있듯이 하루가 다르게 변하는 미래의 쓰나미와 어려움도 태풍의 중앙에 서서 맥락을 정확하게 읽어낼 수 있다면 얼마든지 헤쳐 나갈 수 있다.

학자들은 4차산업혁명 시대의 누구도 부인하지 못하는 확실한 두 가지 사실이 있다고 단언한다.

① 미래는 누구도 알 수 없다.

② 미래 열차는 계속 떠난다.

우선 제1부에서 사물인터넷, 스마트시티, 스마트홈 등 첨단의 현대 과학기술이 바꿀 지구촌의 변화를 설명한다. 제2부에서는 차세대 신(新)성장 동력으로 지구촌의 3대 핵심기술이 될 자율 주행 자동차와 드론을 설명한다. 제3부에서는 미래 지구촌의 3대 핵심기술 3D프린터의 기본을 다룬다. 제4부에서 3D프린터가 현대의 과학기술과 접목된 분야를 구체적으로 나열하여 3D프린터가 얼마나 우리 세상에 깊이 침투하고 있는가를 보여준다.

제5부는 현재 첨단 공작기계의 한 축을 이루고 있는 CNC를 설명하고, 제6부에서 3D프린터가 미래의 핵심 부분이 될 건축 분야에 대해 한국의 상황과 연계하여 설명한다. 마지막 7부에서는 3D프린터와 일자리의 전망에 대한 설명을 덧붙인다.

『21세기 연금술 3D프린터』는 그동안 필자가 저술한 로봇, 인공지능, 제4차산업혁명, 메타버스, 미래 과학 등에서 상당 부분 다룬 내용들도 포함되어 있다. 그러나 대부분 보완·수정하여 새로운 원고로 마무리하였음은 두말할 나위도 없다.

*『영화에서 만난 불가능의 과학』, 뜨인돌, 2003/『로봇, 인간을 꿈꾸다』, 문화유람, 2007/『미래 과학, 꿈이 이루어지다』, 과학사랑, 2008/『공부 잘하는 아이 미래 들여다보기』, 과학사랑, 2010/『21세기 교양 키워드』, 과학사랑, 2011/『미래 과학 세상을 바꾼다』, 과학사랑, 2011/『로봇, 사람이 되다(영화 속 로봇 이야기)』, 과학사랑, 2013/『로봇, 사람이 되다(함께 사는 로봇 이야기)』, 과학사랑, 2013/『로봇이 인간을 지배할 수

있을까」, 북카라반, 2016/ 4차산업혁명과 미래 직업」, 북카라반, 2017/ 『4차산업혁명과 미래 신성장동력」, 진한M&B, 2020/『하루 3분 과학 책에 반하다」, 과학사랑, 2021/ 『남북한 첨단과학기술 비하인드 팩트 체크」, 모두출판협동조합, 2022/ 『청소년이 꼭 알아야 할 메타버스 이야기」, 이종호·조성호, 북카라반, 2024

21세기로 접어든 현재 미래를 향한 기차는 중단없이 출발하고 있다. 이 미래 열차에 올라타려면 적어도 행선지(行先地)는 어디이고, 어떤 미래를 그려야 할지 사전에 알고 있는 것이 중요하다는 사실은 너무나 당연한 이야기이다.

특히 3D프린터는 미래의 인간 생활을 획기적으로 바꾸어줄 핵심기술이라는 점에 의심의 여지가 없다. 필자와 함께 21세기의 연금술 3D프린터의 미래를 향한 대장정에 발 벗고 나서주시기를 바란다.

2024년 봄

차례

제1부

첨단과학기술이
바꾸는 세상

0. 제4차산업혁명의 핵심 3D프린트

제4차산업혁명을 한마디로 정의하기는 간단하지 않지만, 대체로 다음과 같이 설명한다.

"4차산업혁명의 핵심은 사물인터넷, 소셜 미디어 등으로 인간의 모든 행위와 생각이 온라인의 클라우드 컴퓨터에 빅 데이터의 형태로 저장되는 시대가 온다는 뜻이다."

이것은 사실상 온라인과 오프라인이 일치하는 세상이 온다는 의미다. 이런 세상을 부르는 이름도 디지로그(Digilogue), 사이버피지컬시스템(Cyber Physical System), O2O(Online to Offline) 등 여러 가지다.

이런 이름들이 무엇을 의미하는지는 휴대전화를 사용하거나 자동차를 운전하는 사람들이라면 누구나 잘 알 수 있다.

현재 구글은 지구 전체를 촬영하여 통째로 온라인상에 올려놓고 있는데(Google Earth), 이를 활용하여 나라별 지도와 도로 시스템을 데이터로 저장하고 위치추적시스템(GPS)을 통해 도로 위의 모든 자동차의 움직임을 측정해 내비게이션 시스템으로 제공한다. 자동차를 운전할 때 휴대전화를 활용하는 '카카오내비', 'T-map'이 그것이다.

이 기술이 현대인들에게 얼마나 도움이 되는지는 국내 교통 상황을 연상하면 잘 알 수 있다. 내비게이션이 없을 때 길이 막히면 도로에서 하염

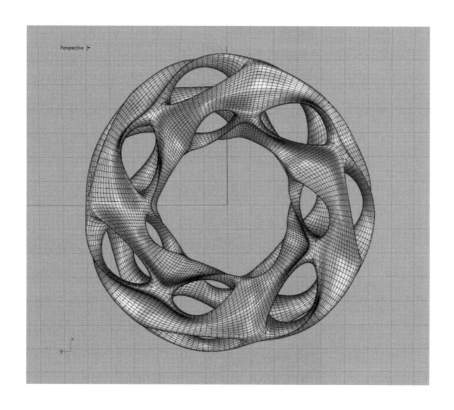

없이 기다릴 수밖에 없어서 어느 길로 가야 할지 막막했다. 그러나 이제는 내비게이션이 도착 예정 시간은 물론 교통 체증을 피해 목적지에 가장 빨리 갈 수 있는 다른 길까지 안내해준다.

과거의 내비게이션은 별도로 장치를 설치하여 정기적으로 칩을 업데이트해야 했지만, '카카오내비', 'T-map' 등은 평상시 사용하는 휴대전화를 사용한다는 점에서 차이가 있다. 휴대전화의 내비게이션은 빅 데이터를 기반으로 작동된다.

이렇게 인공지능을 통해 온라인에 올라온 빅 데이터를 분석해 맞춤형 예측 서비스를 제공해준다는 것이 미래 첨단 사회의 핵심이라 볼 수 있다. 앞으로 새로운 세상은 사람들이 직접 요구하는 것을 넘어 '원할 것 같은 것'을 미리미리 예측해 제공하고 사용자들도 인식하지 못하는 숨겨진 욕망을 추적해 제품과 서비스를 제공하는 시대가 된다는 것이다.

이런 예측에 부응하듯 1980년 초에 그야말로 획기적으로 등장한 제품이 바로 3D프린터이다. 3D프린터의 파급은 프린터에 끝나지 않고 미래 산업 자체를 바꾸어주는 핵심기술의 하나라고 설명한다. 자율 주행 자동차, 드론과 함께 미래를 이끄는 3대 기술로 꼽히는 3D프린팅이 미래를 얼마나 크게 바꿀 수 있을까?

앞으로는 완제품을 시장에 내놓는 대신 각자의 집에 있는 3D프린터로 소위 주문형 제품을 생산하는 시대가 되리라는 전망(展望)만으로도 미래의 변화를 예측할 수 있다. 얼마 전까지만 해도 상상할 수 없었던 이런 변화에 어떻게 대처해야 하느냐가 관건인 시대가 되었다. 한마디로 자신의 것을 자신이 직접 만들지 않으면 뒤떨어지는 지구인이 된다는 뜻이다.*

*「4차산업혁명의 충격」, 클라우스 슈밥 외, 흐름출판, 2016

미래를 이끌 3대 요소 중에 3D프린터가 포함된다는 사실은 그야말로 놀라운 일인데, 이들의 핵심은 사물인터넷, 스마트시티, 스마트홈이다. 이러한 핵심적인 변화에 3대 요소가 본격적으로 자리 잡으면서 미래가 현재와 전혀 다른 차원으로 움직인다고 설명한다. 이런 개념을 따라가 보기로 한다.

1. 사물인터넷

유비쿼터스, 사물인터넷 세상이 얼마나 많은 변화를 가져올까?

다음과 같은 사실로도 알 수 있다. 우선 외국 여행을 위해 여권은 물론 비자도 필요 없는 시대가 된다. 지금은 나라에 따라 여권은 물론 비자 등도 일일이 챙겨야 하지만 4차산업혁명 시대에는 비행기 표 등을 챙겨 공항에 가기만 하면 된다. 탑승수속을 마친 후 법무부 직원을 비롯하여 공항의 보안요원들이 일일이 여행 경력을 조회하던 출입국 검색대도 곧바로 통과한다. 어디엔가 설치된 '얼굴 인식과 감시용 버그(Intelligent Surveillance Bug) 시스템' 등이 도입되어 출입국자들이 출입국 심사대를 통과하기만 하면 모든 절차가 끝나기 때문이다.

얼굴 인식 시스템이 어디엔가 설치되어 공항에 도착하는 순간부터 사람들의 얼굴 모양을 알아내 전 세계 지명수배자들의 얼굴과 대조한다. 만약 범인으로 판명되면 관제실에 경보가 울리면서 곧바로 경찰에 통보된다. 물론 범인이 선글라스를 끼거나 콧수염을 붙이거나 모자를 쓴다 해도 감시의 눈길을 피할 수 없다. 카메라에 찍힌 사진에서 안경과 수염, 모자는 물론 화장 등을 제거한 얼굴을 컴퓨터가 자동으로 영상화한 뒤 이를 인식하기 때문이다.

사실 이 문제는 개인의 사생활 보호를 위해 현재 세계의 대부분 국가에서 이를 금지한다. 소위 지구인 전체를 범죄인으로 간주하여 '체크'한다는 뜻이기 때문이다. 죄를 짓지 않으면 무슨 문제냐고 지적할 수 있지만,

초상권 문제는 이와 다른 차원으로 여기서는 더 이상 거론하지 않는다.

여하튼 첨단 기술이 듬뿍 들어있는 미래에 대해 이지영 기자는 "어느 날 하루를 다음과 같이 시작할 수 있다."고 적었다.

"출근 전, 교통사고로 출근길 도로가 심하게 막힌다는 뉴스가 떴다. 소식을 접한 스마트폰이 알아서 알람을 평소보다 30분 더 일찍 울리는 것은 물론 스마트폰 주인을 깨우기 위해 집안 전등이 일제히 켜지고, 커피포트가 때맞춰 물을 끓인다. 식사를 마친 스마트폰 주인이 집을 나서며 문을 잠그자, 집안의 모든 전기기기가 스스로 꺼진다. 물론, 가스도 안전하게 차단된다."

공상과학 영화에서 볼 수 있는 일이라 생각하겠지만 4차산업혁명 시대에 이런 상황은 누구에게나 올 수 있다. 앞으로 주변에서 흔히 보고 쓰는 사물 대부분이 인터넷으로 연결돼 서로 정보를 주고받게 되는 '사물인터넷(Internet of Things)' 시대가 열리기 때문이다.

사물인터넷(IoT)은 사물에 센서를 부착해 실시간으로 데이터를 인터넷으로 주고받는 기술이나 환경을 일컫는다.

지금도 인터넷에 연결된 사물을 상당 부분 볼 수 있지만, 사물인터넷이 여는 세상은 이와 천양지차이다.

사물인터넷은 단어의 뜻 그대로 '사물들(things)'이 '서로 연결된(Internet)' 것 또는 '사물들로 구성된 인터넷'을 말하는데 여기서 사물은 'Internet of Things'를 한국어로 번역하면서 생긴 용어이다. 사전적으로는 '일과 물건을 아울러 이르는 말', '물질세계에 있는 구체적이며 개별적인 모든 존재를 통틀어 이르는 말', '사건과 목적물을 아울러 이르는 말'로 정의된다. 그러나 소위 컴퓨터 환경에서는 우리 주변의 유형·무형의 모든 존재를 포함한다.

기존의 인터넷이 컴퓨터나 무선 인터넷이 가능했던 휴대전화들이 서로 연결되어 구성되었던 것과는 달리, 사물인터넷은 책상, 자동차, 가방, 나무, 애완견 등 세상에 존재하는 모든 사물이 연결되어 구성된 인터넷이라 할 수 있다. 다시 말해 우리가 주변에서 흔히 보고 사용하는 모든 유형인 사람·자동차·교량·전자기기·자전거·안경·시계·의류·문화재·동식물 등 자연환경을 이루는 모든 물리적 객체에서 컴퓨터에 저장된 다양한 데이터베이스, 인간이 행동하는 패턴 등 가상의 모든 대상도 포함되는 매우 광범위한 개념이다.

이런 것을 가능하게 만드는 기본 개념은 간단하다.

커넥티드 디바이스(connected devices)로 컴퓨터 네트워크와 소비자의 모든 것을 접속하게 하는 것이다. 이를 실현화시킨 것이 바로 다양한 형태로 지구를 '연결하는 행성'으로 만드는 인터넷이다. 다시 말해 인터넷이 등장함으로써 기계가 연결되어 완전히 새로운 방식으로 소통하는 세상으로 변화된 것이다.

이런 변화를 촉발한 것이 애플의 아이폰이다.

아이폰 이후 사람들이 손에 스마트폰을 들고 다니게 되자 비로소 실시간으로 점 대 점(point-to-point) 커뮤니케이션이 활성화(活性化)되었다. 한마디로 전선이 없는 모바일이 모든 대상을 연결하는 것이다.

스마트폰은 물론 사물인터넷 각각의 요소들은 전기코드, 인공위성, 이동통신망, 와이파이(Wi-Fi), 블루투스 등 무선 기술들을 통해 연결된다. 사물들은 내재한 전기회로망뿐만 아니라 칩과 태그, RFID와 근거리 무선통신(NFC)도 이용한다. 특히 어떠한 메커니즘을 사용하든 상관없이 모든 사물인터넷은 데이터를 이동시켜 멀리 떨어진 서로 다른 장소들 사이의 작업을 가능케 만든다는 공통점을 가진다.

그러나 모바일 디바이스와 네트워크만으로 사물인터넷을 구성하는 것은 아니다. 디지털기기에서 수많은 개인과 사업체가 이용하는 광범위한 전산망 또는 데이터베이스로 데이터를 옮기는 작업은 매우 복잡하고 비싼 비용이 소요되는 번거로운 작업이다. 고속도로망을 구축하는 데 단순히 도로와 표지판을 설치하는 것만으로는 불충분하고 주유소, 카페, 숙소 같은 편의시설이 필요한 것과 마찬가지다. 사물인터넷도 시스템, 소프트웨어, 각종 도구가 필요하다.

클라우드컴퓨팅, 소셜 미디어, 빅 데이터 등 이동성을 갖춘 다양한 종류의 테크놀로지의 교차점에서 각 테크놀로지는 서로에게 반영된다. 각 테크놀로지가 합쳐지면 궁극적으로 강력하고 폭넓은 교차점이 만들어지는데 이것은 [1 + 1 = 3]과 같은 방정식이 된다. 따라서 사물인터넷의 활용은 단순히 디바이스가 서로 연결된다는 의미에 머무르지 않고 네트워크와 디바이스가 포용하는 전체 생태계가 생성된다고 볼 수 있다.*

*『사물인터넷이 바꾸는 세상』, 새무얼 그린가드, 한울, 2017

그러므로 사물인터넷에 대한 정의도 분야별로 차이가 있는데 2014년 미래창조과학부에서 정의한 사물인터넷의 개념은 다음과 같다.

'사물인터넷은 사람·사물·공간·데이터 등 모든 것이 인터넷으로 서로 연결되어, 정보가 생성·수집·공유·활용되는 초연결 인터넷으로 사물인터넷은 기본적으로 모든 사물을 인터넷으로 연결하는 것을 의미한다.'

침대와 실내등이 연결되었다고 가정할 때 지금까지는 침대에서 일어나서 실내등을 켜거나 꺼야 했지만, 사물인터넷 시대에는 침대가 사람이 자고 있는지를 스스로 인지한 후 자동으로 실내등이 켜지거나 꺼지도록 할 수 있다. 마치 사물들끼리 서로 대화를 함으로써 사람들을 위해 편리한 기능들을 수행한다.*

*「사물인터넷이란」, 스마트과학관-사물인터넷, 국립중앙과학관

현재 인터넷에 연결된 기기들이 정보를 주고받으려면 인간의 '조작'이 개입되어야 하는데 사물인터넷 시대에는 이와 달리 인터넷에 연결된 기기들이 사람의 도움 없이 서로 알아서 정보를 주고받으며 대화를 나눌 수 있다. 근거리무선통신(NFC), 센서 데이터, 네트워크가 이들의 자율적인 소통을 돕는 기술이 된다.

이러한 기능의 IoT는 모든 세상의 인간과 사물을 연결되므로 공장이든 회사든, 현재 머무르고 있는 방 안의 정보도 모두 수집된다. 특히 IoT는 기존 인터넷의 확장이므로 다양한 활용 서비스인 커넥티드 카, O2O, 헬스케어, 스마트 팩토리로 연결된다. 결국 이 모든 데이터 처리 기술의 집합체가 궁극적으로 모여 유비쿼터스, 스마트시티가 된다.

김대영 교수는 '모든 길은 로마로 통한다.'는 말이 있듯이 IoT가 모든 세상의 문을 두드리는데 그 방법은 '데이터의 오픈과 공유'라고 설명했다.*

*「빅 데이터 테크놀로지 시대 온다」, 김은영, 사이언스타임스, 2016. 03. 10

얼마 전만 해도, 사람들이 컴퓨터와 정보를 공유하기 위해 플로피 디스크나 하드디스크드라이브(HDD)라는 물리적인 저장장치를 이용했는데 인터넷이 등장하면서 인터넷망을 이용해 컴퓨터와 비트로 소통한다. 엄밀한 의미에서 사물인터넷도 그 연장선에 서 있지만, 보다 업그레이드가 된 소통 방식이라는 점이 다소 다르다.

사물인터넷에선 모든 물리적 센서 정보가 기본 자산이다. 온도, 습도, 열, 가스, 조도, 초음파 센서부터 원격감지, SAR, 레이더, 위치, 모션, 영상센서 등 유형 사물과 주위 환경으로부터의 정보를 바탕으로 사물 간 대화가 이뤄진다.

사물끼리 통신하려면 몇 가지 기술이 더 필요하다. 사물끼리 통신을 주고받을 수 있는 통로, 사물끼리 공통으로 사용할 수 있는 언어가 필요하다. 센싱 기술, 유·무선 통신 및 네트워크 인프라, IoT 서비스 인터페이스 기술 등이 그것이다.

사물인터넷의 하나둘셋

학자들은 사물인터넷이란 용어가 1999년에 생겼는데, 인터넷(Internet)이 탄생한 지 정확히 30년 후의 일이라고 설명한다.

당시 비누, 샴푸, 칫솔 등 다양한 종류의 소비재를 제조·판매했던 P&G의 브랜드 매니저로 근무하던 캐빈 애시턴(Kevin Ashton) 박사가 이 용어를 처음 사용하였는데, 자사의 제품들에 RFID(Radio Frequency IDentification), 즉 전자태그를 부착함으로써 제품들의 가시성을 확보할 수 있는 것처럼 세상에 존재하는 모든 사물이 서로 연결될 수 있다면 새로운 세상이 펼쳐질 것이라고 주장했다.*

* 「사물인터넷 역사」, 스마트과학관-사물인터넷, 국립중앙과학관

한마디로 RFID와 기타 센서를 일상생활에 사용하는 사물에 탑재한 사물인터넷이 구축될 것이라는 전망으로 당시에는 사물인터넷이 보다 큰 틀로 적용되는 유비쿼터스 시대로 설명되었다.

이후 유비쿼터스로 변환하는 데 여러 가지 걸림돌이 생기자 사물인터 넷이란 말로 변용된다. 그러므로 사물인터넷을 유비쿼터스의 전(前) 단 계를 뜻하는 용어로도 설명된다.

* 「사물인터넷 활성화 배경」, 스마트과학관-사물인터넷, 국립중앙과학관

사물인터넷은 좁은 범위에서는 우리 주변의 사물들을 네트워크로 연 결하고, 지능화함으로써 그 사물의 가치를 증대시키는 것을 의미한다. 잘 알려진 '만 보 걷기'는 단순히 각 개인의 걸음 수를 재는 용도로 출발 했다. 그러나 인터넷을 연결하고 다양한 정보를 수집하여 분석할 수 있 는 건강 관리 플랫폼을 연결하자 건강을 측정·판단·예측할 수 있는 기 능을 발휘하는 도구로 변용된 것이다.

우리 주변의 모든 일은 어느 하나도 단순한 것이 없다는 데 이론의 여 지가 없다. 사물인터넷은 센서와 개체 식별 데이터 등 데이터 중심의 무 선주파수 식별용 전자태그 RFID, USN(Ubiquitous Sensor Network), WSN(Wireless Sensor Network)에서 이동통신 네트워크를 활용하여 정보를 전달하는 M2M(사물지능망통신), 다양한 사물의 지능화를 목표 로 하는 사물인터넷, 지구상의 모든 정보와 지식이 연결되는 만물통신 (AToN)의 흐름을 보인다.

① 사물인터넷에서 중요한 것은 RFID이다.

RFID는 기존의 바코드(Barcode)를 읽는 것과 유사하다. 그러나 바코드와는 달리 물체에 직접 접촉하거나 어떤 조준선을 사용하지 않고도 데이터를 인식할 수 있다. RFID의 가장 중요한 기능은 여러 개의 정보를 동시에 인식하거나 수정할 수 있다는 점이다.

또한 태그와 리더 사이에 장애물이 있어도 정보를 인식하는 것이 가능하며 바코드에 비해 많은 양의 데이터를 저장할 수 있다. RFID 태그의 종류에 따라 반복적으로 데이터를 기록하는 것도 가능하며, 물리적인 손상이 없는 한 반영구적으로 이용할 수 있다.

RFID 시스템은 반도체 칩과 주변에 안테나를 결합한 RFID 태그(tag), 태그와 통신하기 위한 안테나 및 안테나와 연결된 RFID 리더, 그리고 이러한 시스템을 제어하고 수신된 데이터를 처리하는 호스트로 이루어지며 다음과 같은 방식으로 동작한다.

· 칩과 안테나로 구성된 RFID 태그에 활용 목적에 맞는 정보를 입력하고 대상에 부착
· 게이트, 계산대, 톨게이트 등에 부착된 리더에서 안테나를 통해 RFID 태그를 향해 무선 신호를 송출
· 신호에 반응하여 태그에 저장된 데이터를 송출
· 태그로부터의 신호를 수신한 안테나는 수신한 데이터를 디지털 신호로 변조하여 리더로 전달
· 리더가 데이터를 해독하여 호스트 컴퓨터로 전달

RFID는 배터리 등의 전력 공급원을 지니는 능동적인 태그와 전력

이 불필요한 수동 태그로 나뉜다. 두 종류 모두 근처의 RFID 리더를 통해 컴퓨터에서 데이터를 수집하고 교환된다. 두 가지 중 수동(passive) RFID는 주변에 있는 리더에서 전력을 공급받으므로 자체적인 전력은 필요로 하지 않고 20년 넘게 사용할 수 있다. 디바이스에 내장된 코일 안테나가 회로를 형성하며 태그가 자기장을 생성한다.*

* 『사물인터넷이 바꾸는 세상』, 새무얼 그린가드, 한울, 2017

RFID로 가장 잘 알려진 것이 매일 이용하는 교통카드이며 고속도로의 하이패스도 RFID 기술을 이용하고 있다. 도서관에서 빌려주는 책이나 의류매장에서 판매되는 옷, 그리고 할인매장에서 판매되는 포도주 등에도 RFID 태그가 부착되어 있다. 또한, 한우나 인삼 등의 농산물 이력 관리나 약품 관리 등 위변조를 방지하기 위한 목적으로도 이용된다.*

* 『RFID』, 스마트과학관-사물인터넷, 국립중앙과학관

② WSN: WSN은 주변의 다양한 정보를 수집하기 위해 센서, 프로세서, 근거리 무선통신 및 전원으로 구성되는 센서 노드(Sensor Node)와 수집된 정보를 외부로 연결하기 위한 싱크 노드(Sink Node)로 구성되는 네트워크 개념으로, 자동화된 원격 정보 수집을 목적으로 하는 기초 기술이다.

③ USN: USN은 근거리 무선통신 기능을 포함하고 있는 소형의 센서 장치들이 결합하여 온도·습도·오염 등의 다양한 센서의 유·무선 네트워

크, 사람과 정보, 환경, 사물 간의 개방형 정보 네트워크를 구성하고 언제 어디서나, 다양한 서비스를 제공하는 지식 기반 서비스 인프라다. 건물·교량 등의 안전 관리, 에너지 감시, 농업 생장 관리, 기상, 재난 및 환경오염 모니터링 등의 응용 분야의 활용을 목표로 한다.

④ M2M: M2M은 서로 멀리 떨어져 있는 기계들이 사람이 직접 제어하지 않는 상태에서 지능화된 기기들이 스스로 통신을 수행하는 기술을 의미한다. 그러므로 센서 등을 통해 전달, 수집, 가공된 위치, 시각, 날씨 등의 데이터를 다른 장비나 기기 등에 전달한다.

병원에서는 응급상황, 환자의 상태모니터링, 의학 데이터 등을 연결하여 건강 관리 시스템을 구축하기도 한다. 은행의 현금지급기(ATM)나 택시에 설치된 카드 결제기가 대표적인 예에 해당한다.*

* 『사물인터넷 역사』, 스마트과학관-사물인터넷, 국립중앙과학관

M2M을 보다 적극적으로 활용하면 새로운 디지털 공간이 생긴다. 예를 들어 수많은 사람이 사용하고 있는 어느 기기의 발신 정보를 한곳에 모았다고 하면 이 상태 자체에서 이들 데이터는 어떠한 의미도 맥락도 없는 막대한 데이터 덩어리에 불과하다.

그러나 일정한 목적을 가지고 분석하여 피드백하면 기기나 서비스 등의 사용실태를 정확히 파악할 수 있다.*

* 『제4차산업혁명』, 요시카와 료조, KMAC, 2016

M2M과 RFID/USN의 개념은 유사하다. M2M은 일반적으로 사람이 접근하기 힘든 지역의 원격 제어나 위험 품목의 상시 검시 등의 영역에서 적용되는 데 반해 RFID는 홈 네트워킹이나 물류, 유통 분야에 적용되다가 NFC로 진화해 모바일 결제 부문으로 영역을 확장했다.*

* 「사물인터넷의 미래」, 박종현 외, 한국전자통신연구원, 2010

4차산업혁명 시대에 사물인터넷은 인간의 자연스러운 생활 방식의 하나로 접목된다. 사물인터넷의 효과를 가장 쉽게 볼 수 있는 경우는 과거보다 다소 빠른 교통이다.

과거 교통 체증이 심한 곳을 대상으로 신호등이 도로와 교신해 교통량에 맞춰 신호등을 조정해준다. 운전자는 휴대전화 내비게이션을 통해 체증이 일어나고 있는 곳을 피하면서 운전을 할 수 있다.

미국의 월트디즈니 놀이공원은 방문 고객이 손목에 매직 밴드를 차도록 권고한다. 그러면 공원 곳곳에 설치된 센서는 물론 미키마우스를 비롯한 수많은 인형 등에 설치된 센서들이 놀이공원 정보를 수집하여 고객들에게 실시간 정보를 알려준다. 어떤 놀이기구 줄이 가장 짧은지, 지금 방문객 위치가 어디인지, 오늘 날씨는 어떤지 같은 정보를 그때그때 상황에 맞춰 알려준다. 고객은 매직 밴드를 가지고 레스토랑에서 음식을 계산하고 호텔 방의 문을 열고 조명 컨트롤을 한다. 디즈니랜드는 모든 시설을 매직 밴드 하나로 사용할 수 있게 유도하는데, 이것은 큰 틀에서 모바일과 인터넷이 없었다면 상상도 할 수 없는 일이다.*/**

* 「O2O」, 박진한, 커뮤니케이션북스, 2016

**「사물인터넷이 바꾸는 세상」, 새무얼 그린가드, 한울, 2017

메사추세츠공과대학(MIT)은 기숙사 화장실과 세탁실에 센서를 설치하고 인터넷에 연결했다. 학생들은 이들이 주고받는 정보를 통해 어떤 화장실이 지금 비어 있는지, 어떤 세탁기와 건조기가 사용 중인지를 실시간 파악할 수 있다.

샌프란시스코는 네트워크 업체 시스코와 손잡고 사물인터넷을 도입해 쓰레기 이동 경로를 추적했다. 쓰레기에 센서를 부착해 쓰레기가 어디로 이동하고, 어떻게 사라지는지 추적, 관리하고 있다.

자동차 회사도 빠지지 않는다. 포드는 신형 차 '이보스'에 사물인터넷을 적용했다. 이보스는 거의 모든 부품이 인터넷으로 연결돼 있는데 만약 자동차 사고로 에어백이 터지면 센서가 중앙관제센터로 신호를 보낸다. 센터에 연결된 클라우드 시스템에서는 그동안 발생했던 수천만 건의 에어백 사고 유형을 분석해 해결책을 전송한다. 범퍼는 어느 정도 파손됐는지, 과거 비슷한 사고가 있었는지, 해당 지역 도로와 날씨는 어떤지, 사고가 날 만한 특이사항은 없었는지 등의 데이터를 분석한다. 사고라고 판단되면 근처 고객센터와 병원에 즉시 사고 수습 차량과 구급차를 보내라는 명령을 전송하고, 보험사에도 자동으로 통보한다.*/**/***

* 「4차산업혁명의 충격」, 클라우스 슈밥 외, 흐름출판, 2016

** 「사물인터넷(Internet of things)」, 이지영, 네이버캐스트, 2013. 11 .07.

*** 「유비쿼터스로 마음을 읽으렴」, 김수병, 한겨레21, 2003년 12월 19일 제489호

최근 들어 우리 주변에서 RFID 칩들은 쉽게 볼 수 있다. 열쇠가 필요 없는 도어락이나 교통카드가 대표적인 예이다. 하나의 바코드는 한 종류의 제품을 확인해 주지만, RFID 태그는 제품 하나하나를 인식한다. 다시 말해 하나의 바코드가 5개가 든 라면 한 봉지를 한 종류의 상품으로 인식하지만, RFID 태그는 봉지 안의 5개 라면을 별개의 존재로 식별시켜준다. 마치 사람마다 고유한 주민등록번호가 있는 것처럼 초소형 상품이라도 상품 하나하나가 고유한 RFID 태그를 가진다.

RFID와 바코드가 다른 것은 전자식별 태그는 물건의 종류를 가리지 않고 적용할 수 있는 데 반해 바코드는 그것을 붙일 수 있는 상품에만 쓸 수 있다는 점이다. 쇠고기, 물 자체에는 붙일 수 없으므로 겉포장에 바코드를 붙인다. 또 계산대에 가서 하나하나 바코드 판독기에 닿게 해야 그 안에 들어 있는 정보를 읽을 수 있었다.

그러나 전자식별 태그는 물속 또는 쇠고기 살 속에 엄지손톱만 한 태그를 넣어 놓기만 해도 전자식별 판독기는 몇 미터 떨어진 곳에서도 그게 쇠고기인지, 얼마인지, 어느 나라 산(産)인지 판별할 수 있는데, 중요한 사실은 저장된 정보 변경이 가능하다는 점이다. 그래서 공급망을 통해 상품이 전달되는 동안 태그는 자동으로 다시 프로그램되어 그 태그가 붙어있는 제품이 언제 공장에서 출하되었는지, 하역장에서 보관창고까지 움직이는 데 얼마나 많은 시간이 걸렸는지, 소매점의 진열대 위에서 얼마나 오래 머물렀는지 등의 정보를 알려주며 유통기간이 지난 물품은 곧바로 폐기 처분될 수 있다. 한마디로 왕창 세일 가격을 바코드는 일일이 다시 붙여야 하지만, RFID는 중앙 컨트롤 센터에서 재(再)프로그램이 가능하다. 이것이 소위 유비쿼터스의 핵심이다.*

*「성큼 다가온 '전자식별 태그' 시대」, 박방주, 중앙일보, 2006. 10. 20

고속도로에서 제한속도를 넘나들며 난폭 운전하는 자동차도 요금소에서는 어김없이 꼬리를 내려야 한다. 요금소에서 통행증을 내고 거스름돈을 주고받으려면 먼 거리에서 속도를 줄여 교통 체증 대열에 합류할 수밖에 없다. 하이패스라 해도 인식 거리가 1.2미터에 지나지 않으므로 시속을 줄여야 한다.

그러나 RFID를 장착한 요금징수시스템(ETCS)을 가동하면 요금소에서 15m 떨어진 차량이 시속 165km로 달려도 통행료를 자동으로 처리한다. 요금소에 있는 RFID 판독기가 차량에 있는 칩의 정보를 감지하고, 요금은 운전자의 계좌에서 자동으로 인출한다.

이런 변화는 인식 거리가 확장되었기 때문이다. 초창기에 쓰인 RFID 태그는 13.56MHz 아래의 주파수 영역에서 작동했다. 이들은 인식 거리가 1m 이내로 짧아 출입 통제나 재고관리에 쓰이는 정도였다. 그러다가 텔레비전의 UHF 대역 주파수(850~950MHz)로 늘어나 인식 거리가 길어지면서 물류·유통의 총아로 떠올랐다. 심지어 주파수 대역이 2.4~5GHz로 확장되면서 인식 거리가 27m까지 길어졌는데 앞으로 더욱 길어질 수 있으므로 판독기를 무한정 설치하지 않아도 필요한 공간을 커버하는 데 문제가 없다.

소매점에 RFID 판독기가 설치되면 판독기가 상점의 재고율을 감지해 물류센터에 주문하는 것까지 자동으로 이뤄진다. RFID는 상점의 상품이 움직이는 것까지 감지해 따로 폐쇄회로텔레비전(CCTV)을 설치하지 않아도 절도를 막을 수 있다. 상점의 재고관리나 자동 계좌 인출 등은 '데이터 마이닝(data mining)'이 RFID 판독기를 통해 순식간에 이뤄진다. 데이터 마이닝은 데이터 간의 상호관계를 분석해 수요를 창출하는 마케팅 기법이다.*

*「'마법의 돌'이 일상을 바꾼다」, 김수병, 한겨레21, 2004년 05월 20일 제510호

가전기기도 획기적으로 바뀐다. 자동 인식 냉장고는 네트워크로 연결된 가전기기들을 제어하고 인터넷을 열어 요리 관련 정보를 주방에서 바로 확인할 수 있으며 TV도 시청할 수 있다. 구매한 식품을 냉장고에 넣으면, 그 식품의 전자태그를 읽어 냉장고의 저장식품 리스트에 뜨고 생산 일자, 유효기간도 나타나며, 유효기간이 만료되기 전에 먹도록 알려주기도 한다. 그만큼 식품을 효율적으로 관리할 수 있다. 컵은 언제나 내가 원하는 대로 내용물의 온도를 올리고 낮춰주며 화분은 흙과 식물의 상태를 정확하게 알려줄 정도이다.

현재 많은 항공사가 비행기 수화물표를 사용하는데 RFID 태그를 붙여놓은 수화물은 분실하더라도 어디에서든 주인에 관한 정보를 일목요연하게 파악해 빠르게 되찾을 수 있다.

그동안 바코드를 사용하던 제약업체들이 초소형 RFID 태그를 의약품 포장에 부착하면 기업들은 약품 생산에서 처분까지 유통 경로를 손쉽게 추적하고 가짜 약품 유통을 막을 수 있다.*

*「미래 속으로」, 에릭 뉴트, 이끌리오, 2001

사물인터넷은 정보 통신 관점에서 모든 사회 분야에 혁명을 일으킨다. 어느 제품의 결함이 발견되어도 리콜되지 않는다. 네트워크에 접속해 있는 자사 제품의 프로그램을 모두 교체해주기 때문이다. 제품의 기능이 향상되면, 네트워크에 접속된 제품의 기능을 업그레이드만 해주면 된다. 유비쿼터스는 이 같은 방식으로 제품의 수명과 효용가치를 더욱

길게 해줄 수 있으므로 생산량이 줄어들게 된다.

이것이 소비자에게는 오히려 이득이다. 소비자가 새로운 제품을 구매할 필요가 없으므로 생산자들은 최고의 제품을 생산하기 위해 열심이다. 좋은 제품만 살아남기 때문이다.

전자태그(RFID)를 부착한 식료품들이 가득 찬 냉장고는 신선도와 구매 날짜 등을 세세히 알려준다. 태그에 더욱 많은 정보를 넣으면 육류의 경우 가축의 품종과 나이, 무게 그리고 의학적인 기록까지 포함할 수 있다. 집 안의 냉장고에 있는 물품을 원격지에서 인터넷으로 확인하는 것도 가능하다. 이런 시스템이 진화되면 식료품에 들어 있는 화학·생물학적 병원균을 탐지하는 센서 태그를 냉장고에 부착할 수도 있다.

만일 개인 휴대 단말기(PDA)가 RFID 태그 판독기로 쓰이면 냉장고에 들어 있는 식료품을 이용한 요리법을 내려받는 등 눈에 띄지 않는 정보를 손쉽게 활용할 수 있다. 또한 곳곳에 인공지능의 실체를 보여주는데, TV의 경우 말만으로 켜서 내장된 자료를 마음껏 선정하여 볼 수 있다.

그러므로 사물인터넷 환경에서 선진국일수록 저성장사회로 이행될 거라는 생각이 지배적이었지만, 오히려 소모성 자원의 활용도를 높이는 등 순환형 사회시스템이 구축되는 효과를 가져온다. 대량생산을 통한 제품 판매방식은 소비자 개개인에 대한 맞춤형 제품으로 바뀌면서 마케팅 분야가 훨씬 증대되어 그만큼 지속적 성장이 가능해진다.*/**

*「건강을 지키는 나노섬유」, 파퓰러사이언스, 2007년 10월

**「바코드, 앞으로 40년 이상 유용」, 김광호, 「내일신문」 2004년 7월 1일

2. 스마트시티

　사물 인터넷, 유비쿼터스는 엄밀한 의미에서 시공간의 제한이 없지만, 스마트홈이라는 단위에서 인간들이 집중적으로 거주하는 대형 공간까지 확장한 단위 공간을 스마트시티라 부른다.

　스마트홈, 스마트시티의 원리는 간단하다. 집과 개인이 그동안 집에서 따로 놀던 에너지, 수도, 가전제품들이 온라인 플랫폼으로 연결되면 스마트홈으로 변하고 더 나아가 교통, 에너지, 보건과 같은 국가 시스템이 광역으로 연결되면 스마트시티가 된다.

　그러므로 스마트시티는 수많은 첨단 IT기술의 집합체이다. 도시의 각종 데이터를 수집하고 분석하기 위해 발전된 네트워크 기술과 센서 등의 IoT 기술, 대용량 데이터의 분석을 위한 빅데이터 등 IT의 최신 기술이 녹아들어 새로운 서비스로 변모한다. 이것은 스마트시티가 규모가 크든 작든 큰 틀에서 유비쿼터스 개념을 도시라는 공간 안으로 수용한 것이다. 편의를 위해 스마트시티를 스마트홈보다 먼저 설명한다.

　전 세계에 걸쳐 급증하는 도시화는 상당한 이슈를 불러온다. 1960년 대비 2010년 세계 인구 증가는 233%인 데 비해, 도시인구는 350%나 증가한 것으로도 알 수 있다. 이는 2010년 기준으로 인구 증가보다 1.5배 더 높은 수치로서 전 세계 인구의 50%가 도시에 거주하고 있다는 것을 뜻한다. 미국의 경우 도시화 비율은 81%가 넘으며 글로벌 차원에서 도시화 현상은 더욱 가속화되는 중인데 2050년에는 세계 인구의 70%

가 도시에 거주할 것으로 전망했다.

메가시티는 1,000만 명이 넘는 인구가 거주하는 도시를 말한다. 1970년대 메가시티 수는 지구상에서 3개에 불과했는데 2010년에는 23개로 늘어났고 2025년에는 37개로 늘어날 전망이다. 서울은 당연히 메가시티이다.

메가시티를 포함하여 도시인구 비중의 증가는 도시 거주자들의 생활 여건에 따른 많은 문제점이 생길 수 있다는 것을 의미한다.

이런 문제점 해결하기 위해 숱한 대책들이 마련되고 있는데 4차 산업 혁명 시대는 보다 새로운 도시 모델을 필요로 한다. 이런 의미에서 등장한 개념이 스마트시티이다.*/**

*「4차혁명시대, 스마트시티가 화두」, 유성민, 사이언스타임스, 2016. 12. 26
**『O2O』, 박진한, 커뮤니케이션북스, 2016

스마트시티 프로젝트가 본격적으로 추진되면 사물 인터넷 시장이 폭발적으로 증가할 것은 당연한 일이다. 자동차, 신호등, 사무실, 냉장고, 세탁기 등 숱한 사물들이 인터넷을 통해 연결되고 사용정보를 공유할 것이기 때문이다. 인터넷을 통한 사물 간의 연결이 활발해짐에 따라 인터넷의 주소라고 할 수 있는 IP의 수 또한 폭발적으로 증가하게 된다.*

*「스마트시티가 IoT 시장 이끈다」, 이성규, 사이언스타임스, 2016. 08. 25

〈니케이〉는 2010년부터 2030년까지 스마트시티에 약 33조 달러가 투자될 것으로 전망했다. 니케이는 중국, 인도와 같은 신흥 국가들이 스마트시티에 적극적으로 투자하고 있는데 2010년부터 2030년까지 중국은 약 7.45조 달러, 인도는 2.58조 달러에 달한다.*

*「4차혁명시대, 스마트시티가 화두」, 유성민, 사이언스타임스, 2016. 12. 26

세상이 바뀐다

스마트시티는 스마트 기술이 가정에서 출발하여 빌딩이나 병원과 같은 도시 시설물로 적용돼 나가는 것이 기본이다.

스마트 빌딩 운영 시스템(Smart Building Management System)이라 불리는 스마트 건물은 빌딩 전체에 설치된 전자태그를 통해 화재 경보, 보안 시스템, 조명 시스템, 발전기, 물 관리를 자동으로 실행해준다. 위기 상황 시나리오를 설정해 놓고 마치 자동으로 비디오를 예약 녹화하듯이 빌딩에서 일어나는 모든 상황에 자동으로 대처한다.

스마트시티에서 가장 신경 쓰는 부분은 주차공간서비스이다. 주차공간서비스는 주차장에 설치한 센서로부터 주차정보를 공유시키는 것으로 자동차의 내비게이션을 통해 운전자의 목적지와 주차현황을 파악해 지능적으로 주차할 장소를 알려준다.

내비게이션으로부터 정보를 얻은 운전자는 바로 주차할 장소로 찾아가 주차함으로써 주차하는 데에 드는 시간과 스트레스를 줄일 수 있다. 아울러 원래 목적지와 가장 가까운 곳에 주차토록 유도함으로써 목적지까지 도보로 걸어가는 번거로움을 최대한 줄일 수 있게 된다. 현대인을 가장 짜증 나게 만드는 문제를 어려움 없이 처리하는 것이다.

잘 알려진 콜택시 시스템을 콜버스에도 적용할 수 있다. 미국의

'채리엇(Chariot)'은 온디맨드, 즉 맞춤형 셔틀버스 서비스다. 기존의 버스는 정해진 노선과 시간에 따라서 이용하지만, 온디맨드 버스는 출발지와 도착지가 비슷한 사람들이 함께 모여서 노선과 시간을 선택해 이용할 수 있는 맞춤형 대중 버스인데 애당초의 예상보다 성업 중이다.

도시의 쓰레기 수거에도 O2O 서비스가 등장했다. '루비콘(Rubicon)'은 소비자가 원하는 시간에 쓰레기를 수거하는 주문형 서비스를 제공한다. 기존에는 정해진 스케줄에 따라 쓰레기를 버려야 했지만, 루비콘을 이용하면 내가 원하는 시간을 정해서 쓰레기를 처리할 수 있다.

성업 중인 스마트시티

스마트홈으로부터 도시 전체를 커버하는 스마트시티 아이디어가 태어나자 이를 추진하는 도시들이 꼬리를 물고 있는 것은 그만큼 스마트시티에 매력이 있다는 뜻이다.

미국의 경우, 스마트시티와 관련된 시장 점유율을 15%를 목표로 스마트그리드를 추진하고 있으며, 에너지를 효율화하는 빌딩의 개·보수 시 세금 공제 등을 제공한다. 두바이는 전 도시의 가로등을 비디오가 설치된 스마트 조명으로 바꾸었다. 조명등을 첫 번째 타깃으로 삼은 것은 조명이 시내 전체를 가로지르므로 도시의 상황을 한눈에 파악할 수 있는 장점이 있기 때문이다. 중국도 300여 개 도시를 스마트시티로 변화시키는 프로젝트를 전개하고 있다.

유럽, 북미 등의 선진국들은 대부분 노후 도시의 경쟁력 향상과 산업 활성화를 위해 도시재생사업의 일부로 접근하는 반면, 중국이나 인도 등은 급속한 도시인구 증가에 따른 실업, 범죄, 교통난 등의 문제를 해소하기 위한 방향에서 스마트시티를 추진한다. 공통점은 온실가스 감축 등을 위한 에너지 효율화와 교통 문제 해소 등이다.*

* 「[스마트시티③] IoT 기술 각축…선점 경쟁 '불꽃'」, 오현식, Data Net, 2015. 12. 09

영국에서 스마트시티 개념을 최초로 도입한 도시는 글래스고이다. 글래스고는 20세기 초까지만 해도 영국에서 런던 다음으로 가장 번성한 도시 중 하나로 세계 제조업의 중심지라고 해도 과언이 아니다.

당시 영국 조선의 50%가 글래스고에서 생산됐고 전 세계 기관차 생산의 25%를 차지했다. 더욱이 글래스고는 2차 산업혁명을 이끈 주역 도시 중 하나였다. 증기기관을 개발한 제임스 와트, 파라핀을 제조한 제임스 영, 열역학의 이론을 도출한 켈빈 경 등도 글래스고의 대학교 출신이다.

그러나 이런 호황의 글래스고가 침체로 빠진 것은 산업 중심이 IT로 변화했기 때문이다. 3차 산업혁명에 재빠른 대응을 하지 못해 경기가 위축되자 100년 전의 인구수 100만 명이 넘는 인구가 줄어들어 60만 명 정도의 중소형 도시로 전락했다.

또한 2014년 평균수명도 65세에 불과했다. 이는 영국 평균수명이 81세인 점을 고려하면 매우 낮은 수치이다. 약물중독, 자살, 비만율이 다른 도시들에 비해서 매우 높아서 국가 평균 수준보다 수명이 짧았다.

이러한 절체절명의 위기에 봉착하자 글래스고는 재도약을 위한 스마트시티를 표명했고 영국에서 최초로 스마트시티 시범도시로 선정된 것이다. 글래스고는 '미래 해킹(Hacking the Future)' 대회를 개최하여 글래스고 정부에서 제공하는 데이터를 가지고 가장 적합한 아이템을 제안한 시민들에게 상금을 전달했다.

또한 우승자에게는 우승자가 아이디어를 실제로 발휘할 수 있도록 자금 지원을 한다. 이에 연계하여 가동되고 있는 '스마트 에너지' 프로그램은 시민들이 에너지 사용정보만 파악해도 기존 에너지 사용량 대비 5%에서 15% 절감이 가능한 방법들을 제시한다.*

* 「스마트시티로 재도약, 글래스고, 시민과 소통으로 에너지 절감」, 유성민, 사이언스타임스, 2017. 01. 25

사실 스마트시티는 사람들에게 단순히 편의를 제공하기 위해 추진되지는 않는다. 전 세계적으로 도시인구가 급증함에 따라 교통혼잡, 에너지 과소비, 환경오염 등의 문제가 심화(深化)되자 이를 해결하기 위하여 스마트시티를 추진하기 시작한 것인데, 이 캠페인이 예상외로 좋은 결과를 얻을 수 있다는 사실이 증빙된 것이다.

암스테르담시는 6가지 테마로 나누어 스마트시티를 연결했다.

Circular City(자원순환 도시), Citizens & Living(시민, 생활), Energy, Water & Waste(에너지, 물, 폐기물), Governance & Education(도시관리, 교육), Infrastructure & Technology(기반 시설 및 기술), Mobility(교통)이다.

에너지 문제만 해도 암스테르담시는 2025년까지 1990년 대비 이산화탄소 배출량을 40% 절감하고, 에너지 사용량을 25% 감축하겠다는 목표다. 이를 위해 스마트그리드를 빌딩과 가정으로 확산해 에너지 절약을 유도하고, 전기차를 이용하는 쓰레기 수거 등의 사업을 전개하고 있다. 자원순환 프로젝트 중 하나로 흥미를 자아내게 하는 것은 '빗물을 이용한 맥주 제조'이다. 건물 지붕에 빗물 집수 장치를 설치하고, 집수

한 물을 한곳에 모아 정수를 한 뒤 맥주의 원수로 사용하는 것인데 생각보다 성과가 좋다고 한다.*

* http://blog.sktechx.com/220981228266

덴마크 코펜하겐시는 2014년 조도에 따라 스스로 조명 밝기를 조절하는 스마트 가로등을 설치하여 에너지 효율을 높이고 있다. 일본 요코하마시 역시 2,000대의 전기자동차, 상업 빌딩과 주택의 에너지 관리 시스템을 모두 통합해 도시 전체의 에너지 사용을 정교하게 제어하는 에너지 관리 프로젝트를 통해 에너지 효율화를 꾀하고 있다.*

* 「[스마트시티③] IoT 기술 각축…선점 경쟁 '불꽃'」, 오현식, Data Net, 2015. 12. 10

멕시코도 발 빠르게 스마트시티를 추진하고 있다. 'IQ 스마트시티'라 불리는 프로젝트는 스마트 에너지망과 스마트 모빌리티, 스마트 워터 시스템으로 구분된다.

스마트 에너지망은 시간대별로 전력 사용량을 분석한 후 전력 사용량이 적은 지역의 잉여(剩餘) 전기를 전기 사용이 많은 지역으로 보내 효율적으로 전력을 사용하도록 한다. 스마트 모빌리티는 멕시코시티의 인구가 무려 2,300만 명이나 되어 그야말로 교통난이 보통이 아닌데 모든 차량에 전자센서를 부착해 이동 경로를 파악하고 자전거 주차장을 늘려 자전거 사용량을 늘리려는 사업이다. 스마트 워터 시스템은 낭비되는 물을 최소화하고 오염을 막는 사업이다.

브라질의 부에노스아이레스시는 'SAP HANA'를 활용해 홍수 피해를 예방한다. 부에노스아이레스시는 배수관의 상태를 모니터링하고, 이 데이터를 분석해 폭우로 발생하는 수해의 위험을 감소시키고 있다.

2016년 유럽연합(EU)은 유럽에서 가장 혁신적인 도시로 스페인의 바르셀로나를 지명했다. 바르셀로나는 무료 와이파이 설치하고 사물 인터넷을 사용해 물 관리, 폐기물 시스템을 개선하고, 스마트 가로등, 주차장에 태그를 설치해 운전자들에게 주차할 수 있는 공간을 알려준다. 이를 통해 바르셀로나는 유럽에서 몇 안 되는 흑자 도시로 발돋움했다. 〈포춘〉지는 바르셀로나를 다음과 같이 극찬했다.

'바르셀로나에는 지중해 항구와 가우디의 보물이 있으며 2011년부터 스페인 카탈루냐 지역의 문화적 보석을 지구상에서 가장 똑똑한 '스마트시티'로 바꾸는 데 여념이 없는 시장(사비에르 트리아스)이 있다. 그는 시스코와 마이크로소프트 같은 회사와 협력하여 개발에 필요한 연료를 공급하고 기술 캠퍼스 허브를 조성하고 있으며 모바일 기술을 통해 시민을 정부 서비스에 연결하고 있다.'

유럽연합은 국가재난이나 교통망에 사물 인터넷 기술을 채택하기 위해 발 빠르게 움직인다. 유럽의회는 2018년 4월부터 모든 자동차 회사가 '이콜(eCall)' 기술을 도입하도록 법제화했다.

이콜 기술은 자동차가 심각한 사고를 당했을 경우 자동으로 위급 전화를 걸도록 하는 기술이다. 이콜은 사고가 발생할 때 자동으로 사고가 난 장소 정보를 가장 가까운 재난 구조 센터로 자동 연결하여 위급 상황에 대처하는 시간을 상당히 줄일 수 있다.

프랑스의 파리시도 2011년부터 공공 전기자동차 대여 서비스인 '오토리브'를 전개해 교통 문제와 도시 환경 오염 문제 해소에 나섰다. 오토리브는 4인용 전기자동차를 시민들이 빌려 사용할 수 있도록 하는 서비스로, 3,000대의 전기자동차로 운영되고 있다. 오토리브의 전기차는 주차장에 주차된 22,500대의 자동차를 줄이는 효과를 내 이를 통해 도심 내 교통 체증 해소와 환경오염 완화에 이바지한다.

스마트시티 지수에서 싱가포르는 부동의 '세계 1위'이다.

싱가포르는 세계 스마트시티 랭킹에서 2019년~2021년 3년 연속 1위인 트리플 A(AAA)를 받았다. 싱가포르는 인구 560만 명에 서울시보다 조금 더 큰 면적을 가진 조그마한 도시 국가인데 국가경쟁력의 평가 순위에서도 세계 1위에 올랐다. 납세 절차 등도 온라인화, 의료에서도 대부분 병원에서 온라인으로 진찰 예약을 할 수 있는 등 잇달아 새로운 공공 서비스가 디지털화되어 탄생하고 있다. 스마트시티 해외사례 자료에서는 싱가포르가 2014년부터 삶과 관련한 모든 측면을 디지털화하기 위한 광범위한 디지털전환 개념을 담은 스마트네이션 계획을 출범시켰다고 한다.

스마트네이션은 모든 사람이 모든 사물에 언제 어디서든 연결된다. 'E3A'는 유비쿼터스 개념을 기반으로 등장했다.

싱패스(Singpass)는 디지털 정부 서비스 제공을 위한 시민인증 시스템으로서 싱가포르 인구의 70% 이상인 400만 명이 등록되어있고, 사용자는 싱패스 서비스의 이상을 모바일을 통해 활용되고 있다. 싱가포르 정부는 무료로 Wi-Fi를 운용한다.

'PayNow'는 일종의 모바일 전자 결제 서비스를 말한다. 은행 계좌 번호 대신 수취인의 지정된 모바일 번호 PayNow, NRIC/FIN, UEN 번호 등을 사용하여 송금 거래가 가능한 전자 결제 서비스로 싱가포르 거주자의 70% 이상이 이용하고 있다.

'SimplyGo'라는 비접촉식 요금 지급 시스템도 도입했다. SimplyGo는 교통카드 신용카드 핸드폰 및 스마트 워치를 이용한 요금 결제 시스템으로 서비스 이용도는 매일 30만 회 이상 이용하고 있다.

스마트시티 지수 '세계 1위 싱가포르'는 도시문제 해결을 위한 디지털 기술 활용과 다양한 분야를 포용하는 스마트도시 추진을 위해 기관 통합, 정부 주도 사업 탈피로 인한 규제 및 사용자 주도형 혁신 장려로 시민의 관심을 사로잡을 수 있는 성공 사례로 평가된다.*

* 「[디지털경제⑦] 스마트시티 지수 '세계 1위 싱가포르'」, 이호선, 디지털비즈온, 2022. 12. 03

스마트시티에서 흥미로운 것은 홍보도 맞춤형이 될 수 있다는 전망이다. 「마이너리티 리포트」에 매우 흥미 있는 장면이 나온다. 주인공 톰 크루즈가 한 쇼핑센터를 걸어갈 때 홀로그래피 광고 간판과 아바타들이 그에게 마케팅 메시지를 던지고 그의 이름을 부르면서 그가 특별히 좋아할 상품과 서비스를 제안한다. 이 장면은 간판에 설치된 눈동자 추적 기술이 행인의 시선을 모니터하여 행인의 나이와 성별을 추정하고 얼굴 신호를 관찰해서 기분과 감정을 인식하여 송출하는 것으로 특정 메시지와 자극에 대한 인간의 반응을 지속해서 테스트하고 모든 범주의 소비자 구매 행동과 감정적 반응을 관찰하여 맞춤 광고를 보내주는 것이다.

이런 기술은 데이터 마이닝, 얼굴 인식, 통번역 시스템 등으로 구현되는데, 예를 들어 상점을 찾아오는 고객들의 표정을 분석해 적당한 상품을 추천할 수 있다. 사용자가 외국어로 쓰인 표지판이나 메시지를 사진으로 찍으면 즉시 통역해준다.

다시 말해 프랑스 파리에 가서 에펠탑을 사진으로 찍으면 그 정보를 즉시 제공하는 증강현실 상황도 가능하다. 이런 기술이 쇼핑 천국 등으로 비화(飛化)되는 것이 타당하지 않다는 지적이 있지만, 스마트시티가 발전하면 충분히 가능한 장면이 될 수 있다는 데 이의를 제기할 필요는 없을 것이다.*/**

*『4차 산업혁명의 충격』, 클라우스 슈밥 외, 흐름출판, 2016

**『사물인터넷이 바꾸는 세상』, 새무얼 그린가드, 한울, 2017

사물 인터넷 기술이 스마트홈과 스마트시티로 확장되면 서비스의 영역은 한계가 사라진다. 수많은 제품군과 회사들이 얽혀 있는 스마트홈과 스마트시티 영역에서는 하나의 기업이 모든 것을 전부 만족시킬 수는 없으므로 넓은 영역에 성공적인 고객 서비스를 제공하기 위해 기업들이 협업 시스템으로 움직인다.

협업은 필수적으로 가장 효율적인 모듈화를 요구한다. 여기에서 모듈화란 각 기업이 잘할 수 있는 부분에만 집중하고 나머지는 다른 회사와의 협업을 통해 고객 서비스 수준을 높이는 방식이다. 사실 모듈화는 소프트웨어 영역에서는 이미 일반화된 용어로서 한마디로 자신의 회사가 잘하는 핵심 경쟁력을 모듈화해서 다른 회사가 잘하는 영역과 융합하여 고객에게 최상의 서비스를 제공하는 것이다.*

*『O2O』, 박진한, 커뮤니케이션북스, 2016

세계를 주도하는 한국의 스마트시티

존 체임버스 박사는 인천 송도를 스마트시티의 규범이라고 적었다.

그는 한국의 송도가 처음부터 경제, 사회, 환경적 지속 가능성이라는 기준을 염두에 두고 개발한 세계 최초의 진정한 스마트 녹색도시라고 극찬했다. 송도는 도시의 네트워크를 통해 시민들은 거실 또는 걸어서 12분 거리 내에서 의료, 운송과 편의시설, 안전과 보안, 교육 등 여러 가지 도시 서비스를 이용할 수 있다. 실시간 교통정보는 시민들이 어떻게 통근해야 할지를 사전에 계획할 수 있게 만들며 원격 의료 서비스와 정보는 비용과 이동시간을 줄여 준다.

또한 송도는 국내 N3N, 넥스파, 나무아이앤씨 등 16개의 국내 스타트업과 협력해 '시스코 스마트+커넥티드 시티 오퍼레이션스 센터'를 발족, 시스코 UCS 서버에 N3N의 '이노워치', 시스코의 비디오 감시 시스템(VSM), 스토리지, 협업 기술 등을 통합해 도시를 효율적으로 운영, 도시 관리와 안전 확보를 꾀하고 있다.

예를 들어 미아 발생 시 관제센터에서 GPS와 영상정보를 활용해 아이의 경로 확인과 함께 경찰에 통보함으로써 신속한 미아 찾기를 지원한다. 또 도시 전체에 설치된 디지털 사이니지에 미아 정보를 전달해 미아 찾기에 시민의 참여도 유도한다.

이러한 시나리오는 미아 찾기뿐 아니라 범죄예방이나, 대형 화재 발생 시 시민 대피 등 다양한 상황에 적용될 수 있다.*/**

* 「[스마트시티③] IoT 기술 각축…선점 경쟁 '불꽃'」, 오현식, Data Net, 2015. 12. 11
** 『4차 산업혁명의 충격』, 클라우스 슈밥 외, 흐름출판, 2016

부산시는 '소통과 협치로 시민이 행복한 스마트시티 실현'이라는 목표로 본격적인 스마트시티를 추진하고 있다. 스마트 주차 확산사업, 영상 기반 스마트 교차로 구축, 통합 빅데이터 플랫폼 구축 및 빅데이터 분석 사업 등이다. 부산시가 스마트시티를 내세우는 것은 사물인터넷을 통해 관광인프라의 수준을 높여 관광객들에게 더욱 편리한 관광 서비스를 제공하자는 의미이다. 관광객들의 부산시에 만족도를 증가시켜 관광객들의 방문을 더 많이 유도하면 결국 이것이 부산시의 경제 활성화에 도움이 된다는 뜻이다.

'해운대'는 한국 최고의 수영장으로 유명하지만, 많은 사람이 일거에 몰리므로 미아 발생, 교통혼잡, 주차 불편 등 불편하기 짝이 없는데 이를 사물인터넷으로 해결할 수 있다는 설명이다.

또한 스마트 미아 방지 서비스로 사물인터넷의 특화된 망을 구축해서, 해운대 해수욕장 내에서의 어린이 위치 및 수영 안전지역 이탈을 보호자에게 알려준다. 또한 해운대 해수욕장 300여 곳에 안심 태그밴드를 제공하는데, 아이들이 안심 태그밴드를 착용하고 있으면 부모는 모바일 앱으로 실시간 아이들 위치를 확인할 수 있다.

드론도 활용된다. 드론 영상 촬영으로 익사(溺死) 상황을 발견하면 안전 튜브를 투하해 구조한다. 스마트 파킹은 해운대 지역의 빈 주차 공간 정보를 알려줘 운전자가 모바일과 웹으로 이를 확인해서 주차장소를 찾는 데 도움을 주어 어려움 없이 주차할 수 있게 했다. 스마트 횡단보도는 도로에 센서를 설치해서 주차위반 차량이 있을 시 경찰청에 바로 알린다. 또한 신호등에 안전 대기 장치를 설치했다. 안전 대가 장치는 도로에 지나가는 차량 여부를 확인해 녹색불로 바뀌어도 안전하지 않으면 보행자가 지나갈 수 없도록 설치했다. 해운대 스마트시티는 정부 기관이 독자적으로 주도하는 사업이 아니라 민간 사업자들과 함께 컨소시엄을 구성해서 공공기관과 민간기관이 협력하는 모델로 주목받았다.*

*「SF, 인공지능은 왜 빨간눈일까」, 김은영, 사이언스타임스, 2016. 06. 22

한국의 스마트시티는 각지에서 경쟁적으로 진행되어 세계적으로 명성이 높다. 2021년도 국토교통부의 「스마트도시 인증」 공모에 무려 30개 도시가 참여했다는 것으로도 알 수 있다.

심사 결과 대구광역시, 대전광역시, 부천시, 서울특별시, 안양시 등 5개 도시가 선정되었고 기초 자치구 단위에서는 서울 강남구, 구로구, 성동구 3개 구가 우수 스마트도시로 인증받았다.

「스마트도시 인증제」는 스마트도시 성과를 ①혁신성, ②거버넌스 및 제도적 환경 ③서비스 및 기술 측면의 63개 지표를 종합적으로 측정함으로써 국내 스마트도시 수준을 평가하는 제도이다.

대구광역시는 교통·안전·도시시설물 등의 도시 데이터 허브, 인공지능 기반 영상분석 및 빅데이터 기반 교통혼잡 예측 시스템 등 첨단 서비스 기반을 마련하고, 해외 스마트시티 어워드에서 다수 수상하는 등 글로벌 스마트시티 파트너십 구축에서 높은 평가를 받았다.

대전광역시는 대덕 특구 내 연구원들의 스마트시티 기술을 중소기업이 이전받아 도시문제 해결에 활용하는 사업을 지원하고, 사물인터넷(IoT) 센서를 활용한 전기화재 사고 예방시스템 구축 등 스마트 챌린지 사업, 광역 도시통합운영센터 운영 등에서 우수했다.

부천시는 스마트시티 서비스를 운영하는 민관합동법인(SPC)을 설립하고, 교통·환경·안전 등 스마트서비스를 통합 제공하는 '시티패스', 민간과 공공주차장을 통합하고 예약·결제 등을 원스톱으로 처리하는 공유주차 시스템 구축 등이 높은 평가를 받았다.

안양시는 경기도 내 16개 도시 운영센터 간 연계를 통해 광역적 도시

안전망을 구축하고 있고, 국가 재난안전통신망을 이용한 IoT 데이터 연계 플랫폼을 구축하여 도시 데이터를 통합 관리하고, 민간 데이터 협력 체계를 통해 버스노선 선정, 상권분석 등 정책에 활용하고 있는 점이 우수하다고 평가되었다.

서울특별시는 가로등·신호등·CCTV 등을 통합하고 와이파이·IoT 센서 등 정보통신기술을 더한 첨단 스마트폴 설치, 서울시 전역의 디지털 트윈 환경 구축, 다양한 교통 시스템을 통합 관리하고 교통정보를 융합 분석하여 시민들에게 교통정보를 제공하는 교통정보 종합플랫폼 (TOPIS) 등 높은 수준의 스마트시티 기술 및 인프라를 구축한 점을 높게 평가받았다. 서울시는 노후(老朽) 도시재정비의 일환으로 스마트시티를 추진함으로써 '세계도시 전자정부 평가'에서 2003년 이후 줄곧 1위를 지켜오고 있다.*

* 「[스마트시티③] IoT 기술 각축…선점 경쟁 '불꽃'」, 오현식, Data Net, 2015. 12. 10

국토연구원은 인증받은 도시들의 등급은 모두 3등급에 해당하여 앞으로 1등급으로 향상되기 위한 노력이 더 필요하다고 설명했다.*

* 「우리나라 우수 스마트시티 5개 도시 인증」, 국토교통부, 2021. 09. 10

한국의 스마트시티 건설은 계속되어 2023년 거점형 및 강소형 스마트시티 조성사업 공모를 통해 거점형은 울산광역시와 고양시, 강소형은 평택시, 목포시, 태안군, 아산시 등 지자체 4곳을 선정했다.

울산광역시는 4차산업 도약을 위한 신(新)울산 구축의 일환으로 우정

혁신도시 및 성안동 일대를 스마트시티로 조성하는 계획을 수립했다. 이와 함께 자율주행 기반의 수요응답형 버스, 스마트 교통패스 등 모빌리티 관련 서비스와 신재생 에너지 측정 시스템, 탄소중립 리워드 등 친환경 솔루션, 스마트 헬스케어 등 혁신 기술을 기반으로 스마트시티 서비스를 구축한다.

경기 고양시는 경기권의 데이터 허브 거점도시로서, 혁신성장동력 R&D와 연계를 통해 데이터 허브의 중추적인 역할을 위한 인프라를 구축하고, 드론 밸리 조성을 통해 향후 드론 등 혁신산업의 거점으로 도약한다는 구상이다. 고양드론앵커센터를 활용한 드론 및 UAM 산업 클러스터 구축, 교통 문제 해결을 위한 수요응답형 버스, 킨텍스 및 호수공원을 중심으로 스마트폴 및 미디어월 조성 등을 추진한다.

경기 평택시는 자발적 탄소시장 활성화를 통한 '녹색 시티 평택 구현'을 기치로 삼았고 전남 목포시는 'See You Again 목포'를 기치로 친환경 자율주행 교통과 스마트 업사이클링 솔루션을 도입하여 기후 위기에 대응하고, 탄소중립 신산업 도입을 통해 강소 스마트시티를 조성한다는 계획이다. 특히 해양쓰레기 해결을 위해 친환경 신산업인 업사이클링, 즉 폐어망 등 폐자원을 수거하여 재활용 추진, 수거 공정 디지털화하여 통합 관리한다는 구상이다.

충남 태안군은 미래형 첨단 모빌리티와 관광을 경험할 수 있는 스마트 솔루션 적용을 통해 지역소멸 문제에 대응하고, 지역산업 육성을 지원하며, 이를 비즈니스 모델로 확립하여 도시경제를 활성화하겠다는 계획이다. 이를 위해 수요응답형 교통, 로봇카트, 노인 생활안전 케어존 등을 구성하고, 기업도시 특화산업 지원을 위해 드론 배송 및 순찰, 관제시스템 등을 도입한다고 발표했다. 충남 아산시 : 디지털 OASIS 구현을 통한 지역경제 활성화 및 데이터 기반 스마트시티 조성한다는 설명이다.*

*「국토부 '스마트시티 조성사업 6곳' 지자체 선정」, 김덕수, 한국건설신문, 2023. 05. 04

한국의 스마트도시에 세계가 눈독을 들이지 않을 리 없다. 국내 스마트시티 조성사업 성과가 나타나기 시작하자 해외에서도 스마트시티 기술을 보유한 한국에 러브콜이 잇따르고 있다는 내용이다.

한국은 'K-City Network' 프로그램을 통해 각국을 지원하는데, 'K-City Network' 프로그램은 해외 정부가 스마트시티 사업을 추진할 때 마스터플랜 수립, 타당성 조사 등을 지원하고, 한국의 스마트시티 개발 경험과 지식을 공유하는 사업이다.

대표적으로 태국 묵다한주에 한국의 '스마트 통합플랫폼'이 진출했다. 스마트 통합플랫폼은 한국에서 시행하고 있는 방범·교통정보 연계 시스템이다. 대전시는 이 플랫폼을 도입해 CCTV 영상을 경찰·소방과 공유하고 있는데 2018년 기준 범죄율이 전년 대비 6.2%p 감소하고, 119 평균 출동 시간은 전년 대비 1분 28초 단축되는 효과가 나타났다.

태국 묵다한주는 드론을 기반으로 한 통합플랫폼 구축을 진행하고 있다. 드론으로 촬영한 영상정보를 묵다한주 경찰청과 공유해 국립공원의 안전을 모니터링하고, 메콩강 인근 국경지대의 불법 벌채 행위를 단속한다는 계획이다. 인도네시아 신수도 설립에도 한국의 스마트시티 관련 업체들의 진출이 진행되고 있다는 설명이다.*

*「"우리 먼저 만들어 주세요"…러브콜 쏟아지는 '한국형 스마트시티'」, 김유신, 매일경제, 2023. 06. 08

3. 스마트홈

4차 산업혁명의 진정한 매력은 산업계뿐만 아니라 인간의 생활 전반에 걸쳐 활용할 수 있다는 점이다. 특히 이런 변화는 로봇에 이어 컴퓨터, 인터넷 등이 연이어 등장했기 때문으로 볼 수 있는데, 스마트홈의 기본은 인공지능 개념이 궁극적으로 인간과 함께 생활할 수 있다는 것을 의미하며 여기에서 핵심은 로봇이라 볼 수 있다.

스마트라는 개념 자체가 로봇으로부터 유래했다고 해도 과언이 아니며, 여기서는 우선 가정화한 로봇에 대해 설명하고 이어서 사물인터넷으로 이어지는 스마트홈에 관해 설명한다.

스마트홈은 크게 두 가지의 인공지능을 활용한다.

첫째는 로봇을 가정에서 활용하는 것이고 둘째는 사물인터넷 시스템으로 홈을 구성하는 것이다. 첫 번째 로봇을 활용하는 방법도 두 가지로 나뉜다. 하나는 로봇화한 장비나 기구들을 인간이 활용하는 공간에 배치하는 것이고 다른 하나는 휴머노이드 로봇, 즉 가정용 로봇 또는 가사지원 로봇(Home Service Robot)의 개념이다.*

*『로봇의 시대』, 도지마 와코, 사이언스북스, 2002.

산업체에서 기계적인 단순 작업을 주로 하는 로봇을 제1세대라 부른다면 가정용 로봇은 제2세대라 부를 수 있다. 가정용 로봇의 기본은 일반 가정 내에서 인간과 함께 생활하며, 설거지, 빨래, 청소, 조리, 정리 정돈, 심부름 등 가사를 지원해 주는 것이다.

이들 로봇은 사람들을 가사노동에서 해방시켜 주고, 보다 효율적이고 창의적인 일에 시간을 쏟을 수 있도록 만들어 줄 수 있으므로 '서비스 로봇'이라고도 부른다. 개인용 로봇이 실생활에 접근하게 된 직접적인 요인은 퍼스널 컴퓨터(PC, Personal Computer)의 발달 때문이다.* 우선 '인공지능 로봇의 가정화'에 대해 먼저 설명한다.

* 「유비쿼터스 시대의 로봇, 유비봇」, 김종환, 사이언스타임스, 2004. 11. 05

인공지능 로봇의 가정화

현재 생각보다 많은 분야에서 개인용 로봇이 등장한다. 사람의 일을 도와주는 개인용 로봇은 크게 가사 로봇, 생활 도우미 로봇, 교육용 로봇, 안내 로봇, 접대 로봇 등으로 앞에서 이미 부분적으로 설명된 것도 있으므로 이곳에서는 간략하게 다시 설명한다.

가사 로봇의 기본은 가정에서 생기는 여러 가지 작업을 직접 수행하여 각 개인의 가사 노동의 부담을 줄여 주는 것이다.

생활 도우미 로봇은 병원과 요양소에서 재활훈련을 돕거나 고령자와 신체장애인들을 도와주며 교육용 로봇은 가정에서 교육을 위해 친근하고 효과적인 수단으로 활용된다. 안내 로봇은 공공장소나 각종 행사장에서 사람 대신 안내 업무를 수행하며 접대 로봇은 가정은 물론 음식점이나 연회장 등 각종 장소에서 음식 시중을 든다.

가사 로봇 중에서 가장 인기가 높은 것은 청소 로봇으로 2001년 스웨

덴에서 출시된 '트릴로바이트'가 상용화된 가정용 청소 로봇의 시초다. 진공청소기에 구동 바퀴, 위치제어 센서를 장착해 혼자서 방 안을 청소하는 '움직이는 가전기기'로 가전기기에 바퀴를 달아놓는 방식은 다소 진부해도 초기 로봇시장 진출에 따르는 위험 부담을 줄일 수 있어 가장 빨리 상용화가 이루어진 분야이다. 트릴로바이트는 사람의 조종 없이 모든 집 안 청소를 혼자 처리한다. 일단 청소 시작 스위치를 누르면 자동으로 청소할 공간을 한 바퀴 돌아본 후 청소 준비에 들어간다. 딱딱한 바닥과 양탄자 모두 청소가 가능하다.*/**/***

* 『사람을 위한 과학』, 김수병, 동아시아, 2005

** 『나는 멋진 로봇 친구가 좋다』, 이인식, 고즈윈, 2010

*** 「이제는 로보테크(RT) 시대 〈3·끝〉 급증하는 로봇 수출」, 조형래, 조선일보, 2011. 06. 14

가정 공간의 개념을 바꾼다

로봇의 개념으로만 보면 이런 것들도 로봇일까 하는 질문도 있겠지만, 집이나 거리의 수많은 곳에 로봇이 활용되고 있다. 간단하게 설명하여 사람의 음성을 이해하고 텔레비전이 켜지거나 세탁기가 돌아가며 냉장고가 열리는 등 머리 좋은 가전제품 등이 이런 예이다. 영화에서 주인이 배가 고프다고 하면 자동으로 냉장고에서 재료가 나와 전자레인지에서 데워지는 것 등도 한 예이다. 홈서비스 로봇의 또 다른 방식은 컴퓨터에 인공지능과 홈오토메이션 제어 기능을 부여하는 퍼스널 컴퓨터 기반의 생활 로봇이다. 이 생활 로봇은 기동성보다 주인의 음성 명령을 인식하고 무선 인터넷 검색으로 날씨와 주식 정보에서 최신 유머까지 말해주는 지적인 처리능력이 최우선시된다.*

* 『미래과학, 꿈이 이루어지다』, 이종호, 과학사랑, 2008

인간의 일상 노동 중 얼마만큼을 로봇에게 맡길까를 설정하는 것처럼 어려운 질문은 없다. 로봇을 어떤 모습으로 만들어야 할까 하는 원천적인 문제부터 로봇이 부엌일을 할 때 무슨 업무까지 맡겨야 할까 하는 것도 정해야 하기 때문이다.

로봇이 냉장고에서 음료를 가져오거나 칵테일을 만들어 올 수는 있다. 그런데 고기를 굽거나 국이나 반찬도 만들도록 해야 할지는 간단한 일이 아니다. 불판 위에 올려놓은 바비큐 고기를 어느 정도로 구워야 할지, 까다로운 요리까지 로봇에게 맡길 수 있는지를 정하기는 정말로 어려운 일이다. 여하튼 영국의 〈몰리로보틱스사〉의 '로보틱 키친(Robotic Kitchen)'은 사람의 팔과 유사한 양팔로 2,000여 가지의 요리를 해낸다. 채소를 다듬고 생선회를 뜨고, 스테이크를 굽는가 하면 국물 요리까지 척척 해낸다. 조리 뒤에는 지저분해진 주방을 정리해주는데, 대개의 식당에서 고객들은 로봇이 만든 요리를 먹게 될 것으로 생각하지만, 각자의 입맛에 맞을지는 모르는 일이다.

로봇 요리사가 등장하면 요리를 못하면 시집 장가를 못 간다는 말이 구문(舊聞)이 된다. 로봇 '몰리'는 사람의 두 팔 형태인데 TV 방송에 등장한 인기 마스터 셰프의 요리를 기본으로 요리한다. 이를 위해 20개의 모터와 24개의 관절 및 129개의 센서로 구성돼 있는데 시방서에 의해 만들어진 음식 자체는 만족할 만하다고 한다.*

* 「예술과 과학의 미래⑤ 로봇+작곡+미술+요리」, 김지희, 월간객석, 2016년 6월

물론 로봇이 인간이 요구하는 수많은 요리를 기계적으로 수행할 수는 있다고 하지만, 고객이 천편일률적인 음식을 선호할지는 다른 차원의 문제다. 그런데도 이런 이야기가 나오는 것은 로봇이 담당할 수 있는 분야가 무한대라는 것을 의미한다.

그러나 학자들은 이런 만능 가사도우미 로봇이 근간 실현되어 각 가정에 보급되리라고 생각하지 않는다. 그것은 만능 가사도우미 로봇이 설사 개발되더라도 판매 가격이 만만치 않을 것으로 보기 때문이다. 실질적인 상황으로 로봇을 구매하는 비용이 주방 인원을 채용하는 것보다 훨씬 비싸다면 굳이 로봇을 구매할 일은 없을 테니까.

이것은 경제적인 면도 있지만 사람을 고용하면 일자리 창출은 물론 대화가 가능하다는 장점이 있다. 물론 대형 식당에서는 이들 로봇이 충분한 역할을 할 수 있다. 반복적인 조리 뒤에는 지저분해진 주방을 정리해 줄 수도 있다. 학자들은 대부분의 대형 식당에서 고객들에게 상당수의 음식은 로봇이 만들어 줄 것으로 생각한다.

복지에 대한 사회적 요구가 큰 유럽, 미국 등에서 가장 심혈을 기울여 개발하고 있는 것은 가사용보다는 노약자와 장애인들을 위한 복지형 로봇이다. 노약자와 장애인을 위한 지능형 침대, 휠체어, 그리고 침대와 휠체어를 잇는 보조 로봇 등 주로 주거 공간에서 거동이 불편한 사람들을 대상으로 한다. 또한 보행 보조 로봇은 실내외에서 노인들을 항상 부축해줄 수 있는 파트너가 될 수 있다.*/**/***

* 「사물인터넷이 바꾸는 세상」, 새무얼 그린가드, 한울, 2017

** 「인공지능 첫 승부처, AI 비서」, 이호기, 한국경제, 2017. 02. 14

*** 「사람보다 똑똑한 스마트홈 시대」, 이강봉, 사이언스타임스, 2016. 12. 23

인공지능의 스마트홈 세상에서 일상생활은 그야말로 컴퓨터화한다. 스마트홈에서는 잠자는 동안에도 스마트 잠옷과 스마트 침대를 이용해 사용자의 건강 상태를 모니터링한다. 아침에 일어나서 화장실 문을 여는 순간 손잡이에 장착된 센서는 사용자를 확인한다.

사용자가 아침 식단을 선택하면, 스마트 주방은 선택된 아침 식단을 준비하기 위해 스마트 냉장고로부터 필요한 요리 재료를 확인하고 부족한 재료는 인근 마켓에 배달 요청을 한다. 아침에 챙겨야 하는 서류나 물건도 점검해주고 스마트 자동차는 도로 교통 상황을 즉시 파악해 최단 시간에 사무실로 이동할 수 있도록 한다. 자동차에 문제가 발생할 때는 자동으로 감지해 원격검진을 받게 하거나 위치 정보망을 이용해 가장 가까운 정비소로 안내하는 것도 가능하다.

위에 설명된 내용을 보다 실무적인 홈 디스플레이로 정리하면 미래의 스마트홈은 집안 내에서 어떤 디스플레이가 어떤 기능을 하느냐로 설명될 수 있다.

우선 집 안 화장실에서 양치질하면서 거울에 붙어 있는 투명 디스플레이를 통해 '오늘의 날씨'와 메일을 확인한다. 싱크대에서 아침 준비하면서 뉴스를 시청하고 식탁에 붙어 있는 디스플레이를 통해 부모님과 영상통화가 가능하다.

건물 내 모든 창문은 투명 디스플레이로 되어 있어 커튼이나 차양막 없이도 실내를 밝거나 어둡게 할 수 있다. 개인 책상에 있는 칸막이도 디스플레이로 되어 수많은 메모 정보를 띄워 놓을 수 있고 책상 바닥에 있는 투명 디스플레이를 통해 키보드나 마우스를 이용한다.*

*『스마트 테크놀로지의 미래』, 카이스트 기술경영전문대학원, 율곡출판사, 2017

이러한 사물인터넷, 유비쿼터스 환경에서는 인간관계도 컴퓨터화한다. 당사자들이 원한다면 원격지에서 친구나 애인, 부모 등이 무엇을 하는지 알도록 연결해준다는 점이다. 여기에서 중요한 것은 상대방과 직접 대면하지 않아도 상대의 현황을 곧바로 파악할 수 있다는 점이다.

너무 개인 노출이 심하다고 생각하는 경우 정보 교환을 해지하면 되지만 환자나 어린아이, 노인들의 일거수일투족이 체크된다는 것이 마냥 나쁜 것만은 아니다.*/**/***/****

*「유비쿼터스로 마음을 읽으렴」, 김수병, 한겨레21, 2003년 12월 19일 제489호

**「스마트홈 게이트웨이」, 스마트과학관-사물인터넷, 국립중앙과학관

***「스마트홈 플랫폼」, 스마트과학관-사물인터넷, 국립중앙과학관

****「스마트워크)」, 이지영, 네이버캐스트, 2013. 11. 21

제2부

차세대 신성장
3대 요소

0. 미래를 규정하는 3가지 기술

사람들이 영화에 출연한 배우나 야구경기장에서 특출한 재능을 보이는 야구 선수에게 남다른 매력을 느끼는 까닭은 자신이 그들처럼 할 수는 없지만 인간으로서의 감정을 공유하기 때문이다. 사람들이 특정 식당이나 단골 바를 자주 찾는 것도 단지 음식이나 음료 때문이 아니라 그들이 베푸는 환대에 더 큰 점수를 주면서 단골이라는 개념을 만든다.

큰 틀에서 보면 산업혁명으로 인한 기술의 발전을 인간의 환대로만 설명하기는 어렵다. 사실 인간의 환대도 환대를 주거나 받을 수 있는 자산이 확보되어야 한다. 그런데 첨단과학기술로 점철될 미래는 노동과 자본보다 더 좋은 아이디어를 제공하는 소수의 사람이 엄청난 보상을 받는다는 것을 말해준다.

그런 면에서 부단히 변하고 있는 기술혁명으로 인해 어떤 혁신적인 아이디어가 현재 우리 주위에 등장했고 이들이 얼마나 지구촌을 바꾸어줄 것인가는 초미의 관심사가 아닐 수 없다. 이 문제에 관해 정답이 있을 리 없지만, 학자들은 미래 기술을 아우르는 혁명적인 기술로 3가지를 꼽는다.

이들 3가지를 제외하면 미래가 성립하지 않는다는 뜻으로 자율주행자동차, 드론, 그리고 3D프린터이다. 이곳에서 자율자동차와 드론의 미래를 먼저 설명하고, 제3부에서 3D프린터를 별도로 설명한다.

* 『4차 산업혁명의 충격』, 클라우스 슈밥 외, 흐름출판, 2016

1. 자율주행 자동차

학자들은 인공지능(AI)을 '바퀴의 발명'과 같은 차원으로 꼽을 만한 파괴적 기술(Disruptive Technology)이라고도 설명한다. 인류의 삶에 거대하고 급속한 변화를 가져오는 기술을 우리는 '파괴적 기술'이라 부른다. 인류가 바퀴를 발명한 이래 아직도 원형이 변하지 않은 기술 중 하나인데, 이는 그만큼 원형 바퀴의 효용성이 높기 때문이다.

그러므로 인공지능을 바퀴에 비견하는 것은 인공지능이 거의 모든 영역의 과학기술 분야에 접목할 수 있는 '원유(原油)'와 같은 성격을 지니고 있기 때문이다.*

* 「AI시대 유망한 직업과 새로 태어날 일자리는?」, 박지윤, 매일경제, 2016. 05. 02

인간이 바퀴를 발명한 지 10,000년이 넘었고, 운송수단으로 활용한 것은 5,000년 전이며, 소와 말이 바퀴를 끌기 시작한 것은 대체로 3,000~4,000년 전으로 추정한다. 이들 마차를 소멸시킨 것은 자동차다.

19세기 말 런던에선 전기차 택시들이 거리를 돌아다녔다. 시민들은 '윙~' 소리를 내며 달리는 택시들을 '벌새(humming bird)'라고 불렀는데, 대다수 전문가들은 '마차 택시'보다 절반 이하의 공간을 차지하는 '벌새'들이 거리의 여러 가지 문제를 해결해 주리라고 생각했다. 파리, 베를린, 뉴욕에서도 전기차 택시들이 손님을 찾아 돌아다녔다. 당대의 예상은 미래의 자동차는 전기자동차가 될 것으로 보았으나 전기차는 서서히 줄더니 가솔린 자동차에게 완전히 자리를 내주었는데*, 이제 자동차는 인공지능 개념이 듬뿍 들어있는 자동차로 변모한다.

* 「전기차도 100년 전 기술…"꺼진 생각도 다시 보자"」, 송태형, 한국경제, 2017. 02. 24

엔진이 없는 자동차, 사람이 운전하지 않는 자율주행 자동차, 하이브리드 자전거 휠(Wheel) 등 영화에서 보이는 이동 수단이 혁신을 거듭해 새로운 모습으로 등장할 것으로 예상한다. 한마디로 바퀴의 세계가 바뀌는 것이다.

인간의 개입이 필요 없는 이동 수단

인공지능이 예상보다 빨리 인간 생활에 접목되기 시작하자 사람들이 관심을 보이는 것은 자율주행차(무인 자동차, Autonomous Vehiclie)이다. 앞으로 자동차의 대세를 무인차로 생각하기 때문이다. 세계 각국에서 인간이 운전하지 않아도 되는 자동차들을 개발하는 이유는 세계적으로 자동차 사고 사망자가 연간 130만 명에 달하기 때문이다.

이 가운데 90%는 운전자 과실에 의하므로 이를 '0%'로 줄일 수 있다면 많은 예산을 투입하더라도 커다란 명분과 경제적으로 매우 긍정적인 결과를 가져올 수 있다고 생각한다.

더불어 무인 자동차는 연료를 가장 적게 쓰는 소프트웨어를 장착하므로 에너지 비용도 20~40% 줄일 수 있다. 특히 자동차의 경우 교통 혼잡에 따른 비용이 상상할 수 없을 정도로 엄청나므로 미국 기준으로 약 300조 원 이상의 사회적 비용을 절감할 수 있을 것으로 예상한다.*

* 「[WSF 2016]인공지능의 미래, 삶의 희망·경제적 안정·편리 창출」, 채상우, 이데일리, 2016. 06. 15

이런 무인 자동차의 아이디어는 생각보다 오래전부터 도출되었다. 1920년대에 프란시스 P. 후디나(Francis P. Houdina)가 무선으로 작동하는 자동차를 개발했는데 이 자동차는 완전 자율 주행이 아니라 뒤에 있는 차에서 앞차를 조종한다.

1950년대에 RCA연구소가 실험실 바닥의 패턴에 따라 움직이는 소형 자동차를 개발했고, 1960년대 오하이오 주립대학은 도로에 새겨진 전자장치에 의해 주행하는 무인 자동차 개발에 도전했으며, 1980년대 카네기멜론대학에서 실험용 자율주행 자동차를 개발했는데 신호등이 없는 거리에서 시속 63킬로미터의 속도를 낼 수 있었다.*

* http://blog.naver.com/zestybox/220678047683

영화가 미래를 예측해주는 상상력으로 무장되어 있다는 것은 잘 알려진 이야기다. 실제로 '007시리즈'에 첨단의 장비들이 많이 등장하는데 이들 중 상당수가 현실에서 실현되어 우리 주변에서 발견된다.

영화 「제5원소」에서 하늘을 나는 택시가 기본이며 「스타워즈」에서는 자동차가 바퀴 없이 도로 위를 떠다닌다. 「백 투 더 퓨처」에서는 하늘을 나는 스케이트보드 '호버 보드(Hoverboard)'가 등장한다.

미래 첨단과학 시대에서 이런 자동차들은 공상(空想)의 산물만은 아니다. 1980년대 출시된 텔레비전 시리즈 「전격 Z작전」에서 주인공 마이클은 환상적인 자동차 '키트'를 타고 도시를 누비면서 범죄자들과 싸운다. 키트는 로봇화된 자동차의 전형으로 자동조종, 자동추적, 충돌 회피 기능을 가지고 있다. 마이클 대신 스스로 자동차를 운전해주는 것은 물론 위험 상황에서 빠져나가는 방법, 가장 좋은 길 안내, 추적하는 범죄자의 신상을 조회해주기도 한다. 특히 시계에다 명령만 내리면 키트가 곧바로 알아듣고 조처하는데, 이런 장면들이 얼마나 많은 어린이에게 환상을 불러주었는지 손목시계를 차고 있는 아이들이라면 누구나 한 번씩 시계에다 대고 "가자. 키트!"라고 말을 걸곤 했다. 키트의 성능은 당대의 어느 SF물에 나오는 자동차의 성능보다 월등하여 엄밀한 의미에서 「배트맨」에 나오는 자동차는 키트에 비해서 한참 아래 수준이다.*

* 『로봇의 시대』, 도지마 와코, 사이언스북스, 2002

　『로봇 공화국에서 살아나는 법』, 곽재식, 구픽, 2016

　「로봇이 변화하고 있다!」, 사이언스올

　『유비쿼터스 시대의 로봇, 유비봇』, 김종환, 사이언스 타임즈, 2004. 11. 5.

이들 개념은 이미 시장에 나와 말(언어)로 자동차 시동을 거거나 도어를 잠글 수 있는 기능은 구문(舊聞)이다. 더욱이 호버보드를 형상화한 아르카 보드(Arca board)가 과학의 발달로 세상에 나왔으며 물 위를 떠다니는 수상 호버크래프트도 등장했다. 뒷바퀴에 장착만 하면 그 어떤 자전거도 '하이브리드 자전거'로 변신하는 '코펜하겐 휠(Copenhagen Wheel)'도 등장했다. 코펜하겐 휠은 전기모터, 리튬이온 배터리, 제어장치를 구현한 '바퀴'로 운동에너지를 전기로 변환시켜준다.

스티븐 스필버그 감독의 영화 「마이너리티 리포트」에서 주인공인 존 앤더튼이 누명을 쓰고 추격자들로부터 도망칠 때 추격자를 따돌리느라 운전에 신경 쓸 겨를이 없으므로 자동차 스스로 도로를 질주하는 장면이 나와 관객들의 탄성을 자아냈다. 긴박감을 주기 위해 난폭 운전하는 것이 관객들로부터 좋은 평가를 받았다는 뜻이지만 엄밀한 의미에서 이런 장면은 자율주행 자동차로서는 0점이다.*

* 「AI시대 사라질 직업 탄생할 직업」, 박지훈, 매일경제, 2016. 05. 02

그러므로 이런 장면은 아무리 기술이 발전해도 현실에서 보지는 못하는데 이유는 간단하다. 실제로 그런 난폭 운전을 프로그래머들이 입력시키지 않기 때문이다. 한마디로 자율주행 자동차에 그런 상황이 되면 난폭 운전이 아니라 정지한다는 뜻이다.*

* 「영화 속 인공지능, 현실이 된다면」, 정환용, SmartPC사랑, 2016. 3월

우선 자율주행 자동차가 세계의 이목을 받자 '미국도로교통안전국'이 「첨단 운전자 지원시스템(ADAS)」 가이드라인을 발표했다. 이 가이드라인은 총 5단계로 나누어진다.

① 1단계: 자동긴급제동장치(AEB)나 추종주행장치(ACC) 같은 자동 보조 시스템의 도움을 받아 사람이 운전하는 자동차.
② 2단계: 1단계 기능을 바탕으로 그 위에 여러 가지 기능이 추가된 단계다. 핸들 조작을 일부 자동화할 수 있고, 고속도로에서 차선유지 등을

할 수 있지만, 아직은 운전할 때 운전자의 개입이 필요하다.

③ 3단계: 1~2단계의 기능을 포함하면서도 자동화 시스템이 가능한 자동차를 의미한다. 자동으로 운전하기 때문에 운전자가 개입할 필요가 없지만, 긴급 상황 발생할 때 브레이크나 핸들 조작은 운전자가 책임져야 한다.

④ 4단계: 4단계부터 본격적인 자율주행이라 할 수 있는데 4단계는 모든 주행을 자동주행 시스템이 자율적으로 판단하여 주행한다. 4단계는 사람이 목적지 입력에 관여할 수 있고 수동 조작 옵션을 선택할 수 있다.

⑤ 5단계: 운전자가 전혀 개입하지 않고, 오로지 자율주행시스템만으로 도로를 주행하는 자동차이다. 다시 말해 운전대에서 완전히 손을 떼고, 액셀러레이터와 브레이크에도 발을 올리지 않는다.

5단계가 궁극적인 자율주행시스템이라 볼 수 있다. 5단계로 진화하려면 자동차 외에도 모든 도로망의 스마트화, 클라우드 서비스 제공 인프라 조성도 병행해야 한다는 전제조건이 붙는다.[*] 이런 가이드라인을 고려할 때 전문가들은 현재의 자율주행 기술 개발 수준이 평균적으로 3단계 이동 중인 상황으로 진단하고 있다.[**]

[*]「자율주행 기술, 어디까지 왔나」, 김준래, 사이언스타임스, 2016. 12. 16

[**]「자율주행차, 착시현상 극복해야」, 조인혜, 사이언스타임스, 2016. 07. 05

세계의 각축장 자율자동차 개발

　자율주행 자동차 개발에 도전하고 있는 각 사의 개발 방향과 기술은 각자 다르지만 큰 틀에서 전기자동차가 기본이다. 전기자동차는 말 그대로 전기로 작동되는 자동차다. 즉 현재 디젤, 가솔린, 액화가스로 엔진을 가동하는 내연기관 자동차가 아니라 배터리와 모터를 사용하여 구동하는 자동차를 말한다. 장난감 자동차에 건전지를 넣고 리모컨으로 움직이는 자동차도 전기차로 볼 수 있으므로 큰 틀에서 전기자동차는 장난감 자동차를 규모만 크게 만든 것이다.

　전기자동차의 특징은 여러 가지인데 계기판을 스마트폰이나 태블릿을 사용할 수 있고 내연기관에서 사용하는 기어가 필요 없다. 그러므로 장난감 자동차를 원격조정장치로 움직일 때와 마찬가지로 자동차의 속도를 빠르게 할 때는 레버를 앞으로 돌리면 되고 달리고 있는 자동차의 속도를 줄이거나 멈추게 하려면 레버를 반대로 돌리면 된다.

　자동차를 후진시키는 것도 기어 변속이 필요 없이 레버를 뒤로 돌리면 된다. 동일한 방식으로 레버를 끝까지 돌리면 후진을 빨리하고 살짝만 돌리면 후진을 천천히 한다.*

*『스마트 테크놀로지의 미래』, 카이스트 기술경영전문대학원, 율곡출판사, 2017

　이러한 전기자동차가 근래에 화석연료의 고갈로 주목받고 있는데 그것은 친환경 특성 때문이다. 전기자동차는 화석연료를 사용하지 않으므로 환경오염의 주범인 이산화탄소와 공해물질을 배출하지 않으므로 친환경적이다. 또한 운용비용도 내연기관 자동차보다 저렴하다.

내연기관 자동차의 핵심 부품인 엔진, 변속기, 연료공급장치, 배기장치 등이 탑재되지 않아 엔진과 변속기에 들어가는 필터 등 소모품의 주기적인 교환이 필요 없으므로 자동차 유지비가 현저히 감소한다. 또한 비용 대비 성능이 월등하다.

전기자동차는 엔진을 사용하지 않는 대신 각각의 바퀴에 연결된 모터가 바퀴를 자유롭게 구동하므로 운행에 필요한 요소는 배터리에 각각의 모터로 전기를 전달해 주는 것뿐이므로 자동차를 구동하는 데 많은 에너지가 들지 않는다. 일반적으로 내연기관의 효율은 30% 정도인데 전기모터의 효율은 90%나 된다.

전기자동차가 자율자동차의 핵심으로 떠오르지만, 전기자동차 자체는 생각보다 오래전에 시작되었다.

전기자동차의 장점도 내연기관 자동차에 비해 부족하지 않았음에도 시장의 석권에 실패했으므로 뒤늦게 주목받게 된 셈이다.

20세기 초만 해도 증기 자동차, 전기자동차, 가솔린 자동차가 3파전을 벌이고 있었다. 가솔린 자동차가 승리한 결정적인 계기는 헨리 포드(Henry Ford, 1863~1947)가 대중용 자동차 시장을 창출했다는 점에서 찾을 수 있다. 세계 최초의 대중용 자동차인 모델 T는 1908년에 출시된 이후 폭발적인 인기를 누렸고, 미국 사회는 1920년대에 자동차 대중화 시대에 돌입했는데 놀랍게도 가솔린 자동차가 다른 경쟁 상대를 능가하면서 세계를 석권했다.

미국의 경우를 살펴보면, 1900년에 4,192대의 자동차가 생산되었다. 그중에서 1,681대는 증기 자동차 1,575대는 전기자동차, 나머지 936대만이 가솔린 자동차였다. 증기 자동차가 40.1%, 전기자동차가 37.6%를 차지했던 데 비해 가솔린 자동차는 22.3%에 불과했다.

이러한 사정은 유럽에서도 마찬가지로 3가지 자동차 중 어느 쪽이 승리할지는 예측 불가능이었다.

20세기 초까지 가장 열렬한 사랑을 받았던 쪽은 증기 자동차였다. 당시의 증기기관은 이전의 것과는 달리 규모도 작아졌고, 출력도 향상되었으며, 강철 부속으로 정밀하게 제작되었다. 증기 자동차는 구입비와 유지비가 매우 낮았으며, 엔진이 강력하여 어떤 도로 조건에서도 운행될 수 있었다. 특히 스탠리 증기 자동차는 1899년에 워싱턴 산의 정상에 오르는 최초의 자동차가 되었으며, 1906년에는 플로리다 자동차 경주에서 시속 205km라는 엄청난 속도를 선보였다.

그러나 증기 자동차에도 몇몇 약점이 있었다. 증기 자동차는 보일러, 증기기관, 연료, 물 등으로 이루어져 있어 매우 무거운 기계였다. 또한 증기가 대기로 증발하면 다시 사용할 수 없으므로 30마일마다 증기 자동차에 물을 다시 공급해야 했다. 더욱 심각한 문제는 시동을 걸기 위해서 증기를 발생시키는 데 약 30분 정도의 시간이 소요된다는 점이다.

비록 보일러가 계속 개량되어 증기 발생 시간이 점차 단축되긴 했지만, 문제를 완벽하게 해결하지는 못했다.

전기자동차는 소음과 냄새가 없었으며, 매우 안락하고 깨끗하다. 더구나 전기자동차는 구조가 매우 간단하여 운전이 편리하고 유지와 정비가 간편했다. 더불어 전기가 가진 현대적 이미지 덕분에 전기자동차는 대중의 기대 면에서 최우선 순위를 차지했다.

그러나 전기자동차는 속도가 느렸고, 경사가 가파른 언덕을 오를 수 없었으며, 구입비와 운행비가 만만치 않았다. 가장 치명적인 약점은 축전(蓄電)의 문제였다. 납과 산으로 이루어진 무거운 배터리는 약 30마일마다 다시 충전되어야 했다.

이에 따라 전기자동차는 장거리 운행에 적합하지 않았고, 주로 대도시 지역의 백화점이나 세탁소가 배달 서비스를 위해 사용하였다.

초기의 가솔린 자동차도 약점이 많았는데, 한마디로 '불편한' 기계였다. 가솔린 자동차는 속도 조절 장치, 냉각장치, 밸브 장치, 기화장치 등이 복잡하게 연결되어 있어 고장이 빈번히 발생했으며, 유지와 정비도 쉽지 않았다. 특히 가솔린 자동차를 가동하려면 정교한 손동작과 근력이 필요했으므로 기계에 일가견이 있는 사람들이 선호할 정도였다.

긍정적인 측면에서 보면, 가솔린 자동차는 증기 자동차와 마찬가지로 언덕을 잘 오를 수 있었고, 증기 자동차보다 효율이 약간 떨어지긴 하지만 매우 빠른 속도로 도로를 주행할 수 있었다. 가솔린 자동차가 가진 최대의 장점은 일단 시동을 걸기만 하면 연료의 추가적인 공급 없이도 70마일을 달릴 수 있었다는 점이다.

가솔린 자동차가 3파전에서 승리한 이유는 다소 생소하다. 우선 당대에 록펠러가 미국 석유 시장의 90% 이상을 장악하고 있었는데, 가솔린 자동차의 보급은 바로 자신의 석유 판매를 촉진할 수 있는 창구였다. 그의 전방위 활약으로 증기 자동차와 전기자동차는 운명을 다하는데, 여기에 자동차를 대중화하게 만드는 헨리 포드가 등장한다.

포드는 모델 A, B, C, F, N, R, S, K를 설계한 후 이러한 모델들의 장점을 모아놓은 모델 T에 주목하였다. 그는 모델 T에 집중하는 전략을 택하면서 다음과 같이 선포하였다.

"나는 수많은 일반 대중을 위한 자동차를 생산할 것이다. 최고의 재료를 쓰고 최고의 기술자를 고용하여 현대적 공학이 고안할 수 있는 가장 소박한 디자인으로 만들 것이다. 그렇지만 가격을 저렴하게 하여 적당한 봉급을 받는 사람이면 누구나 구매하여 신이 내려주신 드넓은 공간에서 가족과 함께 즐거운 시간을 보낼 수 있게 할 것이다."

모델 T는 1908년 10월 13일에 출시되자마자 폭발적인 인기를 누렸다. 모델 T는 무게가 1,200파운드에 불과하면서도 20마력의 강력한 힘을 가진 4기통 엔진을 탑재하고 있었다. 게다가 모델 T에는 발로 조작하는 톱니바퀴 식의 2단 변속기가 장착되어 있어서 운전하는 것도 그리 어렵지 않았다. 무엇보다도 모델 T의 장점은 825달러라는 저렴한 가격으로 구매할 수 있다는 사실이었다. 작업의 세분화와 작업 공구의 특화에 입각한 대량생산 방식, 즉 컨베어 벨트로 연결된 조립라인을 구축하여 저렴하게 제작되었기 때문이다.

당시에 모델 T의 가격은 400달러 정도였는데, 그것은 포드 자동차 회사에 근무하던 일반 노동자의 넉달치 봉급과 비슷했다. 이제 일반 노동자들도 마음만 먹으면 어렵지 않게 자동차를 구매할 수 있게 되었고 결국 미국 사회는 1920년대에 들어와 풍요로운 경제와 모델 T의 확산을 배경으로 자동차 대중화 시대에 돌입할 수 있었다.*

『세상을 바꾼 발명과 혁신』, 송성수, 네이버지식백과

여하튼 자율주행차는 전기자동차를 기본으로 출발하는데, 이 분야에서 세계 시장을 선점하려는 경쟁은 매우 뜨겁다. 세계 정보 시장을 선도하고 있는 구글사가 무인 자동차로 사업의 다변화를 꾀했다. 여러 회사가 제조업에서 정보업으로 사업을 선회하는 데 반해 구글은 막대한 자금을 배경으로 정보업뿐만 아니라 제조업에도 뛰어들게 된 것이다.

구글 자동차는 운전대는 물론 가속페달과 브레이크 페달도 없으며 출발 버튼만 누르면 스스로 굴러간다. 무인차의 핵심은 몇 미터의 오차범위 안에서 자동차의 현재 위치를 알려주는 GPS(위성위치확인시스템) 수신 장치이며 운전자의 눈 역할은 천장에 달린 레이저 센서가 맡는다. 지붕에 탑재된 '라이더(LiDAR)'라는 센서는 레이저를 발사하여 반경 200미터 이내의 장애물 수백 개를 동시에 감지하는데 쉴 새 없이 360도로 회전하면서 1초에 160만 번이나 정보를 읽는다.

운전석 앞자리에 달린 방향 센서는 자동차의 정확한 주행 방향과 움직임을 감지한다. 운전자의 두뇌에 해당하는 중앙 컴퓨터가 이러한 센서들이 수집한 정보를 바탕으로 브레이크를 밟을지, 속도를 줄여야 할지, 방향을 바꾸어야 할지 판단을 내린다. 범퍼에 장착된 레이더는 앞에 달리는 차량이나 장애물을 인식하여 속도를 조절하게 하므로 교통사고를 예방할 수 있으며 교통체증도 현저하게 줄어든다.*/**/***

* 「자율주행 전기자동차가 몰려온다.」, 네이버포스트, 2016.10.06

** 「자율주행 자동차」, 오원석, 네이버캐스트, 2015.06.04

*** http://terms.naver.com/entry.nhn?docId=1139392&cid=40942&catego-ryId=32360

구글의 자율주행차는 대체로 성공적으로 4단계 자율주행 수준에 올랐다는 평가를 받았다. 구글이 개발하는 무인차는 완전 전기자동차(EV)로 2인승이며 최고 속도는 시속 40㎞, 주행 가능 거리는 160㎞이다. 구글의 목표는 거창했다. 2010년 차량 스스로 운행하고 사람은 운전대 앞에 있다가 사고가 일어날 조짐이 있으면 통제에 나선다는 것이다.

그런데 2013년 이후 개발 방향을 바꾸었다. 이와 같은 변경은 인간의 속성을 정밀하게 분석했기 때문이다.

구글은 당시 일부 직원에게 출퇴근할 때 자율주행차를 제공했는데, 차 안의 비디오카메라로 모니터한 결과 운전석에 앉은 사람이 심지어 잠이 드는 등 운전에 집중하지 않는 사실을 발견했다.

그만큼 자율주행 자동차를 신봉한다는 뜻으로도 이해되지만, 이런 상황은 인간 운전자가 눈 깜짝할 사이에 위기를 감지해 반사적으로 대응하는 것이 불가능하다는 의미이므로 애당초의 계획을 대폭 수정했다.*

* 「자율주행차 향한 '엇갈린 길'」, 연합뉴스, 2016. 07. 06

큰 틀에서 자율주행차는 인간과 자동차가 언제 어디서나 디지털 플랫폼을 통해 연결되는 것을 의미한다.

폭스바겐은 '폭스바겐 에코시스템'이라는 디지털 플랫폼상에서 폭스바겐 유저-ID를 통해 언제 어디서든 자신들의 개인화된 정보를 폭스바겐의 어떤 차량에도 간편하게 설정할 수 있도록 한다. 폭스바겐은 3D 디지털 콕핏(The Volkswagen Digital Cockpit, 3D), 아이 트래킹(Eye tracking) 및 AR(증강현실) 헤드업 디스플레이(AR Head-up Display) 등과 같은 미래의 직관적인 컨트롤 기능도 채택한다. 특히 '아이 트래킹'은 터치와 제스처 컨트롤을 통해 자동차의 기능이 얼마나 빠르고 쉽게 운영될 수 있는지 한눈에 볼 수 있도록 도와준다.*

* 「폭스바겐이 꿈꾸는 자율주행…"인간과 車의 끊임없는 소통"」, 장은지, NEWS1, 2017. 01. 06

인터넷 기업 네이버도 자율주행차에 거액을 투자하고 있다.

네이버는 자율주행 로봇 M1, 인공신경망 번역 파파고, 자율주행차 등의 기술 개발을 시작했는데, 다른 기업보다 파격적으로 많은 연구비를 투자하고 있다고 알려진다.*

* 「AI·로봇·자율주행차에 1조 쏟아부은 네이버」, 조재희, 조선일보, 2017. 04. 04

또한 현대자동차를 비롯해 메르세데스 벤츠, 혼다, 제너럴 모터스 등도 총력을 기울여 무인 자동차를 개발하고 있다.

이들의 자율주행 기술은 구글보다 떨어지는 수준이지만, 그래도 반자동 주행 수준인 3단계 과정은 넘어섰다는 평가를 받고 있다.*

* 「자율주행 기술, 어디까지 왔나」, 김준래, 사이언스타임스, 2016. 12. 16

미래의 자동차로 자동차 업체들이 주목하는 것은 사람이 손으로 직접 운전하지 않고 생각만으로 조종하는 자동차이다. 이는 뇌-기계 인터페이스(BMI, brain-machine interface) 기술을 적용한 반(半)자율주행 자동차라고 할 수 있다. BMI는 손을 사용하지 않고 생각만으로 기계장치를 움직이는 기술로 2009년 1월 버락 오바마(Barack Obama) 대통령이 '취임 직후 일독해야 할 보고서' 목록에 포함되기도 했다.

오바마에게 보고한 『2025년 세계적 추세(Global Trends 2025)』에는 2020년 생각 신호로 조종되는 무인 차량이 군사작전에 투입될 수 있다고 적었다. 가령 병사가 타지 않은 무인 탱크를 사령부에 앉아서 생각만으로 운전할 수 있다는 것인데 일부 학자들은 미래 어느 날 비행기도 조종사들이 손 대신 생각만으로 비행기를 조종할 수 있다고 주장한다.*

* http://terms.naver.com/entry.nhn?docId=1139392&cid=40942&category-Id=32360

자동차 소유 NO

미래의 산업기술을 실질적으로 이끌고 있다고 설명되는 것은 정보통신기술(ICT)의 발전을 통해 가장 극적으로 등장한 휴대전화 산업이다. 휴대할 수 있는 전화에서 곧바로 인터넷에 접속할 수 있는 온라인 단말기, 마침내는 스마트폰이라는 새로운 개념의 정보통신 기기로 변화했다. 그러나 휴대전화와 함께 상상할 수 없는 혁명이 기다리고 있는 분야가 자동차 산업으로, 자동차가 앞으로 휴대전화처럼 획기적인 변화를 맞게 된다는 뜻이다.

우버의 발은 매우 재빠르다. 우버가 '스타트업'으로 성공한 것은 기존의 차량에 관한 개념을 흔들어 놓았기 때문이다. 우버는 일반 사람들의 차량이나 공유된 차량을 승객과 연계시켜 여기에서 발생하는 요금의 일부를 취하는 수익 구조를 갖는데,

이것이 상상할 수 없는 성공으로 이어졌다. 핵심은 단순하다. 차량을 소유한다는 기존의 개념에서 공유(共有)경제로 변형시켰기 때문이다.

공유경제란 간단하게 말해 물건을 소유(所有)에서 공유(共有)의 개념으로 바꾸는 것을 의미한다. 과소비를 줄이고 합리적인 소비를 유도할 수 있다는 공유경제 개념이 차량에도 접목되어 성공했는데 이는 차량을 소유하지 않아도 필요할 때 차량을 손쉽게 임대할 수 있기 때문이다. 스

마트폰과 만나 장소와 시간에 얽매이지 않고 자동차를 활용할 수 있는 새로운 교통 시스템은 그야말로 폭발적인 호응을 받았고 기존의 자동차 시장에서 운용되던 카쉐어링, 렌트, 리스의 개념이 하나로 통합될 것이라는 전망도 나왔다. 이는 차량을 소유하지 않고 '좌석' 이용권만 구매해도 된다는 뜻이다.

한마디로 차량의 유통 형태도 자동차 제작사와 대리점, 소비자로 이어지는 프로세스가 아니라 제조된 완성차를 공유해주는 서비스 업체가 바로 매입하고 대여하는 형태로 변화하게 될 것으로 예상한다.

더욱 놀라운 전망은 운전이란 개념도 바뀔 수 있다는 것이다. 운전이라는 단어는 '기계나 자동차' 등을 움직일 수 있다는 사실을 의미하며 조작이라는 개념도 포함한다. 그런데 4차산업혁명 시대에는 자동차를 조작한다는 내용 자체가 빠질 수 있다는 것이다.

미래에는 사람이 자동차에 탑승하여 탑승자가 되지만 운전자가 되지 않아도 된다는 점을 기본으로 한다. 사람을 울고 울리던 자동차 면허증이 필요 없는 시대가 된다는 뜻이다.[*]/[**]

[*] 「다가올 미래, 우리의 삶을 180도 바꿔놓을 자동차 산업」, 최덕수, APPSTORY, 2017년 7월호

[**] 「자율주행차 막 시동 걸었는데… 정부는 초강력 '규제 브레이크'」, 김미희 파이낸셜 뉴스, 2017. 07. 11

세계 각지에서 자율주행차 개발에 초점을 맞추고 있지만, 자율주행차 운행이 자동차 개발로만 끝나지는 않는다. 학자들은 미래 교통 방법으로 무인 차량만 통행할 수 있는 도로를 만들거나 기존의 도로를 무인 차

량용으로 바꾸어야 비로소 정착될 수 있다고 주장한다.

이런 주장에 발 빠르게 움직인 회사가 볼보이다. 볼보는 2014년 100m 길이의 도로를 만들었는데, 도로 아래 산화철을 주성분으로 제작한 자석을 심었다.

자석이 도로 아래에서 보이지 않는 차선 역할을 하는 셈이다. 볼보는 실험 결과 차량의 차선 이탈 오차가 10cm 미만이었다고 발표했다.

이와 같은 기술의 진전은 오하이오주에서 선보인 '스마트 로드(Smart Road)'로 이어진다. 소위 영리한 도로인데 도로 전체를 정보화해 비나눈, 교통체증과 같은 도로 상황을 실시간으로 전달하고, 정확한 상황 분석을 통해 도로를 안전하게 통제해나갈 수 있다.

전문가들은 '스마트 로드'를 통해 무인차의 속력을 높이고, 차량 간의 간격을 최소화하면서 전체적인 차량 운행 대수를 늘리고 결과적으로 시간과 연료를 절약해나갈 수 있다고 주장한다.

'스마트 로드'에 대한 구상은 상당히 오래전이지만 도널드 트럼프 대통령이 '스마트 로드'를 적극 지지하여 무인 자동차의 촉진에 청신호를 올렸다. 경찰 관계자들은 '스마트 로드'를 통해 무인차의 운행이 전면적으로 시행되면 사고율을 94% 줄일 수 있다고 예상한다.*/**

*「스마트 하이웨이 시대가 열린다」, 김준래, 사이언스타임스, 2016. 12. 28

**『로봇의 시대』, 도지마 와코, 사이언스북스, 2002

『로봇 공화국에서 살아나는 법』, 곽재식, 구픽, 2016

「로봇이 변화하고 있다!」, 사이언스올

『유비쿼터스 시대의 로봇, 유비봇』, 김종환, 사이언스 타임스, 2004. 11. 5.

무인 자동차의 중요성은 무인 자동차 시대가 자동차만 변화를 가져오는 것이 아니라 도시의 기동성(mobility)을 높일 수 있다는 점이다. MIT의 카를로 래티 박사는 현재 도시를 운행 중인 차량이 거의 놀고 있다고 주장했다. 전체 시간 중 차량을 운행하는 경우는 5% 정도에 불과하고 주차장 등 다른 공간에 세워놓은 채 시간과 공간을 함께 허비하고 있다는 것이다.

무인차가 보급되면 자동차를 놀리는 일은 사라질 것으로 예상했다.

직장인들을 출·퇴근시킨 무인 자동차들이 주차장으로 들어가 있는 것이 아니라 또 다른 곳으로 이전해 다른 사람들을 태우고 정차 없이 차량 운행을 계속 이어갈 수 있다는 것이다. 이와 같은 무인 자동차를 활용한 카세어링(car sharing) 모델이 활성화되면 자동차가 필요할 때 스마트폰으로 간단하게 차량을 불러 몇 분 이내에 원하는 장소로 자신을 데려가 달라고 요청할 수 있다. 그리고 목적지에 도착한 자율주행차는 다음 사용자에게 스스로 찾아가는 것이다.*

* 『사물인터넷이 바꾸는 세상』, 새무얼 그린가드, 한울, 2017

이런 상황이 되면 개인차량과 공용차량 간의 경계선이 무너지고, 결과적으로 지금의 약 20%에 불과한 차량으로 현재 수준의 승객들을 모두 소화할 수 있다는 추정이다.*

* 「'무인차 시대' 노는 차량 사라진다」, 이강봉, 사이언스타임스, 2016. 07. 12

특히 구글이 선정한 세계 최고 미래학자인 토마스 프레이 다빈치연구소 소장은 무인 자동차의 잠재력으로 세계적으로 263개 기업이 무인 자동차 산업에 사활을 걸고 있다는 것으로도 알 수 있다고 말했다. 전용도로가 건설되면 평균 속도는 오를 것이며 현재 계산으로는 무인 자동차 1대가 자동차 30대의 역할을 할 것이라고 예견했다.*

* 「토마스 프레이, 의정부서 '4차산업혁명과 미래 직업' 강연」, 최재훈, 경인일보, 2017. 09. 12

또한 개인 소유 차량의 감소는 심각한 도시 교통난도 해결하는 동시에 교통량이 크게 줄어 지금처럼 넓은 주차장이 필요 없어지고 그 자리에 공원이나 주택이 들어설 수 있다는 주장도 제시됐다.*

* 「5년 안에 무인 택시 이용 가능」, 이강봉, 사이언스타임스, 2016. 09. 20

이와 같은 변화는 무인 기술로 인해 도로 교차점도 차례로 사라지므로 차량을 세우는 일 없이 계속 운행이 가능해진다는 설명이다.

자율주행차에 많은 사람이 촉각을 세우는 것은 이들 기능이 개인용 고급 차량에만 국한되지 않을 것으로 보기 때문이다.

이 말은 보통 사람들도 자율주행차를 구매할 수 있으므로 보편적 자동차가 될 수 있다는 뜻으로 세계 각국의 자동차회사들이 총력을 기울여 자율주행 자동차를 개발하고 있는 이유다.

그런데 자율주행차의 아킬레스건은 자동차의 성능 여부와는 전혀 관련이 없다는 점이다. 가장 사람들을 짜증 나게 하는 자동 시스템, 즉 GPS를 연상하면 이해가 된다. 자동차 운전자는 주변을 잠깐 살펴보기만 해도 틀린 길로 가고 있다는 걸 알 수 있는데도 내비게이션이 알려주는 잘못된 길을 무작정 따라가기 일쑤다.

한마디로 내비게이션만 의존하다가 절벽으로 가거나 일방통행 도로에서 역주행할 수도 있다는 지적이다.*

＊『사물인터넷이 바꾸는 세상』, 새무얼 그린가드, 한울, 2017

이뿐 아니다. 사람 운전자와 달리 자율주행차는 각종 센서에서 입수한 정보를 인공지능이 순식간에 처리하므로 언제나 현재 처한 상황을 객관적으로 파악한다. 그런데도 차가 움직이는 건 물리적인 현상이기 때문에 돌발 사고 자체를 모두 막을 수는 없다는 것이다.

그러니까 반대편 차선에서 갑자기 차가 중앙선을 넘어오거나 아이가 갑자기 도로로 뛰어드는 것 같은 상황이다. 더욱 골머리 아픈 상황은 자율주행차가 달리던 중 사고가 나 탑승자 1명의 목숨이 위험하게 됐는데, 이를 피하려고 핸들을 돌리면 보행자 여럿이 부딪쳐서 숨질 수 있는 상황이라고 가정할 때이다. 이런 극한 상황에 닥쳤을 때 자율주행차를 움직이는 인공지능(AI)이 무작정 '주인'인 탑승자 1명을 보호해야 할지 아니면 다수의 행인을 구해야 할지 의문이다.

이런 경우 사람 운전자는 상황을 온전히 파악하지 못한 채 사실상 반사행동이라고 볼 수 있는 대응을 하지만, 자율주행차는 실행할 수 있는 차선책을 택하게 된다. 다시 말해 피해가 불가피한 상황일 경우 피해를 최소화하는 방향으로 결정하는 것이다. 사람으로 치면 사고 직전의 상황이 슬로우모션으로 돌아가 '어떻게 사고를 마무리해야 할지' 판단할 시간이 충분히 있는 셈이다. 물론 인공지능은 각 상황에 대한 프로그램의 '행동 지침'을 따르지만 이런 상황에서 어떻게 행동할지를 결정하는 건 인공지능을 만든 사람이라는 뜻이다.*

* 「자율주행차 인명 보호 딜레마…'운전자 vs 보행자' 우선순위는?」, 김태균, 연합뉴스, 2017. 01. 22

이 말은 주행 중 돌발 상황에 대처하는 것은 인간이 인공지능에 비해 월등히 우세하다는 점이다. 한마디로 사고 상황이 일어날 때 인간은 순간적으로 자신에게 최선의 방향을 선택한다. 자기의 어린아이와 함께 탑승할 경우 자신보다는 아이의 안전을 먼저 생각하면서 가장 인간적인 조처를 내리는 것이 기본이다. 한마디로 자신을 희생하려는 것이다.

문제는 여전히 남는다. 수많은 자동차 사고의 변수를 프로그래머가 적절하게 입력하는 것이 불가능하다는 뜻이다.

한마디로 자동차의 탑승자 서열 및 중요도를 프로그래머가 사전에 일일이 입력할 수는 없는 일이다. 그러므로 무인이든 아니든 인공지능 프로그램이 예기치 않은 상황에 적절하게 대처할 수 없는데, 그것은 사전에 입력되지 않은 상황에 직면하거나 능력 밖의 상황에 내몰리면 이러한 상황을 오류로 인식하고 작동을 멈추게 마련이다.

로봇이 비상 상황에 인간처럼 순발력 있게 적절히 대처할 수 있는지 독자들의 판단에 맡긴다.*

* 「4차산업혁명의 충격」, 클라우스 슈밥 외, 흐름출판, 2016

그렇더라도 인간이 운전하는 것보다 인공지능 프로그램을 활용한 자율주행차가 사고율이 감소한다는 사실에 대해 전문가들의 이견(異見)은 없다. 바로 그런 이점 때문에 많은 곳에서 자율주행차를 개발하고 있지만, 완벽할 수는 없다는 사실이 문제라면 문제다.*/**/***

* 「빅데이터 기술, 어디까지 왔나」, 강석기, 사이언스타임스, 2016. 07. 06

** 「자율주행차, 철학이 필요하다」, 김은영, 사이언스타임스, 2016. 12. 08

*** 「클라우드 컴퓨팅 혁명… '서비스' 입는 제조업」, 이성호, 조선일보, 2017. 08. 29

복병 만난 자율자동차

자율자동차는 그야말로 황금의 알을 낳는 거위로 인식되어 전 세계가 꿈틀거리며 대단한 기세로 움직였다. 그런데 2020년에 들어서면서 자율자동차 개발에 이상 조짐이 보이기 시작했다. 자율주행 기술 분야에서 앞장서던 '아르고 AI'가 사업 중단을 발표했는데 포드와 폭스바겐이 36억 달러에 달하는 막대한 투자를 진행했던 기업이다.

전문가들에게 더욱 충격적인 것은 '아르고 AI'는 아마존닷컴과 함께 자율주행 배송 서비스를 준비 중이었다는 점이다.

'아르고 AI'가 전망이 좋다는 사업을 접은 까닭은 글로벌 자동차 산업에서 자율주행에 관한 입장이 극명하게 나뉘기 때문이다. 한마디로 자율주행차에 대한 전망이 어려워졌다는 것이다. '아르고 AI'의 자율자동차 개발을 중단하는 것과 더불어 포드와 폭스바겐도 노선을 변경하여 먼 미래의 자율자동차에 거액을 투자하겠다고 발표했다.

당장 고객들에게 판매할 수 있는 기술에 투자하겠다는 설명인데 경제 논리를 보면 간단하다. 현재 전 세계에서 자율주행기술에 투자한 금액이 약 1,000억 달러에 이르지만, 아직은 수익으로 이어지는 비즈니스 모델을 완성하지 못했기 때문이다. 한마디로 '완전한 자율주행'은 아직 멀다는 메시지이기도 하다는 설명이다.

사실 미국 샌프란시스코에서 2022년부터 자율주행 택시 서비스를 진행 중인데 맑은 날씨일 때만 운행하며, 종종 운행이 중단되는 일도 있었다. 애리조나주에서도 유료 자율주행 택시 서비스를 전개하고 있지만, 이 역시 시범단계로 모든 사람이 이용할 수 있는 것은 아니다.*

* 「완전자율주행 독자개발 포기한 포드와 폭스바겐」, 글로벌오토뉴스, 2022. 11. 23

2024년 현대차와 손잡은 美 앱티브도 투자를 중단했다. 두 회사는 5조 원을 투자했는데 투입한 비용 대비 성과가 나오지 않자 손을 뗀 것이다. 그동안 여타 자동차 회사에서 자율주행차 개발을 취소하는 등 방향 전환에 나섰지만, 제너럴 모터스(GM)는 자율주행차 개발에 투자를 계속했다. 그런데 GM도 자율주행 자회사인 크루즈에 대한 2024년 투자를 10억 달러 삭감했고 전체 인원의 24%인 900명 감원 계획도 발표했다. 사실 GM의 계속 투자에 발목을 잡은 것은 2023년 샌프란시스코에서 크루즈의 자율주행차가 사람을 친 뒤 6m가량 끌고 가서야 멈췄고, 이 바람에 운행 허가가 취소되었던 사건 때문이다.

자율자동차 개발에 대한 보다 큰 강타는 2024년 2월 알려졌다. 2,000명이 10년간 매달린 애플카가 개발을 포기한다는 발표다. 애플은 2014년부터 '프로젝트 타이탄'이란 이름으로 자율자동차를 개발해왔다. 애플이 애플카를 포기한 것은 간명하다.

자율주행차 시장은 물론 전기차 시장도 위축되고 있었기 때문이다. 그동안 전기자동차가 기세를 올렸지만, 미국 내에서도 전기차 판매 성장 속도가 둔화(鈍化)되고 있는 데다 자율주행 자동차는 걸음마도 떼지 못한 상태이다.

애플은 자율자동차 대신 AI와 공간컴퓨팅에 역량을 집중하겠다고 발표했다. GPT 시장에서 잘 알려진 음성 비서 '시리'가 크게 업데이트될 것으로 예상된다. 아누라그 아나 박사는 다음과 같이 말했다.

"애플이 AI에 집중하는 것이 더 나은 선택이 될 수 있다. 수익 잠재력을 고려할 때 전기차를 포기하고 자원을 AI로 전환하기로 한 결정은 좋은 전략적 움직임으로 보인다."*

* 「2000명이 10년간 매달렸는데 접는다…'애플카' 포기 선언 무슨 일」, 이덕주, 매일경제, 2024. 02. 28

현대차그룹도 '실제 주행에서 예상했던 것보다 다양한 변수와 마주치고 있다.'며 큰 틀에서 자율자동차 개발을 무기한 연기했다. 현대차가 투자한 오로라의 경우 자율주행 트럭을 출시해 2027년 이후 수익을 내겠다는 계획이지만 현실은 만만치 않다.

한편 프랑스 푸조는 자율자동차 개발을 포기하지 않지만, 자율자동차 프로젝트 중 하나로 챗GPT 접목을 꼽았다. 챗GPT 기술을 푸조의 모든 승용차 및 상용차 라인업에서 활용하도록 한다는 뜻이다.

운전자와 조수석에 있는 동승자가 그림에 관한 대화를 나누다가 챗GPT에 '유명한 파블로 피카소의 작품은 무엇이냐?'고 질문하면 챗GPT는 곧바로 '게르니카(Guernica)'라고 답하는 식이다. 어디에 가면 볼 수 있느냐는 질문에 챗GTP가 '스페인 마드리드에 있는 레이나 소피아 미술관'이라고 답한다. 레이나 소피아 미술관으로 가는 길 안내를 요청하면 경로 또한 안내하는데 이미 기초 기술은 개발되어 2023년부터 일부 자동차에 적용되고 있다.

챗GPT 도입은 푸조뿐만 아니라 BMW, 폭스바겐, 아마존도 합류했다. 한마디로 대화형 인공지능이 자동차의 기본 시설로 도입되고 있다는 뜻이다.*

* 「[생성 AI 길라잡이] 챗GPT와 자동차의 만남」, 김동진, 동아일보, 2023. 03. 08

그동안 자율자동차라면 전 세계의 빅 그룹들이 투자에 앞장섰는데 근래 학자들은 실제 운전자 개입 없이 차량에 완전히 운전을 맡기는 것이 불가능할지 모른다는 의견을 계속 제기했다. 게리 마커스 뉴욕대 교수는 다음과 같이 말했다.

"자율주행 업체는 딥러닝(기계학습)을 통해 AI를 학습시키는데 이는 일종의 암기이다. 그런데 도로에서 일어날 수 있는 특이 상황은 무한대에 가까우므로 이론적으로는 구현(具顯)이 불가능하다."

〈자율주행 자동차 GO〉

자율자동차가 해결해야 할 문제가 많다는 지적이 일고 있는 상황에서 세계 자동차업계의 진행 방향은 세 가지로 꼽을 수 있다.

① 자율자동차 개발 포기

앞에서 설명한 빅테크들이 운전자 개입이 필요 없는 수준의 자율주행 구현을 포기하고, 대신 운전자 보조 시스템 강화 쪽으로 연구·개발 방향을 선회했다. 운전대·페달이 없는 자율주행 자동차를 만들겠다고 기염을 토한 애플도 일반 전기차를 개발 중이다.

② 자율자동차 목표 변경

테슬라의 이언 머스크는 다소 변형된 자율주행 자동차 개발로 방향을 틀고 있다. 그가 개발한 테슬라 모터스 모델 'D'는 자율주행차량의 인공지능 AI를 구현하는 강력한 성능의 슈퍼컴퓨터 '드라이브(DRIVE™) PX2'를 장착하였다. 1초에 최대 24조 회에 달하는 작업을 처리할 수 있다.*

* 「알파고와 이세돌 9단, 인공지능과 자율주행」, 원성훈, 글로벌오토뉴스, 2016. 03. 14.

그런데 테슬라 자동차의 특징은 여타 자동차회사들이 완전 자율자동차를 목표로 하는 것과는 달리 자동차가 운전자를 돕는 기능을 확대하는 방향으로 운전자 자체를 대체하는 것은 아니다.

한마디로 테슬라의 자율자동차는 완전 자율자동차에서 변형된 자율자동차로 운전자가 보통 자동차와 마찬가지로 운전석에 앉아야 하며 운전대를 잡지 않지만(hands-free) 방심하지 않고 손을 항상 운전대나 근처에 둬야 한다. 이것이 무슨 자율주행 자동차냐고 지적하는 사람들도 있지만 이것은 교통사고 '0'를 기본으로 하기 때문이다.*

* 「"테슬라 자율주행 덕에 목숨 건져"…독일 고속도로 영상 공개돼」, 이지민, 이투데이,
2016. 12. 29.

일론 머스크의 테슬라 차량은 운전대에서 양손을 놓고 전방을 주시하지 않아도 스스로 다른 차를 추월하거나 장애물을 피한다. 레벨 2.5~3단계 수준인데 이들도 2019년 이후 700여 건의 충돌 사고가 발생했다. 자율자동차에 대한 정의 자체에 문제가 있다는 설명이다.

놀랍게도 많은 사람이 테슬라사의 주장에 동조하는데 이는 '운전하기 편한 데다 피로를 느끼지 않는다.'는 편리성 때문이다.

주의는 해야 하지만 과거처럼 운전대를 꽉 잡고 운전하지 않는다는 것이 큰 이점이라는 것이다.*

* 「자율주행차 향한 '엇갈린 길'」, 연합뉴스, 2016. 07. 06.

테슬라 자동차의 이런 정책은 자율주행자의 문제점을 직접 목격했기 때문이다. 그동안 완벽한 시스템이라도 사고가 일어날 수 있다는 지적이 계속 제기되었는데, 바로 그런 사고가 발생한 것이다.

2016년 미국 플로리다 고속도로에서 오토파일럿(Autopilot) 기능을 이용하다 사고로 40세의 조슈아 브라운이라는 남성이 트레일러와 충돌하면서 사망했다. 사고 당시 하늘과 흰색 트럭이 겹치면서 자율주행 컴퓨터, 즉 오토파일럿이 트레일러의 색을 인식하지 못했고, 그 결과 브레이크가 걸리지 않았다. 테슬라의 자동차 사고는 사실 운전자가 너무 자동차의 성능을 믿었기 때문이다. 한마디로 과신한 것이다.

이 문제는 매우 큰 파장을 몰고 와 철저한 검증이 뒤따랐는데, 미국 도로교통안전국(NHTSA)은 테슬라 자동차의 안전 결함은 발견되지 않았다고 발표했다. 특히 조사 결과 브라운은 오토파일럿을 작동시켜 시속을 74마일로 설정했다는 것이다. 당국은 그가 브레이크를 밟는 등 사고를 피하려고 노력할 시간이 있었지만, 대응하지 않았다고 결론을 내렸다. 한마디로 테슬라 자동차가 자율주행 첫 사망사고에 대한 책임은 벗었지만, 자율주행차 개발이 만만치 않음을 보여주었다.*

*「테슬라, 자율주행 첫 사망사고 책임 벗었다」, 김윤구, 연합뉴스, 2017. 02. 10.

이 같은 문제를 해결하기 위해 자율주행 자동차 기업들은 'V2V(Vehicle-to-vehicle)' 기술을 도입한다. 자동차와 자동차 간의 충돌 방지를 위해 상호 정보를 교환하는 기술이다.

학자들은 V2V가 자율주행 자동차들의 위치와 속도, 그리고 방향 등의 정보를 1초에 10차례가량 주고받을 수 있게 되면, 자동차 사고로 인한 인명 피해를 80% 정도 줄일 수 있다고 전망한다.*/**

*「자율주행차 '상용화 시대' 전망」, 김준래, 사이언스타임스, 2016. 12. 26.

**「알파고와 이세돌 9단, 인공지능과 자율주행」, 원성훈, 글로벌오토뉴스, 2016. 03. 14.

뉴욕타임스의 말은 간명하다.

'자율주행차가 사람보다 안전한 운전을 한다는 걸 입증할 증거가 없다.'*

*「현대차와 손잡은 美 앱티브도 투자 중단…세계 곳곳서 멈추는 자율주행차」, 김아사, 조선일보, 2024. 02. 02.

③ 무조건 'GO'

빅테크들의 이러한 행보에도 불구하고, 이와 관련 없이 전진을 계속하고 있는 곳이 있다. 바로 중국의 최첨단 기술을 뜻하는 '레드 테크' 공습이다. 전문가들은 미국의 대(對)중국 제재를 자체 기술력을 끌어올리는 기회로 삼아 산학연(産學研)이 똘똘 뭉쳐 기술 개발에 힘을 쏟은 결과로 평가하는데 전기차와 배터리 등은 '중국 천하'가 됐고, AI, 반도체, 로봇, 자율주행, 수소 등에서도 중국은 실력자로 올라섰다.

중국은 자율주행의 상용화에 가장 가까워진 국가로 꼽힌다.

특히 도시 전체가 '자율주행 실험실'인 우한은 로보택시 등이 마음껏 운행할 수 있는 도로 길이만 3,378㎞에 달한다. 서울~부산을 여덟 차례 오갈 수 있는 거리다. 구글보다 10년 늦은 2016년 자율주행 분야에 뛰어든 바이두가 단시일에 1억㎞에 달하는 데이터를 축적할 수 있었던 비결인데 여기에 화웨이, 샤오미 등이 확보한 데이터를 합치면 '테슬라+구글'에 뒤지지 않는다는 것이 산업계의 평가다.*

* 「中 14억 인구 '무서운 실험실'의 역습…전 세계 '공포'」, 신정은 외, 한국경제, 2024. 04. 21.

전기차 제조업체인 샤오펑(小鵬)의 자율주행에 공을 들여 개발한 XNGP(XPeng Navigation Guided Pilot)는 2025년 전 세계 출시를 목표로 한다. 리오토, 샤오미, BYD(비야디) 등도 자체적인 자율주행 기술 개발과 도입에 속도를 내고 있는데 자율주행 시스템을 공개한 중국 업체는 10곳이 넘는다.*

* 「운전석·운전자가 사라진다…'14억 실험실'의 자율주행 경쟁」, 이도성, 중앙일보, 2024. 05. 13.

중국의 자율자동차에 대한 행보에 머스크는 큰 선물을 받았다. 중국을 깜짝 방문하여 리창 총리와 환담한 머스크는 외국 기업 중 처음으로 데이터 안전 검사를 통과했다는 낭보를 받았다. 한마디로 테슬라가 주창하는 자율 주행차의 중국 시장 도입에 청신호가 켜졌다는 전망인데 중국이 테슬라에게 요구한 요건은 다음 네 가지다.

① 차량 밖 안면 정보 등 익명화 처리
② 운전석 데이터 수집 차단
③ 운전석 데이터 차내 처리
④ 개인정보 처리 통지

여기에 테슬라를 비롯한 6개사 76개 스마트 자동차(컨넥티드카)가 중국 당국의 데이터 안전 검사에서 적합 판정을 받고, 테슬라가 외자기업으로는 최초로 적합 판정을 받았다는 설명이다. 이에 힘을 받은 테슬라는 자율주행 기술 완성도를 높이기 위해 100억 달러(약 13조7,500억 원)를 투입한다고 발표했다.*

  * 「머스크 깜짝 방중한 날…테슬라, 中 완전자율주행 시동」, 최진석 외, 한국경제, 2024. 04. 29.

여하튼 대다수의 주력 자동차회사에서의 사업 중단과 정책 변경이 초창기 기세 좋게 출발한 자율주행의 진도에 악영향을 미치고 있지만 중국과 테슬라는 이에 관련 없이 자율주행자 주행에 'GO'를 계속하고 있다는 것이다. 빅테크들의 숨 고르기를 자율주행 기술의 몰락으로 생각하는 것은 시기상조라는 설명이 설득력을 얻고 있다는 뜻으로 자율자동차 문제는 시간이 해결해 줄 것으로 설명된다.*

* 「완전자율주행 독자개발 포기한 포드와 폭스바겐」, 글로벌오토뉴스, 2022. 11. 23.

이점을 그동안 부단히 강조한 사람이 테슬라의 이언 머스크이다. 그가 개발한 테슬라 모터스 모델 'D'는 자율주행차량의 인공지능 AI를 구현하는 강력한 성능의 슈퍼컴퓨터 '드라이브(DRIVE™) PX 2'를 장착하였다. 1초에 최대 24조 회에 달하는 작업을 처리할 수 있다.*

* 알파고와 이세돌 9단, 인공지능과 자율주행」, 원성훈, 글로벌오토뉴스, 2016. 03. 14

그런데 테슬라 자동차의 특징은 여타 자동차회사들이 완전 자율자동차를 목표로 하는 것과는 달리 자동차가 운전자를 돕는 기능을 확대하는 것으로 운전자 자체를 대체하는 것은 아니다.

한마디로 테슬라의 자율자동차는 완전 자율자동차에서 변형된 자율자동차로 운전자가 보통 자동차와 마찬가지로 운전석에 앉아야 하며 운전대를 잡지 않지만(hands-free) 방심하지 않고 손을 항상 운전대나 근처에 둬야 한다. 이것이 무슨 자율주행 자동차냐고 지적하는 사람들도 있지만 이것은 교통사고 '0'를 기본으로 하기 때문이다.*

* 「"테슬라 자율주행 덕에 목숨 건져"…독일 고속도로 영상 공개돼」, 이지민, 이투데이,

2016. 12. 29

일론 머스크의 테슬라 차량은 운전대에서 양손을 놓고 전방을 주시하지 않아도 스스로 다른 차를 추월하거나 장애물을 피한다. 레벨 2.5~3 단계 수준인데 이들도 2019년 이후 700여 건의 충돌 사고가 발생했다. 자율자동차에 대한 정의 자체에 문제가 있다는 설명이다.

놀랍게도 많은 사람이 테슬라사의 주장에 동조하는데 이는 '운전하기 편한 데다 피로를 느끼지 않는다.'는 편리성 때문이다.

주의는 해야 하지만 과거처럼 운전대를 꽉 잡고 운전하지 않는다는 것이 큰 이점이라고 설명한다.*

* 「자율주행차 향한 '엇갈린 길'」, 연합뉴스, 2016. 07. 06

테슬라 자동차의 이런 정책은 자율주행차의 문제점을 직접 목격했기 때문이다. 그것은 완벽한 시스템이라도 사고가 일어날 수 있다는 지적이 계속 제기되었는데 바로 그런 사고가 발생한 것이다.

2016년 미국 플로리다 고속도로에서 오토파일럿(Autopilot) 기능을 이용하다 사고로 40세의 조슈아 브라운이라는 남성이 트레일러와 충돌하면서 사망했다. 사고 당시 하늘과 흰색 트럭이 겹치면서 자율주행 컴퓨터, 즉 오토파일럿이 트레일러의 색을 인식하지 못했고, 그 결과 브레이크가 걸리지 않았다. 테슬라의 자동차 사고는 사실 운전자가 너무 자동차의 성능을 믿었기 때문이다. 한마디로 과신한 것이다.

이 문제는 매우 큰 파장을 몰고 와 철저한 검증이 뒤따랐는데 미국 도로교통안전국(NHTSA)은 테슬라 자동차의 안전 결함은 발견되지 않았다고 발표했다. 특히 조사 결과 브라운은 오토파일럿을 작동시켜 시속을 74마일로 설정했었다. 당국은 그가 브레이크를 밟는 등 사고를 피하

려고 노력할 시간이 있었지만, 대응하지 않았다고 결론을 내렸다. 한마디로 테슬라 자동차가 자율주행 첫 사망사고라는 책임은 벗었지만, 자율주행차 개발이 만만치 않음을 보여주었다.*

* 「테슬라, 자율주행 첫 사망사고 책임 벗었다」, 김윤구, 연합뉴스, 2017. 02. 10

이 같은 문제를 해결하기 위해 자율주행 자동차 기업들은 'V2V(Vehicle-to-vehicle)' 기술을 도입한다. 자동차와 자동차 간의 충돌 방지를 위해 상호 정보를 교환하는 기술이다.

학자들은 V2V가 자율주행 자동차들의 위치와 속도, 그리고 방향 등의 정보를 1초에 10차례가량 주고받을 수 있게 되면, 자동차 사고로 인한 인명 피해를 80% 정도 줄일 수 있다고 전망한다.*/**

* 「자율주행차 '상용화 시대' 전망」, 김준래, 사이언스타임스, 2016. 12. 26
** 「알파고와 이세돌 9단, 인공지능과 자율주행」, 원성훈, 글로벌오토뉴스, 2016. 03. 14

뉴욕타임스의 말은 간명하다.

" 자율주행차가 사람보다 안전한 운전을 한다는 걸 입증할 증거가 없다."*

*「현대차와 손잡은 美 앱티브도 투자 중단... 세계 곳곳서 멈추는 자율주행차」, 김아사, 조선일보, 2024. 02. 02

포드도 운전자 개입이 필요 없는 수준의 자율주행 구현을 포기하고, 대신 운전자 보조 시스템 강화 쪽으로 연구·개발 방향을 선회했다. '운전대와 페달이 없는 자율주행차를 만들겠다.'고 기염을 토하던 애플도 일반 전기차를 개발 중이다.

대다수의 주력 자동차회사에서의 사업 중단과 정책 변경이 초창기 기세 좋게 출발한 자율주행의 진도에 악영향을 미치고 있지만 이를 두고 자율주행 기술의 몰락으로 생각하는 것은 시기상조라는 설명이 있는 것은 사실이다. 그동안 숱한 학자들이 자율자동차야말로 인간의 미래로 설정했는데 그 자체가 틀렸다는 것은 아니기 때문이다.

자율자동차 문제는 시간이 해결해 줄 것이라고 설명한다.*

*「완전자율주행 독자개발 포기한 포드와 폭스바겐」, 글로벌오토뉴스, 2022. 11. 23

2. 드론

미래의 첨단과학기술에서 주축이 될 것으로 생각되는 분야 중 하나가 드론(Dron), 즉 무인기다. '낮게 웅웅거리는 소리'를 뜻하는 '드론'은 벌이 웅웅대며 날아다니는 소리를 따라 붙여진 이름이다. 영어 사전에서는 드론을 '수벌' 또는 '윙 하는 낮은 소리'라고 표기된다. 일정한 소리를 지속한다는 의미의 음악 용어로 설명하는 사전도 있다.*

* 「하리하라의 과학 블러그(2)」, 이은희, 살림, 2005

드론은 기본적으로 무인으로 움직이는 사물을 말한다. 그러므로 드론은 지상, 수중, 하늘에서 움직이는 것을 총괄하기도 한다. 그러나 일반적으로 드론이라면 무인항공기 또는 무인비행체를 의미한다.

드론을 항공 물체로 적용한다면 무인항공기(UAV, unmanned Aerial Vehicle/Uninhabited Aerial Vehicle) 또는 무인항공기 시스템으로 부르는데, 우선 일반적으로 조종사가 탑승하지 않은 상태에서 지상에서의 원격조종 또는 사전에 입력된 프로그램에 따라 또는 비행체 스스로 주위 환경을 인식하고 판단하여 자율적으로 비행하는 비행체 또는 이러한 기능의 일부 또는 전부를 가진 비행 체계를 말한다.

여기에서 무인항공기는 단순히 지상으로부터 무선에 의해 원격으로 비행하는 무인비행체를 말하며 항공용 드론은 사전 입력된 프로그램에 따라 비행하는 무인비행체를 말한다.* 법적으로 무인항공기는 항공기에 조종사가 탑승하지 않고 자동 또는 원격 비행이 가능하며 1회용 또는 회수할 수 있어야 한다고 정의한다.**

* 「드론(UAV) 특허에 대한 동향」, 고우진 외, 한국발명교육학회지, 한국발명교육학회, 제4권 제1호 2016. 12.

** 「스마트 테크놀로지의 미래」, 카이스트 기술경영전문대학원, 율곡출판사, 2017

비행체의 규모로 특성을 정하기도 하는데 150㎏ 이상은 무인항공기, 미만은 무인항공장치라 부르며 흔히 부르는 드론은 후자에 속한다. 그러나 항공으로만 생각하면 무게 25g의 초소형부터 무게 12,000kg에 40시간 이상의 체공 성능을 지닌 대형까지 존재한다.

「아이 인 더 스카이(Eye in the Sky)」는 드론(drone)이 어떤 것이냐를 과학적으로 이해하는 데 손색이 없는 영국 전쟁영화이다.

테러리스트 암살과정을 통해 드론을 어느 정도까지 응용할 수 있는지 실제로 보여주는 드론 종합 설명서라고도 볼 수 있다.

'영국, 미국 그리고 케냐 합동으로 케냐에서 활동하는 테러리스트를 잡기 위한 작전이 벌어진다. 영국인 2명, 미국인 1명, 그리고 알 샤바브 테러 지도자들이 케냐 수도 나이로비 외곽에서 모인다. 작전 팀은 미국이 정한 2, 4, 5번 테러리스트가 한꺼번에 모인 절호의 기회로 여긴다. 3개국 연합팀은 이들을 생포 작전 계획을 세우는데 지휘는 영국, 상황에 따라 이들을 향해 발사할 헬파이어 미사일 조작은 미국 본토에 있는 미군기지 관할이다. 생포 작전에 실제 투입될 케냐 특수군은 나이로비

에서 대기하고 있다.'

　놀라운 것은 드론이 이들의 모든 행동을 샅샅이 감시한다는 점이다. 새의 모양을 한 드론은 저택 입구에 새처럼 앉아서 누가 드나드는지 감시하고, 얼굴 사진이 찍히면 인공지능으로 신원을 파악한다.

　테러리스트가 이동한 집 안으로 드론이 따라 들어간다.

　집 주위로 다가간 현지 공작원이 컴퓨터 게임을 하듯 조작해서 벌레만 한 드론을 들여보내자 2명의 자살폭탄 테러리스트에게 자살폭탄 조끼를 입히는 장면이 잡힌다.

　생포 작전은 사살 작전으로 급히 변경되고, 영국의 작전 사령관이 미군 장교에게 헬파이어 미사일 발사 명령을 내리지만, 아무것도 모르는 어린 소녀가 그 집 담 옆으로 엄마가 구워준 빵을 팔러 오자 고민이 생긴다. 테러리스트를 사살하기 위해 미사일을 발사하면 소녀는 치명상을 입으므로 소녀를 살리기 위해 미사일 발사를 중단할지 또는 자살폭탄 조끼를 입고 거리로 나와 수십 명 넘게 살해할 테러리스트를 암살할 것인지 결정해야 한다. 고난도 5차 방정식 같은 현대 전쟁의 와중에 해결책은 매우 복잡하지만, 드론의 역할이 앞으로 상당히 깊숙하게 인간의 생활에 접목될 수 있음을 시사한다.*

* 「테러범 암살하는 드론 사용설명서」, 심재율, 사이언스타임스, 2016. 07. 28.

　사실 드론이 현대전에서 본격적으로 활용되고 있다는 것을 모르는 사람은 없을 것이다. 이란이 시리아 주재 자국 영사관 폭격에 보복하기 위해 드론 수십 대로 이스라엘 본토 공격에 나섰다. 2024년 4월 1일 시리아 다마스쿠스 주재 이란 영사관의 폭격으로 이란 혁명수비대 장성들을 비롯해 12명이 숨졌는데 이란 정부는 이스라엘 전투기가 폭격했다며 보복을 다짐해왔으며 4월 13일 100대 이상의 드론과 미사일로 이스라엘을 타격했다고 밝혔다.*

* 「이란, 이스라엘 본토 보복공격…"드론·미사일 수십 대로 타격"」, 이본영, 한겨레, 2024. 04. 15

러시아·우크라이나 전(戰)에서도 드론의 역할을 두드러진다. 과거 전투에서는 특수부대가 진입하여 알려주는 정보를 이용하여 공격했는데, 현재는 드론으로 몇 분 안에 적군의 정확한 위치를 공격할 수 있다. 우크라이나가 러시아와 같은 대국과 혈투를 벌일 수 있는 것도 서방 국가로부터 지원받는 드론의 역할이 크다는 것은 이제 구문(舊聞)이다.*

* 「러시아가 우크라이나에서 '카미카제' 자폭 드론을 사용하는 방법」, BBC-NEWS, 2023. 01. 04

군용 개발, 드론

드론은 원래 군사용으로 개발되었으므로 드론의 탄생은 매우 특이하다. 무인기는 통신 기술이 발달하면서 본격적으로 개발되기 시작하여 제1차 세계대전이 한창이던 1910년대에 이미 개발되기 시작했고 1918년경 미국에서 '버그(Bud)'라는 이름의 무인비행체가 처음 개발된다.

그러나 드론의 본격적인 개발은 제2차 세계대전이 끝났을 때부터이다. 전쟁이 종식되자 수많은 유인 항공기는 소위 실업자가 되었는데 이들 수명이 다한 낡은 유인 항공기를 공중 표적용 무인기로 재활용하기 위해 변경시킨 것으로 소위 폐품처리용이다.

그런데 이런 폐품처리용 무인기가 적진에 투입되어 정찰 및 정보 수집 임무를 수행할 수도 있다는 생각으로 용도를 변경하자 무인기의 장점은 곧바로 나타나기 시작했다. IT 및 추적 기술이 획기적으로 개선되자 원격 탐지 장치, 위성 제어장치 등 최첨단 장비를 갖추고 사람이 접근하기 힘든 곳이나 위험지역 등에 투입되어 정보를 수집하거나 특수 임무를 수행하는 데 적격이기 때문이다.

드론은 구동형태에 따라 여러 가지로 제작되는데 날개가 기체에 수평으로 붙어있는 고정익형, 날개의 회전을 이용하는 회전익형, 고정익형과 회전익형을 결합한 혼합형으로 나뉜다.

그중 혼합형은 이착륙할 때는 회전익형의 장점을 활용하고 상공에서 비행할 때는 고정익형의 장점을 활용하도록 한다.*

* 『스마트 테크놀로지의 미래』, 카이스트 기술경영전문대학원, 율곡출판사, 2017

드론이 가장 중요하게 활용되는 곳은 군용이다. 군사적으로는 공격용 무기를 장착하여 지상군 대신 적을 공격하는 공격기의 기능도 갖추어 본격적인 무인기로 활용되기 시작했다. 실제로 미군은 현재 수많은 군 작전에 무인항공기 드론을 투입하고 있다. 육식동물, 포식자를 뜻하는 '프레데터(Predator)'로 불리는 RQ-1 드론은 1980년대 미국국방부 펜타곤 내 국방위고등연구계획국(DARPA)이 개발한 군사용 무인항공기다. 이런 드론들은 이라크 전쟁 등 여러 실전에 투입되어 맹활약했다. 2001

년 아프가니스탄에서 미 중앙정보국(CIA)이 대전차 미사일 헬파이어 등으로 중무장한 드론(Killer Drone)이 탈레반과 알카에다를 공격하는 데 활용하면서 그 효율성을 확인받았으며 2009년 아프가니스탄에서 '칸다하르의 야수'란 별명을 얻었다.

그러나 군에서 사용되는 드론은 비밀 사항이므로 상세가 잘 알려지지 않는데 2011년 이란으로부터 모습을 드러냈다. 이란이 미국이 비밀리에 활용하던 RQ-170 드론을 전자공격으로 격추했다는 것이다. 이 발표는 당시 이란이 드론의 '역(逆)기술'을 개발하는 데 결정적인 자료가 될 수 있으므로 큰 주목을 받았다. RQ-170은 길이 4.5m, 폭 26m, 높이 1.84m다. 레이더와 정찰, 정보 수집, 통신 장비 등이 탑재돼 있을 뿐만 아니라 최첨단 스텔스 기능도 갖췄다.

Q-170은 레이더 탐지에 걸리지 않는 스텔스 기능을 갖춘 데다, 같은 장소에 오래 머물면서 움직이는 물체의 영상을 전송할 수 있고, 핵 연구용 화학물질을 감지할 수 있는 센서가 탑재되어 있다.

미국이 2009년 북한의 핵 프로그램을 감시하기 위해 한국에 보내기로 한 무인기도 RQ-170이다. 미국은 2010년 기준으로 무인기를 7,000여 대 운용하고 있는 것으로 알려져 있다.

드론이 각광(脚光)을 받는 까닭은 적에게는 공포의 대상이지만 아군에게는 효자이기 때문이다. 문제는 드론의 기본이 원격조종인데 완전무결하지 않으므로 오폭도 많아 많은 일반인이 희생되었다는 점이다. 미국 CIA가 2004년부터 2014년까지 10년간 파키스탄에 드론 400대를 투입했는데 미국 비(非)영리뉴스 제공기관인 〈탐사보도국〉은 미국의 드론 공격으로 2,000~3,000명 이상의 희생자가 생겼는데 이중 민간인이 약 400명, 그리고 200명 이상이 비전투원일 가능성이 있다고 보도했다.

영국 〈NPO 탐사보도국〉은 2004년 6월부터 2012년 10월 사이에 미국이 파키스탄에 346번 드론 미사일로 공격하여 사망자 수는 2,570~3,338명이라고 했다. 당시 민간인 희생자의 숫자는 발표하지는 않았으나 전문가들은 민간인 희생자의 비율을 18~26%로 추산했다. 이러한 민간인의 희생은 예멘, 소말리아에서도 이어졌는데 민간인 희생자는 7~33.5%에 달한다. 드론이 적군과의 교전, 테러리스트 추적, 체포에 도움이 되지만, 오폭으로 죄 없는 일반인들도 죽음으로 몰아넣어 드론이 '무자비한 암살자'라는 이미지가 따라다니는 것도 사실이다.*

* 『하리하라의 과학 블러그(2)』, 이은희, 살림, 2005

한편 미국은 2006년 이후 파키스탄 지역에서 무인기로 살해한 테러 요원이 1,900명에 이르며 2010년 파키스탄 지역에서 무인 폭격기로 무장대원 600명을 살해했는데 민간인 사망자는 한 명도 없었다고 밝혔다.*

* 「美 공격에 맞서는 '역기술' 개발 가능해져… 직접 분석하기보다 中·러 등에 機體 팔듯」, 임민혁, 조선일보, 2011. 12. 10.

물론 이 발표를 액면 그대로 믿는 것은 아니다. 사실 군용 드론의 안전 기록을 보더라도 드론의 피해는 생각보다 많이 있다. 미 공군의 발표에 의하면 2001년부터 미 공군의 대표 드론인 프레데터, 글로벌호, 리퍼가 일으킨 사건만 해도 120여 건이 넘는데 이 숫자에는 육군, 해군 또는 CIA가 가동한 드론은 포함되지 않았다. 더구나 실수로 민간인이나 미군, 또는 연합군을 죽인 드론 공격도 포함되지 않았다.*

* 「민간용으로 주목받는 무인항공기」, 존 호건, 내셔널지오그래픽, 2013년 3월

여하튼 미국은 드론을 다방면으로 활용하는데 2014년 미군은 테러 조직 탈레반의 사령관 칼리파 오마르 만수르가 탄 차량을 공격할 때도 드론을 활용했다. 탈레반은 130명의 목숨을 앗아간 학교 테러로 미군의 추적을 받는데 미군은 드론으로 공격하여 만수르와 수행원 3명을 사살했다. 2015년 4월 미군은 드론을 이용해 소말리아에서 극단주의 이슬람 무장단체 알샤바브의 핵심 지도자를 사살했다. 투입된 드론이 소말리아 남부 지리브 인근 케냐와의 접경지대에서 알샤바브 고위 지도자 하산 알리 드후레가 탄 차량을 폭격한 것으로 알려진다.

군사용 드론의 가장 큰 장점은 인간 병사를 직접 투입하지 않고도 작전 지역의 사전 탐지를 통해 지형지물 탐색은 물론 위험 상황을 대비할 수 있게 해준다는 것이다. 목표물과 주변 지역 파악이 끝나면 원격 조정을 통해 드론과 로봇 전투기로 공격해 작전을 수행함으로써 위험성은 낮추고 효율성을 높인다.*

* 「미래 전쟁의 주역은 '로봇과 드론'」, 조인혜, 사이언스타임스, 2017. 02. 28.

한국군도 공군과 육군에 UAV를 도입하여 운용하고 있다. 무인 정찰기 '송골매'는 정찰 지역에 다다르지 않고서도 영상정보를 수집하거나 신호정보를 탐지할 수 있는 첨단기술을 갖추고 있다. 길이 4.8m, 높이 1.5m, 날개폭 6.4m를 갖고 있는데 시속 150km, 작전 고도는 3km이

다. 또 다른 무인기인 '리모아이'는 터치스크린 방식의 지점 이동이 가능하며 10배 줌이 되는 13만 화소 카메라가 장착되었다. 야간 작전을 위한 적외선 카메라(IR) 장착도 가능하다.*

* 「육·해·공 누비는 '드론 기술'…군사용서 민간으로 확산」, 김인현, 라이프, 2015. 04. 29.

드론의 종류는 용도에 따라 다양한데 군용을 포함하여 대체로 다음 5가지로 분류한다.

① 정찰용: 특정 지역에 대한 실시간 감시, 정찰 및 정보 수집을 수행한다. 행동반경 및 작전 운용 가능 시간에 따라 근거리·단거리·장거리 무인항공기로 구분한다.

② 전투용: 유인 전투기를 대체하여 공중 전투 및 지상 폭격 임무도 수행한다.

③ 전자전용: 무인으로 전자전 임무를 수행하는 항공기를 뜻하며 통신감청, 전자 정보 수집, 방향탐지 등의 임무를 수행한다.

④ 무인전투기: 무인전투기는 공격용 무인항공기와 달리 자폭하는 것이 아니라 유도탄 등으로 무장하고 공대지 또는 공대공 전투 임무를 수행한다.

⑤ 통신 중계용: 통신용 저궤도 위성을 대체하는 고고도 장기체공 무인항공기로 통신 중계기의 역할을 담당한다.*

* 「드론(UAV) 특허에 대한 동향」, 고우진 외, 한국발명교육학회지, 한국발명교육학회,

제4권 제1호 2016. 12.

여러 목적의 드론이 있지만 기본적으로 촬영용 카메라, 지상의 조종자와 연결하는 통신 부품, 정확한 경로를 비행하기 위한 GPS나 자이로스코프(회전의) 등이 탑재된다. 촬영한 영상과 사진을 담는 저장 장치와 각종 센서도 있는데 이들 모두 스마트폰에 들어가는 기술이다.

드론 규제 해제

드론이 제4차 산업혁명의 총아(寵兒)로 등장할 수 있게 된 배경에는 국방상 규제가 해제되었기 때문이다. 드론이 하늘을 난다는 것은 여러 가지 보안상 문제점을 노출할 수 있으므로 각국에서 규제 일변도였고 허가 분야도 취미생활 정도의 사진 찍기 등 가벼운 용도로만 국한되었다.*

* 「美 공격에 맞서는 '역기술' 개발 가능해져… 직접 분석하기보다 中·러 등에 機體 팔듯」, 임민혁, 조선일보, 2011. 12. 10.

특히 미(美) 연방항공국(FAA)은 취미생활을 넘어서는 영리 활동에 드론을 투입하는 데 대해 엄격한 규제를 시행해왔다. 부동산거래는 물론 농업 활동에 이르기까지 드론을 활용하려면 정부의 엄격한 절차를 통해 허가를 받아야 했는데 이 규제가 풀린 것이다. 이와 같은 해제는 드론의 기술 개발 때문이다. 2010년 AFP통신은 「아이폰으로 조작하는 소형 헬리콥터 등장」에서 다음과 같이 보도했다.

'AR드론은 무선 LAN을 거쳐 아이폰과 아이팟 터치로 조종할 수 있는 네 개의 프로펠러를 가진 소형 헬리콥터. 아이폰과 아이팟 터치의 가속도 센서를 사용해서 조종한다. 무게가 겨우 300그램 정도인 AR드론에는 비디오카메라가 탑재되어 있어 조종석에서 본 장면을 스트리밍 재생할 수 있다.'

아이폰 앱을 사용하면 간단히 날리고 조작할 수 있으며 손쉽게 공중 촬영이 가능하다는 뜻이다. 그때까지 군사기술이란 이미지가 강했던 드론을 누구나 친근하게 사용할 수 있다는 뜻이다. 2015년 3월 20일 비즈니스정보사이트 〈위즈덤〉은 다음과 같이 쓰고 있다.

'고도의 드론 기술을 민간 서비스에 활용하자는 이야기는 예전부터 있었다. 그러나 군사 드론은 고정날개형이 주류로 이착륙에 넓은 공간이 필요해 민간에서 활용하기 어려웠다.

그러던 중 2007년경 등장한 쿼드콥터는 이런 상황에 큰 변화를 가져왔다. 네 개의 로터를 가진 소형 헬리콥터는 수직 이착륙할 수 있고 일반 가정의 현관 앞에서도 이착륙할 수 있다. 또한 공중에서도 정지할 수 있는 높은 조작성도 주목을 받았다.'

쿼드콥터는 네 개의 로터(회전날개)를 회전시켜 비행하는 무선조종 헬리콥터이다. 당시에도 일반 헬리콥터와 마찬가지인 싱글콥터가 원격 조정으로 공중촬영, 농약살포, 구조 활동 등 산업분야에서 활용되었지만 조종이 어렵고 초보자가 다루기 힘들었다.

그러나 쿼드콥터는 동시에 균형을 맞추면서 로터를 회전시켜 전후좌우, 360도는 물론 상승과 하강 비행도 가능하며 높은 안정성과 함께 가장 중요한 덕목으로 조종도 어렵지 않았다.

이를 멀티콥터로 부르기도 하는데 로터가 반드시 4개로 제한되는 것은 아니다. 즉 기체 크기와 상관없이 여러 개의 프로펠러를 접목할 수 있다. 여러 개의 프로펠러를 사용하면 공중비행의 모든 작동이 가능하다.

싱글콥터. 즉 헬리콥터는 메인로터(회전날개)가 양력과 추력을 만들고 작은 테일로터가 메인로터의 반 회전토크를 상쇄시키면서 비행한다. 밸런스 확보와 로터 두 개의 회전수 조정 등은 상당한 고도의 테크닉이 필요하다.

반면에 멀티콥터인 드론은 전후좌우가 각각 회전방향이 다르며 프로펠러의 회전속도 역시 각각 조절할 수 있다. 여러 개의 프로펠러 회전수를 자이로 센서가 제어하면서 드론을 안정시킨다.

각 프로펠러의 회전속도를 늘리고 줄여 상하, 전후, 좌우로 방향 전환을 한다. 프로펠러의 회전방향은 각각 다르며 이러한 회전 차이가 기체의 역회전을 상쇄해서 호버링(공중정지)을 가능케 한다.

특히 드론의 안정성 비행을 위해 프로펠러 회전속도 조절과 기체의 비행자세 안정화를 위해 초소형 마이크로칩 컴퓨터가 탑재되어 있다. 자이로 센서와 가속도 센서 등으로 기체의 자세 변화를 탐지해서 안정된 비행자세를 자동으로 유지하는 것이다.*

* 『드론의 충격』, 하중기, 비즈북스, 2016

쿼드콥터의 등장으로 그동안 제기되었던 문제점들이 일거에 해소되자 결국 2016년 미국은 업계의 줄기찬 요청에 굴복하여 드론의 택배 활동을 허용했다 물론 미국의 경우 드론에 아직은 여러 가지 제한 조건이 있는 것은 사실로서 낮 시간에 25kg 미만의 물건 배달은 가능하다. 한마디로 상업용 드론 운행은 낮 시간에만 가능하다는 뜻이다.

그러나 충돌 방지용 등(燈)이 달린 드론은 일출 전 30분과 일몰 후 30분 동안 운행을 연장할 수 있다.

또한 무인기 조종사는 만 16세 이상이어야 하며, 소형 UAS(Unmanned Aerial System, '무인항공기'라는 뜻으로 드론을 지칭하는 말)를 조종할 수 있는 원격 조종사 면허를 본인이 보유하고 있거나 또는 그런 면허를 보유한 이로부터 직접 감독을 받아야만 한다.

이 조처가 파격적인 것은 허가 없이도 상업용 드론 운행이 가능해졌다는 점이다. FAA로부터 감독자 권한을 승인받은 사람이 있으면, 기업은 물론 농업 현장, 정부기관, 연구소 등에 이르기까지 허가 없이 드론을 운행할 수 있다. 이를 "누구든지 더 싸고(cheaper), 빠르게(faster) 드론을 운행할 수 있게 됐다."고 말한다.

이 조처로 '보안 분야', '미디어 분야', '보험 분야', '통신 분야' 등이 뒤를 이으며 노동력을 대체하는 분야에도 침투가 가능하다.*

* 「드론, 인건비 148조원 절감..건설용·농업용 각광」, 채상우, 이데일리, 2016. 05. 14.

드론의 미래는 '프라이스 워터하우스 쿠퍼스(PwC)'의 예측 내용으로 보아도 알 수 있다. PwC는 2020년 드론을 이용해 연간 1,270억 달러 규모의 인건비를 절약할 수 있을 것이라고 발표했다.

PwC는 가장 많은 인건비를 절감할 수 있는 분야로 사회 기반시설을 만드는 토목공사를 꼽았다. PwC는 토목공사 한 분야에서만 약 452억 달러의 인건비를 줄일 수 있을 것으로 예견했다. 드론이 공사 현장에서 시공과 감리, 측량, 안전점검 등 다양하게 사용될 수 있기 때문이다.

드론의 맹활약

학자들이 드론에 촉각을 세우는 것은 스마트폰이 산업 전반에서 '모바일 혁명'을 불러온 것처럼 드론이 미래의 IT업계뿐 아니라 다양한 산업에서 활용될 것으로 추정하기 때문이다. 그러므로 IT업계에서는 드론을 '날아다니는 스마트폰'이라고 부른다. 현재 IT산업의 대표 제품인 스마트폰과 비슷한 기술이 사용되기 때문이다.

드론은 사물인터넷, 유비쿼터스 시대에 중요한 역할을 담당한다. 비행 센서를 통해 야외에서 사물인터넷 서비스를 제공하는 데 있어서 빼놓을 수 없는 존재이기 때문이다.

드론을 통해 야외에서 일어나는 각종 현상들을 실시간으로 감지하여 이를 사물인터넷으로 연결할 수 있기 때문이다.*

*『스마트 테크놀로지의 미래』, 카이스트 기술경영전문대학원, 율곡출판사, 2017

드론의 활용은 크게 네 가지로 나뉜다. 공공부분, 상업부분, 개인 활용 분야인데 이들 범주에 포함하기 어려운 분야를 기타로 분류한다.

① 공공 활용:
드론의 공공 분야 활용은 국경 순찰, 산림과 해안·해상 환경 감사, 기상정보 관측과 수집, 재해 구조, 범죄방지와 추적 등 광범위하다.

미국은 세관·국경경비대가 멕시코 국경 부근의 순찰에 드론을 사용한다. 중국에서는 대기오염 대책으로 드론을 활용한다. 드론이 스모그 제거에 효과 있는 화학물질을 분사하면 화학물질이 상공의 스모그 속 입자와 반응해서 대기를 정화한다.

　일본은 동일본고속도로가 교량과 도로 등의 인프라 점검에 드론을 활용한다. 드론은 미리 설정해 놓은 경로를 따라 교량과 도로 상태를 공중 촬영한 후 수집한 사진 데이터를 해석해 이상이 확인되면 직원이 현지로 출동하여 조사한다. 과거에 점검 작업을 할 때 많은 인원과 차량을 동원해도 하루에 300~400m밖에 점검할 수 없었으나 드론의 도입으로 이런 제한은 사라진다.

　또한 드론은 토사붕괴, 산악에서의 조난자 발견 또는 원자력발전소에서 사람이 들어가기 힘든 재난 현장 조사에서도 능력을 발휘한다.

　2015년 3월 강원도 정선에서 발생한 산불 진화에도 드론이 혁혁한 공을 세웠다. 산불은 타다 남은 불씨가 옮겨 붙어 다시 화재를 일으킬 수 있으므로 타다 남은 불씨를 완전히 끄는 것이 중요하다. 밤이 되면 유인 헬리콥터의 비행은 어렵고 소방대원만으로는 산 전체를 점검하는 것이 불가능하다. 드론으로는 이것이 가능하다.

　낙동강유역환경청은 낙동강 수질관리와 녹조예방, 화학, 수질오염사고, 환경영향평가 사업장관리, 습지보호지역 관리를 위해 드론을 도입했다.

　드론의 공공성은 범죄 억제력에서 큰 역할을 담당한다. 미국의 경우 자동제어로 수상한 사람을 추적하며 경찰의 데이터베이스와 연동해 얼굴 사진을 판독한다. 특히 드론에 적외선 센서를 장착하면 야간탐색도 가능하며 다양한 센서 기능으로 가스와 방사선 검출 등에도 활용할 수 있다.*

*『드론의 충격』, 하중기, 비즈북스, 2016

생태계 변화를 관찰하는 데도 드론이 활용된다. 열(熱)감지 카메라가 장착된 이 드론은 인공지능에 의해 스스로 의미 있는 야생동물 정보를 추려서 전송하거나 야생동물의 개체 수 변화를 분석할 수 있다. 드론은 멸종 위기에 처한 동물 종의 이주 계획을 짜거나 생태계를 교란시키는 종을 통제하는 데 큰 도움이 될 것으로 기대된다.*/**

* 「지구 환경보호, 인공지능에 맡긴다」, 이성규, 사이언스타임스, 2016. 05. 11.
** 「지구 환경보호, 인공지능에 맡긴다」, 이성규, 과학창의, 2016년 6월

미국 서던캘리포니아대(USC) 과학자들은 인공지능 AI를 활용하여 야생동물을 보호하고 관리한다. 인공지능이 밀렵꾼의 예상되는 움직임을 분석한 후 그 결과에 따라 밀렵을 막는 사전 계획을 세워나가는 것이다. 이런 프로그램을 통해 국립공원을 순찰하고 있는 경비원들이 전보다 더 확실한 방식으로 밀렵꾼의 행동반경을 예측할 수 있으며, 야생동물을 보다 더 안전하게 보호할 수 있다.*

* 「인공지능이 밀렵꾼을 잡는다」, 이강봉, 사이언스타임스, 2016. 04. 26.

또한 드론으로 야생동물의 개체 수 변화를 분석하고 멸종 위기에 처한 동물종의 이주 계획을 짜거나 생태계를 교란하는 종을 통제할 수 있다.*/**/***

* 「지구 환경보호, 인공지능에 맡긴다」, 이성규, 과학창의, 2016년 6월
** 『사물인터넷이 바꾸는 세상』, 새무얼 그린가드, 한울, 2017
*** 「드론이 바이오연료 작물 찾는다」, 김형근, 사이언스타임스, 2016. 05. 13.

② 상업 부분 활용:

드론이 보다 많이 활용될 부분은 상업부분이다. 상업분야에 드론이 접목된다는 것은 그만큼 인간에게 친밀하다는 뜻이다. 학자들에 따라 스마트폰처럼 한 명에 드론 한 대가 당연한 '마이 드론' 시대를 말하기도 한다. 그만큼 드론 시장의 장래성을 유망하게 보고 있다는 뜻이다.

드론의 허가가 떨어지자 가장 반긴 곳은 아마존이다. 그동안 아마존이 개발해온 택배용 드론을 미국 어디서든지 운행할 수 있기 때문이다. 아마존의 경우 고객이 상품 구매 버튼을 누르면 준비된 드론이 배송센터에서 상품을 출하하여 배송거리가 16km 미만이면 상품중량 2.3kg까지 30분 내에 배송이 가능하다.*

* 『드론의 충격』, 하중기, 비즈북스, 2016

드론 택배의 강점은 도심지에서 교통 체증을 피해 목적지까지 최단 시간 내 항공배달이 가능하다는 사실이다. 인건비 절약은 물론 강추위에서도 장거리 운행이 가능하고 오지 등으로의 물건 배달도 문제없다. 특히 산악이나 섬 지역과 같은 도로망이 구축되지 않은 도서산간에 드론 택배는 없어서는 안 될 중요한 기능이 될 수 있다.

우편배달 로봇은 몸체에 9개의 카메라와 전방에 4개의 동작 감지 센서, GPS(위치정보시스템) 장치 등이 장착돼 있어 사전에 입력된 목적지를 스스로 찾아갈 수 있도록 만들어졌다. 장애물과 공사 구간 등을 피해 가고, 신호등 앞에서는 차가 지나갈 때까지 멈출 줄도 안다. 학습 능력도 갖춰 한 번 갔던 길에 대한 정보를 다음 배달 때 활용할 수도 있다.

카메라와 GPS 등은 도난을 예방하는 데도 도움이 된다. 로봇은 목적지에 도착하면 물건 주인의 휴대전화로 문자메시지(SMS)를 보내 물건을 찾아가도록 한다. 로봇에는 원격조종장치가 달려 있어 배달 과정에서 문제가 생기면, 우체국에서 원격으로 로봇의 진행 경로 등을 다시 조종한다.*

*「알프스 소녀 하이디의 택배, 로봇 배달원이 집앞에 척」, 장일현, 조선일보, 2016. 08. 26.

현재 활용되는 상업용 드론은 기본적으로 배터리 수명 때문에 대체로 1시간 이상의 장거리 배송이 거의 불가능하므로 드론 배송의 서비스 왕복 거리는 10마일(16.1km)이 한계이다. 이 문제에 대해 아마존은 약 14km 상공에 국제우주정거장(ISS)과 같은 비행선 물류센터를 띄워 이런 한계를 넘어서겠다고 발표했다. 소비자의 요구가 많은 물품을 확보한 비행선을 특정 지역의 상공에 띄워놓은 뒤, 지상의 관제 시스템과 연결해 상시 배송 대기체제를 갖추겠다는 것이다.

이 경우 지상에서 출발할 때보다 동력이 적게 드는 장점이 있다. 일반 항공기들은 10km내의 고도비행이므로 충돌도 피할 수 있다.*

*「아마존의 제4차 산업혁명 전개 방향 분석」, 차원용, IT뉴스, 2017. 03. 16.

드론이 본격적으로 등장하자 교통과 의료 인프라가 부족한 지역에서 의료용 택배 수단으로 곧바로 활용되기 시작했다. 수혈용 혈액 운반에서 시작한 드론 택배는 의약품과 의료용품으로 배달 품목을 확대하고 있다. 전문가들은 이런 성과를 토대로 드론이 21세기 최고의 의료 시료 운반 시스템이 될 수 있다고 말한다. 특히 사회 인프라가 부족한 아프리카에서 드론이 진가를 발휘하고 있다. 르완다의 경우 드론이 2㎏

의 혈액 상자를 싣고 날아가 병원 근처에서 낙하산에 매달아 떨어뜨린다. 드론은 왕복 160㎞ 거리까지 비행할 수 있다.

의료 배달에는 수혈용 혈액에서부터 말라리아와 광견병 백신, 파상풍 치료제, 뱀독 해독제 등 냉장 보관이 필수적인 의약품은 물론 혈액 튜브 등 의료기기도 포함됐다.*

* 「21세기 최고의 의료 시료 운반 시스템」, 이영완, 조선일보, 2017. 09. 28.

배송 드론에서 흥미 있는 것은 식당에서의 음식물 배달이다. 싱가포르의 음식점에서 웨이터 대신 드론이 식사와 음료수를 제공한다. 이는 싱가포르에서 식당의 임금이 저임금인 데다 사회적 지위가 낮아 서비스업을 경원하므로 채택한 고육지계 중 하나다. 드론에 카메라와 센서가 탑재되어 있어 사람은 물론 드론끼리 충돌하지 않도록 프로그래밍 되어 사고와 말썽도 부리지 않는다. 이런 서비스는 영국 런던의 초밥 전문점에도 도입되어 드론을 서빙용으로 활용한다.*

* 「드론의 충격」, 하중기, 비즈북스, 2016

물론 드론이 소형화에만 집중되는 것은 아니다. 중국 2위 전자상거래 업체인 징둥닷컴은 1톤이 넘는 화물을 실을 수 있는 중형 드론을 개발하고 있다. 1톤짜리 화물용 드론의 활용도는 매우 높은데 오지에서 재배한 과일·채소 등을 도시로 실어 나를 수 있다.*

* 「[Tech &BIZ] 드론, 이젠 손짓 따라 움직인다」, 조재희, 조선일보, 2017. 06. 03.

드론은 농업분야에서 두각을 나타내 보이는데 특히 중국, 미국 등 대규모 농작물을 경작하는 데 적격이다. 대형 경작지를 위한 농약 살포를 위해 현재 농업용 헬기를 활용하는데, 농업용 헬기는 조종도 어렵고 연료가 많이 소모되어 부담이 될 뿐 아니라 사고가 자주 발생한다.

통계에 따르면 미국 내 옥수수·콩·목화밭에 뿌리는 농약의 양이 매년 14억 kg이 넘는데 드론은 기존 농업용 헬기의 5분의 1 정도로 비용이 저렴할 뿐 아니라 조종도 간단해 농민들이 직접 활용할 수도 있다. 더불어 농약을 살포할 때 농약에서 나오는 해로운 물질을 살포하는 사람이 직접 마셔야 하는 문제점도 해결된다.*/**

* 「드론, 인건비 148조원 절감..건설용·농업용 각광」, 채상우, 이데일리, 2016. 05. 14.
** 「인공지능을 농업에 활용한다면」, 이강봉, 사이언스타임스, 2016. 05. 31.

농사에서 드론을 활용할 수 있는 분야는 크게 두 가지이다. 우선 드론은 비료, 농약 살포 등 직접적으로 농사 작황에 관련되는 일을 수행할 수 있다. 두 번째는 '관리'로 드론을 활용해 실시간으로 작물들의 상태를 확인하고 이를 농부에게 알려 생산관리를 도울 수 있다.*/**

* 「드론이 바이오연료 작물 찾는다」, 김형근, 사이언스타임스, 2016. 05. 13.
** 「드론이 농약 뿌리고 농작물 관리」, 유성민, 사이언스타임스, 2016. 12. 08.

드론이 활약할 분야로 수산업도 있다. 길이 1.5㎞에 이르는 그물을 둘러쳐서 고등어 등을 잡는 선망어업의 경우 드론을 활용하면 조업 효율을 훨씬 높일 수 있다. 6척이 선단을 이뤄 조업하는 선망어업은 어선들이 호흡을 맞춰서 제때 그물을 둥글게 설치하는 것이 매우 중요하다.

현재는 어로장이 경험에 의존해 육안으로 다른 배들을 보면서 무전으로 이동위치와 방향 등을 지시하는데 드론으로 전체 선박의 위치와 움직임을 보면서 지시하면 그만큼 작업효율을 높여 짧은 시간에 더 많은 고기를 잡을 수 있다.

또한 현재 어선들은 물고기 떼를 찾기 위해 배에 달린 탐지기를 사용하는데 탐지범위가 좁다.

여러 대의 드론을 이용해 일정 범위 안의 사방에 소형 어군탐지기를 투하하면 훨씬 넓은 구역의 물고기 떼를 발견할 수 있다. 한마디로 어선들이 어군을 찾아서 헤매느라 소모하는 기름을 줄일 수 있다.*

* 「수산업이 드론을 만나면 어떤 변화? 첨단산업화 가능」, 연합뉴스, 2017. 02. 03.

영상 분야도 상업 분야에서 드론이 두각을 나타내는 분야이다. 영화 산업계의 경우 고성능 HD카메라를 탑재하여 드론을 활용한다. 실제로 007시리즈 「007 스카이폴」에서 주인공 제임스 본드가 오토바이를 타고 수상한 사람을 쫓는데, 그 장면은 드론으로 촬영한 것이다. 또한 「트랜스포머」시리즈, 「아이언맨3」 등에서도 드론이 촬영에 활용됐다.

드론의 장점은 지리적 한계와 안전성 문제로 사람이 접근할 수 없는 장소를 렌즈에 담을 수 있으며 동시에 막대한 비용이 들었던 항공촬영보다 저렴하면서 스케일이 큰 촬영도 얼마든지 가능하다는 점이다.

내셔널지오그래픽은 아프리카에서 사자의 생태를 살피는 데 드론을 활용한다. CNN-TV는 시위현장과 태풍 재해 등을 촬영할 때 드론을 투입한다. 뉴욕타임스를 포함한 미국 거대 미디어 10개사가 버지니아공

과대학과 드론 활용에 대해 제휴했다.

재해현장과 사고현장 등 위험을 동반한 촬영과 취재에 드론을 사용하는 것을 '드론 저널리즘'이라고 부른다. 한국의 TV에서도 드론 활용이 만만치 않다. tvN의 「꽃보다 할배」, 「삼시 세끼」 그리고 EBS의 「다큐프라임」도 드론을 활용하여 공중 촬영했다.

드론은 이벤트에도 적격이다.

오스트리아 린츠에서 개최된 '아르스이렉트로니카페스티벌'에서 LED를 장착한 드론 50대가 밤하늘을 수놓으며 마치 불꽃놀이 같은 화려한 연출에 성공했다. 2013년 영국에서 개최된 '어스아워런던'에서는 할리우드 영화 「스타트랙 다크니스」 광고 팀이 LED를 장착한 드론 30대를 편대 비행시켜 영화 홍보에 활용했다. 2016년 인텔은 드론 100대로 하여금 클래식 음악에 맞추어 편대 비행토록 했다.

소형 드론 100대는 베토벤 교향곡 5번 〈운명〉에 맞춰 화려한 쇼를 연출, 드론을 활용한 퍼포먼스로 『기네스북』에 공식 기재되었다.

드론은 스포츠 분야에서도 큰 역할을 담당한다. 우선 스포츠 중계에서 드론의 활약은 두드러진다. 2014년 소치올림픽의 스노보드와 스키프리스타일 등 드론이 코스를 따라 활주하는 선수를 따라 비행했다.

미국의 스포츠 채널 ESPN은 2015년부터 각종 이벤트는 물론 골프, F1, 축구중계 등에 드론을 활용한다. TV중계뿐만 아니라 스포츠 현장에서도 드론을 활용한다. 한국에서도 스포츠에 드론을 활용한다.

2015년 4월 28일 삼성라이온즈와 롯데자이언츠의 프로야구 중계에 드론을 사용했다. 일본의 럭비 국가대표팀은 럭비 경기에 드론을 활용하여 큰 성과를 거두었다.

③ 개인 활용:

드론의 특징은 공공부분이나 상업용뿐만 아니라 일반인들에게도 대중적인 인기와 관심을 끌고 있다는 점이다. 드론 초창기 드론 조립과정이 만만치 않아 무선 조종기 애호가들 중심으로 보급되었지만 완성된 키트가 등장하면서 일반인들도 얼마든지 손쉽게 활용할 수 있게 되었다.

배터리와 전기모터를 동력으로 삼는 드론은 구조도 단순하고 유지, 보수, 수리도 간단하다. 더구나 드론의 필수품인 카메라를 활용하면 영화나 TV방송에서만 볼 수 있었던 공중촬영을 스스로 할 수 있다.

더불어 드론은 사용자의 목적에 맞춰 다양한 기능을 추가할 수 있다. 사진과 동영상을 취미로 하는 카메라 애호가들에게 폭발적인 인기를 끄는 이유다.*

* 「드론의 충격」, 하중기, 비즈북스, 2016

④ 기타

드론이 하늘만 나는 것은 아니다. 미국이 개발하는 '수중 드론'은 길이가 무려 132피트(약 40m)나 된다.

이 수중 드론은 수천 마일 밖에서도 적의 잠수함을 탐지할 수 있는데 무인선의 운용비용은 약 2,000만 달러에 불과해 수십억 달러가 드는 유인 함정에 비해 훨씬 경제적이기까지 하다.*

* 「육·해·공 누비는 '드론 기술'…군사용서 민간으로 확산」, 김인현, 라이프, 2015. 04. 29.

드론과 수중 드론의 가장 큰 차이점은 드론이 무선으로 작동하는 데 반해 수중 드론은 '선(tether)'에 의해 '부표(buoy)'와 연결되어 있다는 점이다. 전파는 물을 통과하기 어렵기 때문에 선을 통해 부표에 탑재된 와이파이 휴대폰이나 노트북에 데이터를 전송한다.

소비자는 수중 드론의 수중 도달 거리에 따라 선의 길이를 선택해 주문할 수 있다. 화이트 샤크는 다이버가 센서 등 장비를 착용할 경우 '선' 없이도 작동 가능하다.*/**/***

* http://www.irobotnews.com/news/articleView.html?idxno=7392

** 「핵추진 잠수함의 대안, '무인 잠수정'」, 김준래, 사이언스타임스, 2017. 11. 13.

*** 『서비스로봇 빅4』, 박종오, 『과학동아』, 1997. 1.

위험한 토목공사는 인간이 접근하기 어려운 부분이 많다. 기존에는 해당 작업을 위해서 여러 전문가가 높은 곳에 올라가 보거나 위험한 현장에 가까이 가서 확인하는 것이 기본이다.

특히 교량 안전점검을 위해서는 높은 철골구조물을 직접 다녀야 한다. 그러나 드론을 이용하면 공중에서 이런 일들을 빠른 시간에 효율적으로 끝낼 수 있다.

드론으로 항공기 점검도 가능하다. 항공기 기체의 손상 부위를 드론으로 신속하게 찾아내는 기술로 항공기가 점검을 받느라 운항하지 못하는 시간을 최소한으로 줄일 수 있다.

모기 채집 기능이 있는 드론도 개발되었는데 말라리아처럼 모기를 통해 전염되는 질병을 연구하고 예방법을 찾기 위한 것이다.

도심항공 모빌리티(UAM)

하늘을 나는 드론은 기상천외한 아이디어, 즉 상공에서의 공상적인 아이디어가 결코 아니다. 드론이 기본적으로 하늘을 나는 것이므로 규모가 커지면 하늘 교통으로도 손색이 없다.

한마디로 자가용 또는 택시로도 활용될 수 있는데 아랍에미리트(UAE) 두바이의 주메이라비치 레지던스에서 하늘을 나는 2인용 '나는 택시', 즉 자율운항택시(AAT) 운행에 성공했다.

독일 볼로콥터사가 개발한 드론형 AAT는 40분 충전에 약 30분을 운행할 수 있으며 평균 속도는 시속 50㎞. 높이는 2m, 18개의 프로펠러가 달린 둥근 림의 지름은 7m다. 탑승객은 2명으로 운전자가 없으므로 원격 조종으로 운행한다. 두바이 정부는 2030년까지 대중교통의 25%를 자율주행(운항) 방식으로 교체한다는 계획이다.*

* 「두바이서 2인승 '나는 택시' 세계 첫 도심 시운전」, 강훈상, 연합뉴스, 2017. 09. 26.

더욱 놀라운 것은 사우디아라비아가 추진하고 있는 네옴시티에서의 교통이다. 2030년까지 완공 예정인 네옴시티는 크게 세 개 프로젝트 '더 라인(The Line)', '옥사곤(Oxagon)', '트로제나(Trojena)'로 구성된다. '더 라인'은 롯데월드타워와 비슷한 약 500미터 높이의 건물을 양옆으로 170km로 길게 늘어뜨리는 직선 도시이며, '옥사곤'은 바다 위에 떠 있는 지름 7㎞의 해상부유식 첨단산업단지이다. 또한 초대형 친환경 산악관광단지인 트로제나에서는 2029년 네옴 동계아시안게임이 열릴 예정인데 바닷물을 내륙까지 이끌어 호수를 만든다.

사업비는 상상을 초래한다. '더 라인' 공사비만 약 5,000억 달러로 추산하며 전체 사업비로는 약 1조~1조2,000억 달러이다. 1조 달러라면 약 1,400조 원에 이르는데 2023년 한국의 총 예산이 639조 원이라는 것을 감안하면 1조 달러가 얼마나 큰 금액인지 알 수 있다.

가장 놀라운 것은 거대한 '더 라인'에 자동차가 없다는 것이다. 물론 900만 명이나 되는 거대 도시 더 라인의 핵심 교통 아이디어는 도심항공 모빌리티(UAM), 즉 하늘을 나는 비행기인 드론이다.

한마디로 지상에서 수평으로 이동하는 자동차가 아니므로 하늘에서 이동하는 공중 택시 등을 대중교통수단으로 도입한다는 것이다.

〈제5원소〉는 매우 흥미로운 주제로 미래의 교통 방법을 보여준다.

〈제5원소〉에서 많은 사람들을 놀라게 한 것은 하늘을 나는 공중 택시인데 영화로만 보면 현재 대도시에서 달리는 자동차보다도 더 많은 차들이 공중을 다닌다. 현재 하늘에서는 규모가 큰 비행기. 땅에서는 자동차가 주력이지만 미래에는 이런 경계가 사라지고 땅, 하늘에서 자동차 겸 비행기가 하늘과 땅을 달린다는 뜻이다.

설명 자체만 보면 운전도 간단하여 어느 날인가 많은 사람이 플라잉카를 자유스럽게 운행할 날이 올 것이라는 생각을 갖게 한다.

도로의 교통난을 해결하는 방법 중에서 가장 환상적인 대안이 플라잉카이기 때문이다.

개인용 비행체로 도심 상공을 날아 이동하겠다는 건 인류의 오랜 꿈이었다. SF(공상과학영화)의 단골 소재인데 이것이 실용화되지 않은 것은 기술력 때문이다. 가장 중요한 조건은 소음 없이 하늘을 나는 것인데 비행기나 헬리콥터 수준의 소음은 도심에서 허용되지 않는다.

이 문제 해결의 실마리를 찾기 시작한 것은 드론 기술 때문이다.

여러 개의 로터(회전날개)가 돌면서 발생하는 힘(양력)으로 기체를 띄우고 움직이는 드론을 확대하면 사람이 탈 수 있는 PAV(personal air vehicle)가 된다.

2017년 샌프란시스코 인근 한 호수 위에서 땅과 하늘을 모두 달리는 플라잉카의 160km 비행에 성공한 후 이어서 2018년부터 세계 최초로 플라잉카 'PAL-V 리버티'가 일반 대중을 대상으로 판매되기 시작했다.

PAL-V 리버티는 바퀴가 세 개 달린 소형차 크기의 플라잉카로, 비행 모드로 전환하면 프로펠러를 펴서 헬리콥터처럼 하늘을 난다. 헬리콥터의 효시인 '자이로플레인'이라고 불리는 고전적인 스타일로 설계했다. 이 자동차는 두 개의 분리된 엔진을 가지고 있어 하나는 비행용이고 다른 하나는 도로 주행용이다. 도로 주행 모드일 경우 약 160km/h의 최고 속도를 낼 수 있으며, 비행 모드에서는 200마력의 엔진을 통해 최대 180km/h 속도로 주행할 수 있다.

개인용 비행체(PAV)는 적게는 1~2명, 많게는 7~8명이 타는 비행체를 의미한다. 활주로가 없어도 떠오를 수 있고, 소음이 크지 않아 도심에서도 이용할 수 있다는 점에서 경비행기 또는 헬리콥터와 구분된다.

드론의 강자인 중국이 플라잉카에 집중한다. 2022년 '대륙의 테슬라'로 불리는 중국 전기차 업체 샤오펑이 제작한 플라잉카 '에어로HT', 즉 'X3'가 시험비행에 성공했다. 2t짜리 전기차에 접이식 프로펠러가 달렸다. 기본 콘셉은 간단하다. 일반 승용차에 프로펠러가 달린 장치로 도로를 달리던 차가 교통이 정체되면 하늘을 날 수 있는 것이다. 영화 「007 시리즈」는 물론 SF 작품에서나 나오는 장면이 실제로 실현된 것이다.

X3가 다른 도심항공모빌리티(UAM)와 차별화되는 부분은 실제 크기의 전기자동차에 프로펠러가 달린 형태라는 것이다. 이 모델은 90% 이상 시간은 도로에서 주행하고 교통 체증이나 장애물이 있을 때만 비행하도록 설계됐다.

X3의 공차 중량은 1,936㎏으로 2t에 가깝다. 운전대와 기어 레버를 통해 비행 제어를 할 수 있고, 비행 가능 시간은 35분이다. 프로펠러는 접이식으로 착륙 후 다른 자동차처럼 도로 주행이 가능하다.*

* 「길 가다 차 막히면 날아간다… 만화 속 '플라잉카' 중국서 떴다」, 이슬비, 조선일보, 2022. 12. 28.

이는 '드론 택시'로 이어진다. 해외 각지에서 드론 택시는 활발하게 개발 중인데 에어버스나 보잉, 벨 같은 항공기와 자동차 제작사뿐만 아니라 구글이나 우버 등 세계적인 기술기업들이 도전하고 있는데, 이는 미래의 교통수단으로 생각하기 때문이다.

실제로 아랍에미리트 두바이의 주메이라비치 레지던스에서 하늘을 나는 2인용 '나는 택시', 즉 자율운항 택시(AAT) 운행에 성공했다. 독일 볼로콥터사가 개발한 드론형 AAT인데 평균 속도는 시속 50㎞. 높이는 2m, 18개의 프로펠러가 달린 둥근 림의 지름은 7m로 승객은 2명이며 운전자가 없으므로 원격 조종으로 운행한다.*/**/***/****

* 「두바이서 2인승 '나는 택시' 세계 첫 도심 시운전」, 강훈상, 연합뉴스, 2017. 09. 26.
** 「육·해·공 누비는 '드론 기술'…군사용서 민간으로 확산」, 김인현, 라이프, 2015. 04. 29.
*** 「서비스로봇 빅4」, 박종오, 『과학동아』, 1997. 1.

**** 「1인 1드론 시대 열린다」, 조득진, Insight Korea, 2017년 3월

세계의 대형 제조업체들이 총력전으로 하늘을 나는 자동차에 주력하자 이 부분의 강자 현대자동차도 회심의 카드를 뽑았다. 현대차는 '도심 항공모빌리티(UAM)' 사업을 위해 글로벌 차량 공유 기업 우버(UBER)와 손잡았고, 컨셉 PAV 'S-A1'를 공개했다.

PAV 'S-A1'은 한 쌍의 날개와 한 쌍의 꼬리날개에 모두 8개의 로터가 달렸다. 이런 형태가 채택된 이유는 간단하다. 수직 이착륙을 하기 가장 좋은 형태로 소음이 적고 공해가 없으며 도심에서 활주로 없이 공중에 떴다가 내려앉을 수 있기 때문이다.

외관은 전장 10.7m에 날개는 15m에 달하고 8개 프로펠러를 달았다. 전기를 동력으로 수직 이착륙하며 탑승 인원은 조종사를 포함해 5명이다. 최고 속력은 시속 290㎞에 달하고 최대 100㎞까지 비행할 수 있다. 승객이 타고 내리는 5분 동안 재(再)비행을 위해 배터리를 고속 충전할 수 있는 기능도 갖고 있다. 당장은 2명으로 시작하지만, 탑승 인원 10명 (1t 이상), 최대 500km의 비행거리를 목표로 한다.*

* 「도심 하늘길 달릴 '한국 UAM' 개발 "2030년대 상용화"」, 유지한, 조선일보, 2023. 01. 26.

여하튼 드론 택시가 활성화되면 평소 1~2시간 걸리는 거리를 10분도 채 안 돼 도착할 수 있다. 단적으로 인천국제공항터미널에서 강남역까지 단 10분이면 이동할 수 있다.

특히 착륙반경이 10m 정도로 단독 주택 앞마당에도 착륙할 수 있으므로 소위 주차장 문제는 큰 장애물이 아니다.*/**/***

* 「'날아다니는 자동차' 최초 공개」, 이강봉, 사이언스타임스, 2017. 04. 25

** 「1인 1드론 시대 열린다」, 조득진, Insight Korea, 2017년 3월

*** 「'날아다니는 자동차' 최초 공개」, 이강봉, 사이언스타임스, 2017.04.25.

「자율주행차, 철학이 필요하다」, 이정현, 사이언스타임스, 2018.03.08.

「"강남서 인천공항까지 드론택시로 10분"…이동수단 미래를 보다」, 박진우, 한국경제, 2019.11.09.

「여의도~인천공항 15분…"난 하늘 택시 타고 간다"」, 도병욱, 한국경제, 2020. 01. 18.

「〈 What 〉'플라잉 카' 시속 290㎞로 100㎞까지… 8년 후 하늘 달린다」, 권도경, 문화일보, 2020. 02. 13.

「길 가다 차 막히면 날아간다… 만화 속 '플라잉카' 중국서 떴다」, 이슬비, 조선일보, 2022. 12. 28.

「도심 하늘길 달릴 '한국 UAM' 개발 "2030년대 상용화"」, 유지한, 조선일보, 2023. 01. 26

https://blog.naver.com/kyonstory/221742704242

http://terms.naver.com/entry.nhn?docId=3578047&cid=58996&categoryId=58996

해킹에 취약한 드론

드론 산업이 폭발적인 주목을 받는 것은 그동안 공중에 대한 호기심이 있음에도 현실적으로 이들에 대한 접근이 불가능했기 때문이다. 그런데 소형 드론의 등장으로 공중촬영, 농약 살포, 감시 모니터링, 조사 매핑을 시작으로 재해대책, 경비, 인명 구조, 물자 배송 등 폭넓게 활용될 수 있다는 사실이 알려지자 폭발적인 호응을 받은 것이다. 다시 말해 드론

의 범용성이다. 높은 활용도와 자유도는 드론의 활동 영역이 공중인 것은 물론 다양한 페이로드(탑재물)를 조합할 수 있다는 점이다.

그러니까 카메라를 탑재하면 공중촬영기, 상품을 탑재하면 수송기로 바뀔 수 있다는 것이 장점이다.

그러나 드론의 무대가 폭발적이기는 해도 모든 면에서 완벽하지는 않다는 점은 걸림돌이다. 드론의 악명은 1984년 생성된 일본의 신흥종교 단체인 옴진리교에서 1995년 3월 도쿄 지하철에 사린가스를 살포하는 테러를 저지르기 전에 드론으로 사린과 보툴리누스균을 살포할 계획을 세우고 있었다고 하여 일본을 경악시켰다.

당시는 성능이 좋지 못해 무산되었다고 하는데 현재는 40년 전 상황과는 근본적으로 다르다. 드론으로 상당히 많은 사람을 죽일 수 있는 양의 화학무기를 탑재할 수 있고 공중에서 분사하는 것도 어렵지 않다.

드론이 추락하는 사건은 생각보다 많은데, 추락 사건이 이어지자 2015년 히로시마 플라워 페스티벌 실행위원회는 행사장 주변에서 드론 사용을 자제해달라고 요청했을 정도다. 하늘의 4차 산업혁명을 선도하는 첨단기술로 주목받는 드론이지만, 한편으로는 하늘의 질서를 어지럽히는 새로운 몬스터라는 비아냥도 함께 받고 있다.

밀수(密輸)에 드론을 사용하는 것은 레이더의 탐지를 역으로 이용할 수 있기 때문이다. 비행고도가 낮고 크기가 작은 드론은 레이더로 탐지할 수 없다. 미국 '마약단속국'은 2012년 이후 미국과 멕시코 국경 부근에서 약 130대의 드론이 마약밀수에 사용됐다고 추정한다.

2015년 2월 미국 캘리포니아주와 국경이 맞닿은 멕시코의 티후아나 시에서 각성제로 금지되는 메스암페타민 3kg을 탑재한 드론이 추락했다. 3kg의 무게를 견디지 못하여 추락한 것으로 추정했는데 메스암페타민 3kg의 가격은 200만 달러로 운송수단인 드론의 가격은 1,400달러에 불과하다. 앞으로 보다 큰 드론이 등장하면 마약 등의 밀수에 더 효과적인 장비가 될 수 있다는 우려다.

교도소에 불법으로 드론이 침입한 사건도 있다. 교도소에서 가장 주의하는 부분은 교도소 안으로 불법적인 물건이 반입되지 않도록 하는 것이다. 그런데 미국 조지아주 주립교도소에 드론을 리모컨으로 조종해 담배 등을 교도소 안으로 운반하던 남녀를 체포했다.

미국에서는 교도소 안에 스마트폰의 반입이 늘어나면서 재소자가 외부 수하에게 범죄를 지시하거나 재소자끼리 연락을 받으며 봉기를 유도하기도 했는데, 이 중간단계에 드론이 개입한다.

많은 나라의 교도소 당국은 드론으로 도주용 로프, 불법 약물 등을 시설 안에 반입할 수 있다고 상정하기도 한다. 드론으로 대규모 탈주 등이 기획되기는 어렵지만, 여하튼 드론이 악용될 소지는 크다.

드론의 문제점은 드론의 규제가 풀릴 때부터 지적되었다. 각 정부에서 드론을 운용하는 것과 마찬가지로 테러리스트들의 드론 활용을 어떻게 막을 수 있느냐 하는 부분이다. 단순한 대안은 좀 더 많은 수비용 드론을 준비하여 적의 드론이 작동되었다는 사실을 즉각 파악하여 이들과 직접 부딪히거나 격추(擊墜)하는 것이다. 이는 드론이 인간의 지휘를 받지 않고 스스로 작동할 정도로 발전하면 가능한 일이다.

드론이 갑자기 어느 집 마당에 떨어지는 경우도 공상의 일은 아니지만, 드론이 여객기와 충돌할 경우의 상황은 그야말로 악몽일 수밖에 없다. 물론 이에 대한 대안도 강구 중이다. '감지 후 회피' 장치를 삽입하는 방식으로 사진기가 급속도로 커지는 물체를 감지해 자동조종장치에 신호를 보내면 드론이 안전한 쪽으로 방향을 틀도록 만드는 것이다.

그러나 드론의 가장 큰 걱정거리는 안전 문제 외에도 사생활 보호에 있다. 성능이 좋은 드론은 구름과 잎사귀를 투과하는 것은 물론 건물 안에 있는 사람들도 알아볼 수 있다.

일부 학자들이 제시하는 최악의 시나리오는 경찰 등 공권력이 '합리적인' 이유로 습격 및 추격전을 벌일 때 드론을 사용하여 도시 안에서 움직이는 수많은 차량과 사람들을 자동으로 추적한다. 이것이 극대화되면 사람의 일상을 데이터베이스화해 미심쩍은 행동을 감시할 수 있으며 더구나 드론을 무장시키면 상황은 심각해지지 않을 수 없다.*

* 「민간용으로 주목받는 무인항공기」, 존 호건, 내셔널지오그래픽, 2013년 3월

그런데 이들보다 큰 문제가 드러나고 있다. 드론이 해킹에 매우 취약한 존재라는 점이다.

스티븐 스필버그 감독의 영화 〈마이너리티 리포트〉에서 유난히 이목을 끌던 장면은 범인을 쫓던 경찰이 건물 안으로 범인 수색을 위해 작은 비행체, 바로 '드론(Drone)'을 들여보내는 부분이다.*

* 「육·해·공 누비는 '드론 기술'…군사용서 민간으로 확산」, 김인현, 라이프, 2015. 04. 29.

영화에서 짧은 순간의 스냅에 지나지 않지만, 실제 대테러전과 같은 군사작전 상황에서 드론이 사용되는 것은 잘 알려진 사실이다. 키아누 리브스 주연의 〈지구가 멈추는 날〉도 드론이 활약한다.

드론이 폭발적으로 증가할 수 있는 이유는 조종의 주체와 운항 범위가 변하고 있기 때문이다. 지금까지는 드론 조종을 일일이 사람이 수행

했고, 운항 영역도 눈에 보이는 범위 안이었지만, 드론 스스로 자율주행
을 하면서 비가시권 영역으로 비행할 수도 있다.*/**

　*「드론 전용 '3차원 길' 만들어진다」, 김준례, 사이언스타임스, 2016. 08. 01.
　**「지구 환경보호, 인공지능에 맡긴다」, 이성규, 과학창의, 2016년 6월

바로 이 점이 드론의 문제점을 확실하게 노출한다.

드론의 취약점은 무선 네트워크와 연결해 있으므로 해커들이 무선 네
트워크를 경로로 드론을 해킹할 수 있다는 점이다. 또한 테러리스트가
드론에 폭탄이나 바이러스 등을 장착하여 살포(撒布)하는 상황도 배제
할 수 없다. 드론 해킹 위협은 '정보 유출', '스푸핑(Spoofing)' 그리고 '
재밍(Jamming)'의 3가지가 있다. 이들 공격 유형은 민간용 군용 상관
없이 드론에 발생할 수 있는 해킹 위협이다.

원격조정 리모컨은 현대 사회에서 거의 필수라 할 정도로 보편적인 용
도로 활용된다. 자동차 리모컨 키, 주차장 문, 아파트 현관 키, 카페에서
커피나 식사를 주문하고는 무선 진동벨을 받고 순서를 기다리는 경우는
물론 강변에서 무선조정 RC카와 드론을 조정하는 경우도 모두 와이파
이, GPS, 휴대전화 전송 신호 등 인간의 눈에 보이지 않는 무선 신호를
통해 움직이고 작동한다.

그런데 이러한 무선기기들이 생각보다 손쉽게 해킹할 수 있다는 데 문
제의 심각성이 있다. 사이버보안 전문가들은 드론은 일반 PC와 서버를
비교할 때 오히려 해킹으로 제어하거나 방해, 조작하는 것이 어렵지 않
다고 주장한다. 대중화된 무선기기들이 위험하다는 것이다. 드론은 물
론 자동차와 현관 키 등도 보안에 취약한데 주파수대를 알아낸 후 해킹

하면 언제든지 차를 탈취하거나 아파트 문을 열 수 있다.*

* 「자동차 리모컨 키, 순식간에 해킹」, 김은영, 사이언스타임스, 2016. 08. 29.

사실 드론 정보 유출 사건으로 RQ-140 기밀 영상정보 해킹이 유명하다. 당시 2008년에 이라크의 무장 단체들은 러시아 해킹 사이트로부터 25달러에 해킹 프로그램을 구매했다. 그리고 미국 정찰용 드론인 RQ-170 모델형 프레데터를 해킹한 후, 프레데터가 촬영하고 있는 비디오 영상정보들을 그대로 해킹해 유출한 것이다. 이 바람에 미국의 이라크 비밀작전들이 테러리스트에게 노출돼 미국은 크게 타격을 입었다. 당시 작전을 수행하던 프레데터는 이라크에서 중요한 작전을 수행하는 군용드론이었다. 군용드론은 일반드론보다 보안과 성능이 매우 뛰어남에도 불구하고 간단한 해킹에 쉽게 무너져 버린 것이다.

드론 해킹 위협은 여기서 끝이 아니다. 또 다른 방식인 스푸핑 공격은 정보 유출보다 더 치명적인 해킹 공격이다. 2011년 12월 미국의 록히드마틴과 이스라엘이 공동으로 제작한 무인 스텔스 RQ-170이 이란 영내를 정찰하다가 포획당한 사건이 일어났다. 이란은 사이버공격으로 해킹을 시도한 후 드론을 탈취했다고 보도했는데 스푸핑을 사용했다. 스푸핑은 잘못된 착륙지점의 GPS 신호를 드론에 보내 드론이 해커가 의도한 곳에 착륙하게 해 납치해가는 방법이다.

마지막으로 드론을 작동불능 상태로 만드는 해킹이다. 이를 재밍으로 부르는데, 드론에 GPS보다 강력한 신호를 보내 드론을 마비시키는 공격이다. 드론이 인공위성으로부터 GPS 신호를 받으므로 해커가 GPS에 매우 강력한 신호를 보내어 통신에 혼란을 일으키는 원리이다. 물론 해커들이 마음만 먹으면 민간용 드론에도 쉽게 재밍 공격을 가할 수 있다. 사실 군용드론이 해킹에 취약하다면, 일반 드론의 보안은 말할 필요도 없다.

아마존이 드론을 활용해 무인 배송 서비스를 진행하고 있는데 여기에도 해킹이 큰 문제점으로 제시되었다. 스푸핑 공격으로 해커는 드론을 마음대로 조종해 드론의 택배물을 가로채 갈 수 있기 때문이다.

이 문제는 보안을 해결하지 않는다면 안전한 드론 서비스를 제공할 수 없다는 결론으로 이어진다. 이러한 원인은 GPS 사용 때문이다. 놀랍게도 GPS 신호는 암호화돼 있지 않기 때문이다. 물론 창이 있으면 방패가 있는 법, 안전한 드론 서비스를 위해 해킹 공격 대비가 필요하다면 이에 대한 대책 마련은 어렵지 않다고 생각한다.*/**

* 「드론은 해킹에 얼마나 취약할까?」, 유성민, 사이언스타임스, 2016. 12. 20.

** 「1안 1드론 시대 열린다」, 조득진, Insight Korea, 2017년 3월

다만 창이 있으면 방패가 있는 법. 인식시스템이 개인의 프라이버시를 불법으로 침해하는 경우 이를 인식할 수 있는 소형장비를 휴대하면 된다. 그러므로 과학의 남용으로 우리의 프라이버시는 점점 설 땅을 잃어버리게 될 것이라는 우려는 이들을 어떻게 조화시켜 인간 생활에 유용하게 만들 수 있을까 하는 인간의 노력 여하에 달렸다고 볼 수 있다.*

* 「생각만으로 전등을 끈다?」, 박방주, 중앙일보, 2005. 9. 16.

「2030년, 미래 한국에서는 어떤 일이」, 이종호, 김영사, 2006

드론의 하드웨어만 강조할 일은 아니다. 엄밀한 의미에서 드론의 활

용도는 소프트웨어, 즉 프로그래머에 달려있다고 볼 수 있다. 드론 보급의 관건은 하드웨어뿐만 아니라 소프트웨어의 활성화에 있다는 뜻으로 독자들은 이 지적에 주목해야 한다. 소프트웨어가 활성화되면 엔터테인먼트, 스포츠, 테마파크, 무대예술, 부동산, 광고, 보도 복지 등 드론의 비즈니스 영역은 무한대로 넓어진다. 드론이 차세대 거대 컴퓨터 관련 플랫폼이 될 것이라는 주장도 바로 여기에 기인한다.*

* 「드론의 충격」, 하중기, 비즈북스, 2016

인간에게 이롭고 아니고를 떠나 인간의 통제를 벗어나 확산하는 발명품은 인간에게 끊임없는 공포의 대상이 돼왔다. 핵무기를 거론하지 않아도 100년 동안 자동차가 우리의 생활을 얼마나 변화시켰는지 생각해보면 대부분 자동차가 사람을 더욱 윤택하게 만들었다고 생각할지 모른다. 드론 역시 적어도 100년 후를 예상하여 대안을 마련해야 한다는 뜻이다. 드론의 부정적인 점만 생각하는 것이 아니라 드론을 이용하여 길 잃은 아이도 찾아낼 수 있다는 점도 고려할 수 있다는 뜻이다.

드론의 피해는 문제점이 무엇인가를 파악하면 생각보다 쉽게 대안을 찾을 수 있다는 뜻과 다름없다.*

* 「민간용으로 주목받는 무인항공기」, 존 호건, 내셔널지오그래픽, 2013년 3월

한국의 드론

드론에 관한 한 한국은 어느 나라에도 뒤지지 않는다. 한국의 건설 기

술은 세계적인데, 이 분야에서 드론의 활약은 눈부시다.

드론 활용 건설의 핵심은 아무것도 없는 현장에서부터 구조물이 올라가고 완성되기까지 모든 과정을 3차원(3D) 이미지로 만들어 이를 토대로 만든 데이터를 현장 건설에 활용하는 것이다.

드론의 효과는 사람이 수행할 때의 소요 시간 절약도 크지만, 보다 중요한 부분은 정밀도 향상이다. 건설 현장에 사용되는 드론은 최소 한 시간 비행이 가능한 산업용 드론이다. 드론 건설의 효과는 위험하거나 접근이 어려운 현장에서 극대화된다.*

* 「열흘 걸리던 공사판 측량, 드론 뜨니 이틀 만에 '끝'」, 장상진, 조선일보, 2017. 03. 14.

한국의 KT가 매우 흥미 있는 드론을 개발했다. 드론을 활용한 재난망(災難網) 서비스를 가동하는 것이다.

휴대전화가 잘 터지지 않는 곳에서 조난자가 발생했을 때 기지국 시설을 갖춘 드론을 보내 통신망을 임시로 복구하는 방식이다.*

* 「세계는 '드론 전쟁' 중」, 채민기, 조선일보, 2016. 05. 20.

울산과기원(UNIST) 손흥선 교수는 여러 대의 드론 편대 원격조종에 성공했다. LTE(4G) 통신망이 있는, 다시 말해 스마트폰 통화가 이뤄지는 곳 어디에서나 1명이 여러 대의 드론을 원격 조종할 수 있게 된 경우로, 이 기술의 성공으로 사람이 접근하기 어려운 곳에서 발생한 가스 유출 사고나 산불 감시 등의 임무를 효율적으로 수행할 수 있다.

손 교수는 현재 50대 이상의 편대비행이 가능하다고 발표했다. 1대의 드론 비행시간은 최대 30분 정도인데 20대가 함께 비행하면 임무 수행 가능 시간은 총 600분으로 늘어난다.

2012년 경북 구미에서 불산가스 누출 사고가 났을 때 불산가스의 확산 경로를 몰라 1만 명이 넘는 주민이 가스를 마시고 치료받아야 했다. 초동 조처가 미흡했고, 불산가스의 확산 경로를 몰랐기 때문에 피해가 컸는데 드론으로 이런 사고를 예방할 수 있다.

공역(空域)이 광범위하므로 드론 1대를 띄우더라도 가스 측정을 하기가 어려운데 편대비행이라면 이런 난제를 극복할 수 있다.*

* 「울산서 서울의 수십대 드론 편대 원격조종 가능」, 연합뉴스, 2016. 05. 23.

드론이 한국에서 앞으로 큰 역할을 할 수 있다는 것은 영월소방서에서 열린 시연으로도 알 수 있다. 영월 시연은 영월소방서로 조난 발생 신고가 접수되자 수색용 드론(유콘시스템)이 영월군청에서부터 초속 55m로 약 2㎞를 날아와 조난 발생지 영상을 촬영한 뒤 상황실로 전송했다. 이어 KT(030200)의 정밀수색 드론이 같은 거리를 비행해 열화상 카메라로 조난자의 정밀한 위치를 찾아내 상황실에 보냈다.

또한 구호 물품을 실은 드론(엑스드론)이 등장했다. 그물망까지 합쳐 총 10㎏의 구호 물품을 매단 이 드론은 조난자 바로 주변에 정확하게 물건을 떨어뜨렸다. 드론이 임무를 완수하기까지 걸린 시간은 각각 5분이 채 안 될 정도로 빠르므로 촌각을 다투는 조난자 구조 상황에서 큰 역할을 할 수 있을 것으로 평가되었다.*

* 「드론, 구호·수색·택배까지 '척척'」, 연합뉴스, 2016. 11. 17.

농촌진흥청은 가로 12.5m, 세로 10m 구획으로 나눠 ㎡ 단위로 벼 수확량을 조사했다. 조사 결과 비슷한 지역이더라도 벼 생산량이 최소 601g에서 최소 341g까지 차이가 발생했다.

비슷한 지역이더라도 토양, 수분, 일조량 등의 차이가 있으면 생산량에 차이가 발생한다. 그래서 생산량에 영향을 미치는 요인들을 정밀하게 관찰하고 관리하면 생산량을 극대화할 수 있는데, 드론이야말로 이러한 관리역할로 적격이라는 평가다.*

* 「쇼생크 탈출은 잊어라」, 김아사, 조선일보, 2017. 06. 05.

한국은 교도소 등 교정 시설 경비 업무에 영상 전송 장비를 갖춘 드론을 활용하고 있다. 드론을 교도소에 배치해 하루 6~7차례(1회 30분) 순찰용으로 활용한다. 지금까지 교도소 등에서 교도관들이 직접 순찰하거나, 감시 카메라를 설치하는 방법으로 경비 업무를 해왔다.

그러나 건물 옥상이나 비좁은 공간 등은 교도관이 접근하기 어렵고, 카메라가 비추지 못하는 사각(死角)지대도 있어 한계를 보이자 드론을 발탁한 것이다. 수용자가 도주하거나 교정 시설에 화재 등 이상 징후가 보이면 드론이 곧바로 해당 영상을 교정 시설 중앙통제실로 보내기 때문에 신속하게 대처할 수 있다는 설명이다.

물론 경비 인력을 줄이는 효과도 기대할 수 있다.*/**

* 「수산업이 드론을 만나면 어떤 변화? 첨단산업화 가능」, 연합뉴스, 2017, 02, 03.
** 「드론 전용 '3차원 길' 만들어진다」, 김준례, 사이언스타임스, 2016. 08. 01.

드론의 성장은 드론 관련 새로운 일자리 증가에도 크게 이바지한다.

12㎏ 이상의 드론을 조종하기 위해서는 자격증이 필요하다. 교통안전공단에서 초경량(무게 150㎏ 이하) 무인 비행장치 비행 자격증을 발급하는데, 비행 실습 20시간, 항공법규·항공기상 등 항공기 운항에 대한 이론 교육 20시간을 받아야 시험에 응시할 수 있다.

드론 조종사는 영화·방송 영상 촬영 분야는 물론 무인 경비나 국경 감시, 인명 구조, 소방 방재 및 화재 진압, 비료나 농약 살포, 소형 화물 배달 등 다양한 분야에서 활동할 수 있다.

반면에 12㎏ 이하의 드론은 자격증을 취득하지 않아도 국토교통부에 사업 승인만 내면 누구나 띄울 수 있다. 상업적 목적이 아닌 경우는 승인 없이 조종할 수 있다. 다만 150m 이하로 드론을 띄울 수 있으며 제한 공역에서의 비행은 금지한다.

3D 프린팅 드론 정비도 유망 분야다. 3D 프린팅을 활용하면 사용자의 용도와 목적에 맞게 드론용 액세서리를 인쇄할 수 있는 것은 물론 드론 본체 수리도 가능하다.

3D 프린팅은 파손이 잦은 레이싱 드론 수리, 항공 촬영 장착용 카메라 장착 브래킷(카메라와 기기를 연결하는 부품) 제작에 유용하다. ①~⑪

① 「1안 1드론 시대 열린다」, 조득진, Insight Korea, 2017년 3월

② 「민간용으로 주목받는 무인항공기」, 존 호건, 내셔널지오그래픽, 2013년 3월

③ 「육·해·공 누비는 '드론 기술'…군사용서 민간으로 확산」, 김인현, 라이프, 2015. 04. 29.

④ 「드론 전용 '3차원 길' 만들어진다」, 김준례, 사이언스타임스, 2016. 08. 01.

⑤ 「지구 환경보호, 인공지능에 맡긴다」, 이성규, 과학창의, 2016년 6월

⑥ 「자동차 리모컨 키, 순식간에 해킹」, 김은영, 사이언스타임스, 2016. 08. 29.

⑦ 「드론은 해킹에 얼마나 취약할까?」, 유성민, 사이언스타임스, 2016. 12. 20.

⑧ 「1안 1드론 시대 열린다」, 조득진, Insight Korea, 2017년 3월

⑨ 「생각만으로 전등을 끈다?」, 박방주, 중앙일보, 2005. 9. 16.
『2030년, 미래 한국에서는 어떤 일이』, 이종호, 김영사, 2006

⑩ 『드론의 충격』, 하중기, 비즈북스, 2016

⑪ 「민간용으로 주목받는 무인항공기」, 존 호건, 내셔널지오그래픽, 2013년 3월~주(註) 2칸 들여쓰기 9포인트 고딕 진하게

제3부

/

3D 프린터

0. 3D 프린터는 왜 미래의 3대 첨단기술로 꼽힐까

3D 프린터가 미래의 3대 첨단기술 중 하나로 설명되는 까닭은 다음 사실로도 알 수 있다.

'앞으로 인터넷 쇼핑몰에서 주문한 물건을 그 자리에서 만들어 받을 수 있다. 자전거나 그릇, 신발, 장난감, 의자 같은 상품의 설계도를 내려 받아 3차원으로 인쇄하면 된다.'

바로 '꿈의 기계' 또는 '산타클로스 머신'이라 불리는 3차원 프린터가 이를 가능하게 만들어 줄 수 있다는 뜻이다. 산타클로스가 크리스마스에 우리가 원하는 것을 선물하듯이 3D 프린팅 기술이 앞으로 인간들에게 어마어마한 선물을 제공해준다는 뜻이다.

미래학자들은 3D 프린팅 기술을 인공지능(AI), 유전자 편집, 양자컴퓨팅과 함께 미래를 이끌 중요한 기술로 거론했다. 여기에서 3D 프린팅은 인공지능(AI)과 긴밀히 연계되므로 그 파급효과를 알 수 있다. 심지어 미래 어느 날 집에서 몇 명이 모여 개인용 3D 프린팅 리소스를 이용해 새로운 전기차를 만들 수도 있다고 전망했다.*

* 「스스로 만드는 시대, 부의 격차 줄어든다」, 한겨레, 2016. 07. 04.

2012년 '이코노미스트'지는 '제4차 산업혁명'을 촉발할 수 있는 기술로 '3D 프린팅'을 소개 했으며, 미국의 오바마 대통령은 2013년 초에 가진 국정연설에서 "3D 프린팅은 기존 제조방식에 '혁명'을 가져올 잠재력을 가지고 있다."고 언급했다.

오바마 대통령이 이와 같은 이야기를 한 이유는 간단하다. 침체에 빠진 미국 제조업을 다시 일으켜 세울 핵심기술로 3D 프린터를 꼽았기 때문이다. 이 말은 3D 프린터 기술을 지배하는 나라가 세계의 중심이 될 수 있다는 말로도 설명되었다.

'Gartner 그룹'이 매년 말 가까운 장래의 이머징(emerging) 기술을 'Top 10 Strategic Technologies'로 발표하고 있는데 2013년 10개 중 'Future Disruption Technologies'로 '3D 프린팅'과 '스마트 기기'를 올렸고 2014년에는 상위 세 번째로 '3D 프린팅'을 올렸다.

3D 프린터의 놀라운 점은 일반 사람들이 복사기에 종이를 복사하는 것처럼 자신이 필요한 3차원 물건을 프린터로 만들어낼 수 있다는 것이다. 사무실에서 일반적으로 종이에 인쇄하는 프린터는 2D이다. 즉 X, Y 좌푯값을 활용한 2차원 평면을 인쇄한다. 그런데 3D 프린터는 2차원 X, Y 좌푯값에 입체를 표현할 수 있도록 Z축 좌푯값을 활용하여 공간을 이동하면서 입체를 출력하고 표현하는 것이다.

X, Y 평면에 어떤 입체물의 정보가 있는 부분만 출력한 후 사전에 설정한 Z축 값만큼 이동한 후 다시 X, Y 평면에 어떤 입체물의 정보가 있으면 인쇄한다. 다시 말해 이렇게 입체물의 X, Y, Z 축 정보가 있는 부분을 모두 출력하면 3차원 입체물이 완성되는 것이다.

이를 위해 축을 세밀하게 많은 층으로 잘라서 층마다 X, Y, Z의 값 정보를 갖고 있어야 한다. 병원에서 CT 단층 촬영하는 것과 유사하다.

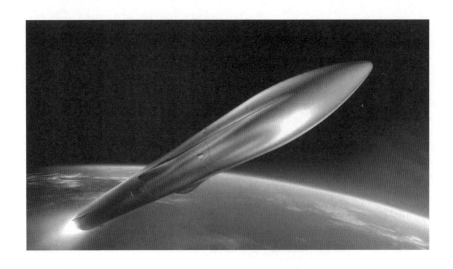

　이런 단층을 만드는 과정을 3D 프린터에서는 슬라이스로 만든다고 한다. 이런 슬라이스는 X, Y, Z값이 들어있는 G코드(Geometry Code)로 생성하기도 하고 프린터 종류에 따라 이미지로 생성하기도 한다. G코드란 X, Y, Z축에 대한 정보와 재료를 사출하는 익스투루더(Extruder)에 대한 정보 등을 포함하고 있는 것을 말한다. 정교한 입체를 표현하려면 슬라이스의 두께를 얇게 하여 슬라이스를 더 많이 만들어내면 된다. 반대로 슬라이스 두께가 두꺼우면 정밀도가 떨어진다.

　3D 프린터에 내장된 컴퓨터는 인식할 수 있는 G코드 값이나 이미지를 생성하려면 3D 프린터로 인쇄하려는 어떤 물체를 디지털 정보를 가지는 입체로 만들어야 한다. 이를 3D로 모델링한다고 한다.

　효과적으로 3D 모델링을 하려면 전용 3D 모델링 프로그램으로 3D 스캐너 등을 사용한다. 3D로 모델링된 디지털 입체는 3D 프린터에서 적용되는 STL 등의 파일로 생성한 다음 이것을 다시 슬라이스와 G코드 또는 이미지로 생성할 수 있도록 지원하는 프로그램을 활용하여 3D 프린터 컴퓨터가 인식할 수 있는 G코드나 이미지를 만든다.

다시 말해 3D 프린터는 이렇게 만들어진 G코드나 이미지의 값을 가지고 3차원 입체를 출력하는 것이다.*

* 『스마트폰 동영상으로 쉽고 재밌게 배우는 도예』, 홍진용 외, 한국문화사, 2016

이를 풀어서 설명하면 설계도에 따라 가루나 액체 형태로 녹아있는 원료를 일정한 틀에 맞춰 각층별로 반복하여 쌓고 이를 단단하게 응고시키면 3차원 물건이 된다.

도면만 있으면 제품을 생산해 낼 수 있는 특성 때문에 학자들이 3D 프린터가 제1차 산업혁명 당시의 방직기, 제2차 산업혁명을 초래한 컨베이어 벨트 시스템을 잇는 제3차 산업혁명 시대를 이어 제4차 산업혁명 시대를 주도할 것으로 예상하는 3대 핵심 요소로 거명하는 이유다.*

* 『스마트 테크놀로지의 미래』, 카이스트 기술경영전문대학원, 율곡출판사, 2017

1. 3D프린터 알아보기

4차 산업혁명의 3대 핵심 요소로 자율자동차, 드론, 3D프린터를 거론하고 있다는 것은 주지의 사실이다. 그런데 자율자동차, 드론의 정의는 비교적 간단하게 설명되지만 3D 프린팅 기술의 정의를 설명하는 것이 간단한 일은 아니다. 3D 프린팅 자체가 만만치 않은 속성을 가지고 있기 때문인데 학자들은 3D 프린팅의 요체를 다음과 같이 설명한다.

"CAD 모델에서 요구하는 3D 객체를 구현·제조하는 것이다."

그러니까 3D 프린팅 제작의 핵심 스트림 라인은 CAD 소프트웨어와 스캐너를 바탕으로 3D CAD 모델로 데이터를 변환하고 이 데이터를 수정하여 CAD에서 사용해 온 STL(Stereo Lithography) 파일로 얻은 다음, 절삭(slicing)과 인쇄(printing) 소프트웨어로 조정하고, 하드웨어인 3D프린터에 재료(filament: 플라스틱, 고무, 금속, 세라믹 등)를 장착하여 목표하는 제품을 제작하는 것으로 설명한다.

3D 프린팅 기술의 출현으로 전통적인 수치제어 기기와 밀링기기를 사용하는 'Molding(금형) 시대'에서 3D프린터를 사용하는 'Printing(조형) 시대'로 바뀌고 있다는 사실이 핵심이다.

지난날 제조업에서 제품을 제조하는 방식은 크게 두 가지로 나뉜다.

첫째는 대량생산에서 가장 많이 사용하는 주조 방식으로 금속이나 물질을 녹여 틀에 붓고 응고시켜 제품을 만드는 방식이다. 이때 틀을 주형이라 부르고, 재질이 금속인 주형을 통해 생산하는 방식을 금형 주조, 재질이 모래인 경우를 사형 주조라 부른다.

둘째 방법은 공작기구를 이용해 재료를 깎아 내는 절삭 가공 방식이다. 소재를 회전시켜 깎아 내는 선반, 공구를 회전시켜 깎는 밀링 머신, 구멍을 뚫는 드릴링 머신 등을 이용해 제품을 만든다.

절삭 가공 방식은 불규칙하고 복잡한 면을 깎거나 드릴의 홈, 기어의 이빨을 깎을 수 있는 장점이 있어 크기가 있는 자동차, 항공기 등의 부품과 정교한 가공이 필요한 부품을 제작하는 데 활용된다.

그런데 소위 적층 가공 방식인 3D 프린팅은 원료를 여러 층으로 결합하거나 쌓아가면서 입체적인 형상을 만들어가는 방식이다. 제품을 만드는 과정에서 각각에 맞는 주형이나 공작기구 없이 3D프린터와 제품의 원료만 필요하므로 제품의 제작 기간과 비용의 효율성을 높여준다.*

* 「스마트 테크놀로지의 미래」, 카이스트 기술경영전문대학원, 율곡출판사, 2017

한마디로 3D프린터는 디지털카메라로 찍은 사진을 프린터로 인쇄하듯이 신발, 휴대폰 케이스, 장난감 같은 상품의 설계도를 내려받아 3차원의 입체적인 물건을 인쇄할 수 있다.

3D프린터 알아보기

3D프린터는 첨단 기술이 아니라는 사실을 이해하는 것이 중요하다.

3D프린터란 컴퓨터의 명령을 받아 X, Y, Z 축으로 움직이면서 지시된 명령을 그대로 수행하는 기계로 볼 수 있기 때문이다. 그러므로 3D프린터를 활용하는 사양은 일반 제품 생산과 다름없다.*

*『미래와 과학』, 이근영 외, 인물과사상사, 2018

우선 3D프린터 자체는 1980년대에 태어났기 때문에 오래된 기술은 아니다. 본래 기업에서 어떤 물건을 제품화하기 전에 시제품을 만들기 위한 용도, 소위 금형을 만들기 위해 개발되었다.

1981년 일본 나고야시립공업연구소에서 근무 중인 히데오 고마다가 3D프린터에 관한 다음 2편의 논문을 발표했다.

'첫째는 광경화성 수지와 관련한 연구로, 빛에 노출되면 노출된 부분만 고체 상태로 굳는 성질에 관한 것이었다. 광경화성 수지는 3D 프린팅 기술의 탄생과 오늘날 3D 프린팅 기술의 바탕에 핵심이 된 가장 중요한 원료다. 둘째는 3D 모델링 기술이다. 당시 기술자 대부분이 물체의 도면을 직접 손으로 그린 것을 토대로 절삭 가공을 통해 모형을 완성했다. 그러나 코다마 박사는 컴퓨터를 이용해 3D로 도면을 그렸고 이 두 가지 기술을 접목하여 3D 프린팅 기술의 기초를 제시했다.'

코다마 박사의 아이디어는 1984년 찰스 헐(Charles W. Hull) 박사의 특허로 이어지는데, 원론적으로 코다마 박사의 아이디어를 전용한 것이다. 코다마 박사는 단지 아이디어 차원의 3D 프린팅을 제기했지만, 실제 상용 제품 개발로 이어지지는 못했는데, 헐 박사가 코다마 박사의 아이디어를 토대로 특허를 받은 것이다.

그의 특허가 인정된 이유는 자외선을 이용한 쾌속 조형 시스템의 아이디어를 도출했기 때문이다. 이 특허가 오늘날 광경화 적층 방식이라 부르는 SLA(Stereo Lithography Apparatus) 방식이다.

1986년 찰스 헐이 제출한 특허가 인정되자 그는 미국 캘리포니아주에서 '3D시스템즈(3DSystems)'를 창업했다.

한편 1988년 미국 미네소타주의 스콧 크럼프(S. Scott Crump)가 어린 딸을 위한 개구리 장난감을 만들기 위해 원통형 고체 접착제를 녹여 물체를 붙이는 글루건(glue gun)을 사용하면서 접착 원료로 폴리에틸렌과 양초용 왁스를 혼합해 이용했다.

혼합한 고체형 원료가 글루건의 뜨거운 노즐을 통과해 액체로 변하고, 이것을 공기 중에서 굳도록 해 모형을 만드는 원리였다.

그는 글루건으로 층을 만들고, 이를 쌓아 올리면 물체를 만들 수 있을 것으로 생각했는데 이것이 오늘날 FDM(Fused Deposition Modeling, 용융 적층 모델링) 방식으로 1989년 특허를 획득했고 '스트라타시스'사를 창업하여 '3D시스템즈'와 함께 3D프린터 시장을 양분했다.*

* 「3D프린팅」, 오원석, 커뮤니케이션북스, 2016

어떤 시제품을 만들고자 할 때 금형을 사용하면 생각보다 비싼 가격에 놀라곤 하는데, 문제점이 발생할 때마다 시제품을 만들면 돈과 시간이 많이 든다. 이것을 해결해주려고 개발된 것이 3차원 프린터인데 파급 효과는 상상을 초월한다.

3D프린터의 장점은 일반 기계가 같은 물건을 여러 번 찍어내는 데 비

해 매번 색다른 디자인의 물건을 인쇄할 수 있다는 것이다. 말하자면 버튼을 한 번 누를 때마다 세상에 하나밖에 없는 물건이 태어나는 것이다.*

* 「3D 프린터」, 이정아, 과학동아, 2012. 01. 19.

3차원 프린터는 입체적으로 그려진 물건을 마치 미분하듯이 가로로 10,000개 이상 잘게 잘라 분석한 후 입체 형태로 만드는 방식에 따라 크게 한 층씩 쌓아 올리는 적층형(첨가형 또는 쾌속 조형 방식)과 큰 덩어리를 깎아가는 절삭형(컴퓨터 수치제어 조각 방식)으로 구분한다.

입체형상 만들기

적층형은 파우더(석고나 나일론 등의 가루)나 플라스틱 액체 또는 플라스틱 실을 종이보다 얇은 0.01~0.08㎜의 층(레이어)으로 겹겹이 쌓아 입체형상을 만들어내는 방식이다.

잉크젯 프린터가 빨강, 파랑, 노랑 세 가지 잉크를 조합해 다양한 색상을 만드는 것처럼 3차원 프린터는 설계에 따라 레이어를 넓거나 좁게 위치를 조절해 쌓아 올린다.

레이어의 두께는 약 0.01~0.08mm로 종이 한 장보다도 얇다. 쾌속 조형 방식으로 인쇄한 물건은 맨눈에는 곡선처럼 보이는 부분도 현미경으로 보면 계단처럼 들쭉날쭉하다. 그래서 레이어가 얇으면 얇을수록 물건이 더 정교해지며 채색을 동시에 진행할 수 있다.

적층형도 여러 가지 방식으로 나뉜다. '선택적 레이저 소결조형(Selective Laser Sintering, SLS), '광경화성 물질 적층 조형(Stereolithography Apparatus, SLA)', '압출 적층 조형(Fused Deposition Modeling, FDM)' 등이다.

'광경화성 물질 적층 조형(Stereolithography Apparatus, SLA)' 방식은 헐 박사가 특허를 받아 '스트라타시스'사에서 상업화에 성공한 것으로 액체 원료에 레이저를 분사해 만들고자 하는 형상대로 고체화시키면서 3차원의 결과물을 만들어낸다.

'선택적 레이저 소결 조형(Selective Laser Sintering, SLS)'과 3DP(3D Dimensional Printing) 방식은 원료가 되는 고운 가루, 즉 분말을 얇게 뿌린 다음 형상을 만들 지점을 레이저로 소결시키는 방식이다. 다시 말해 레이저가 닿는 부분에 열이 가해져 가루가 점차 구워지면서 결합하는 것이다.

플라스틱에서 금속에 이르기까지 레이저로 소결할 수 있는 소재라면 무엇이든 SLS 방식의 3D프린터에 활용할 수 있다는 점에서 완성되는 모형의 종류를 다양화할 수 있다. 다른 방식의 3D프린터보다 물체를 완성하는 데 걸리는 시간이 빠르다는 점도 SLS 방식의 장점으로 평가된다. 더욱이 다른 기술에 비해 상대적으로 정밀한 모형을 제작할 수 있다.

이와 비슷한 '파우더 베드 프린팅(Powder Bed and inkjet head 3D Printing, PBP)'은 원료가 되는 고운 가루를 얇게 뿌린 후, 바인더라고 불리는 접착제와 컬러 잉크를 설계대로 뿌려서 쌓아 올리는 방식이다.

가장 많이 사용되는 기술은 고체 상태의 원재료를 사용하는 '압출 적층 조형(Fused Deposition Modeling, FDM)', MJM(Multi-jet Modeling) 등이 있다. 압출기가 노즐을 통해 원료를 밀어 얇게 짜면서 이를 층층이 쌓아 올리는 것을 말한다.

원료가 나오는 노즐과 원료가 쌓이는 플랫폼이 함께 움직이면서 3차원의 모양이 만들어지는데, 원료가 되는 필라멘트의 가격도 그리 비싸지 않다. 물론 성형 목적에 따라 사용되는 재료가 다르다.

일반 3D프린터는 ABS나 PLA와 같은 플라스틱을 주로 사용하지만, 푸드 프린터는 초콜릿, 크림, 반죽 등을 원료로 사용하므로 다소 다른 방식을 사용한다.

그러나 완성된 모형의 품질이 상대적으로 떨어진다는 점은 FDM 방식 3D프린터의 단점이다. 모형을 층층이 나눠 쌓아 올리므로 아무리 얇게 쌓아 올린다고 해도 완성된 모형에서는 층이 두드러져 보이게 마련이다. 또한 상대적으로 프린트하는 시간이 오래 걸리며 노즐이 플라스틱을 녹인 후 베드에 도포(塗布)하는 방식이라 느린 출력 속도가 단점이다. 그렇더라도 현재 3D 프린팅 업계에서 개인용 3D프린터로 분류할 수 있는 장비는 대부분 FDM 기술을 활용한다.[*]

* 「3D 프린팅」, 오원석, 커뮤티케이션북스, 2016

PBP와 SLS 방식은 상대적으로 빠르다는 장점이 있지만, 표면이 거칠고 탄성이 떨어지는 단점도 있다. 이런 이유로 현재는 원료에 따라 설탕처럼 가루로 만드는 음식에는 PBP나 SLS 방식을 사용하고, 퓨레나 페이스트, 반죽 등의 물질이 재료일 때는 FDM 방식을 사용한다.[*]

* 「2016 한국이 열광할 12가지 트렌드」, KOTRA, 알키, 2015

절삭형은 커다란 덩어리를 조각하듯이 깎아서 입체형상을 만들어내는 방식이다. 적층형에 비하여 완성품이 더 정밀하다는 장점이 있지만,

재료가 많이 소모되고 컵처럼 안쪽이 파인 모양은 제작하기 어려우며 채색 작업을 따로 해야 하는 것이 단점이다.* 최근 보급되는 3D프린터는 대부분 적층형 프린터(Fused Deposition Modeling, FDM)이다.

* http://terms.naver.com/entry.nhn?docId=1978613&cid=40942&category-Id=32374

여기에 성층 객체 제조(LOM, Laminated Object Manufacturing) 방식도 있다. 성층 객체 제조의 특징은 종이, 플라스틱, 금속합판 등 다양한 재료를 연속적으로 접착할 수 있고 고출력레이저 빔을 이용하여 재료를 절삭(切削)한다. 후처리 과정과 화학반응이 필요 없어서 환경친화적이다. 재료의 소모가 많고 제품이 단단하지 않다.

3D프린터 기술 OPEN

3D프린터가 1980년대에 개발되었고 많은 분야에서 획기적인 적용이 가능함에도 근래에야 비로소 각광(脚光)을 받기 시작한 것은 3D프린터의 특허를 확보한 '3D시스템스'와 '스트라타시스'사의 횡포 때문으로 볼 수 있다. 이들은 3D프린터 시장을 양분하면서 엄청난 고가로 3D프린터를 판매했다. 결국 3D프린터는 대형 회사, 즉 항공이나 자동차 제조업체 등에서 시제품을 만드는 용도로 제한 사용될 뿐이었다.

그런데 이런 규제가 아이러니하게도 특허로 인해 해제된다. 미국은 특허의 권리 보장을 20년으로 규정하고 있는데, 2006년 '3D시스템스'의 찰스 헐이 보유한 광경화 적층 방식 SLA(Stereo Lithography

Apparatus) 기술의 원천특허가 만료되었고, 2009년에는 '스트라타시스'의 스콧 크럼프가 보유한 압출 적층 방식(FDM, Fused Deposition Modeling)의 특허가 만료됐으며, 2014년에는 선택적 레이저 소결(SLS, Selective Laser Sintering) 방식의 특허가 만료됐다. 오늘날 3D 프린터 업계에서 가장 많이 쓰이는 핵심 특허 세 가지가 최초의 발명가와 기업의 손에서 떠나 대중의 품에 안기게 되었다.

물론 특허 만료가 곧 '기술의 무료화'로 직결되는 것은 아니다. 원천특허 외에도 이를 보조하거나 발전시킨 관련 특허가 다수 존재하는 것이 일반적이기 때문이다.

이 문제를 해결해준 것이 영국 바스대학교의 에이드리언 보이어 박사의 오프소스 운동, 즉 렙랩 프로젝트(RepRap Project)이다. 렙랩은 '신속한 프로토타입 복제기(Replicating Rapid Prototyper)'를 줄인 말인데, 스스로 복제할 수 있는 3D프린터라는 의미다.

2004년 보이어 교수는 3D프린터 회사의 횡포를 어떻게 하면 막을 수 있을지 고민했다. 당시 가장 저렴한 상용 3D프린터의 가격이 약 40,000달러였으므로 일반인들이 3D프린터를 갖는다는 것은 거의 불가능한 일이었다. 그러므로 보이어 교수는 3D프린터가 스스로 복제할 수 있도록 하자는 아이디어를 도출했다.

보이어 교수는 2008년 최초의 렙랩 프로젝트 이름으로 오픈소스 3D 프린터 다윈(Darwin)을 개발하여 공개했고 2009년에는 멘델(Mendel), 2010년에는 헉슬리(Huxley)를 공개했다. 모두 FDM 방식의 3D 프린터로서 관련 부품을 쉽게 구할 수 있는 데다 3D프린터로 제작하여도 문제가 없을 정도로 단순한 구조로 디자인된 제품들이다.

렙랩을 앞세운 오픈소스 프로젝트가 3D프린터의 기술적 대중화를 이끌었지만, 마침 이때 벌어진 메이커 운동(Maker Movement)이 대중이 3D프린터에 본격적으로 관심을 가지도록 불을 지폈다.

메이커 운동이란 뭔가 만드는 방법을 개발하고, 자신이 개발한 방법을 다른 이들과 자유롭게 공유하며, 이 흐름에 참여해 이를 더욱 발전시키는 모든 과정을 가리키는 말이다. 메이커 운동은 허브 역할을 하는 마크 해치(Mark hatch) 박사가 이끌었다.

보이어 교수와 해치 박사는 무언가 만드는 사람들과 만드는 행위를 3D프린터로 출발시키기에 적합하다고 동조했다. 전통적인 의미에서의 제조는 대량생산을 가리키는 것이 일반적이었지만, 메이커 운동에서는 대량생산이 필요 없다. 대량생산을 위한 대형 제조 설비를 갖출 이유도 없었다. 3D프린터는 보통 사람들이 가정이나, 심지어 책상에 올려두고 필요할 때 필요한 물건을 만들 수 있는 간단한 장비이기 때문이다.*

* 『3D 프린팅』, 오원석, 커뮤니케이션북스, 2016

미국 보이어 박사의 소스코드 공개로 설계도 자체를 누구나 사용할 수 있게 되자 3D프린터를 제작하는 비용은 그야말로 추풍낙엽이 되었다. 당시 가장 저렴하다는 40,000달러에 달하던 3D프린터의 가격이 400달러로 떨어졌고, 약 20만 달러에 달하던 가격 역시 1,000달러로 곤두박질했다.*

* 『KISTI의 과학향기』, 이성규, KISTI, 2013

인류는 그동안 채취, 농사, 수렵 등을 통해 자급자족하고 일부 필요한 물건들을 외부로부터 물물교환을 통해 받아들이는 형태로 생활해왔다. 그러나 산업혁명을 통해 현재와 같이 공장에서 분업화로 만든 필요한 물건들을 구매하는 시스템, 즉 산업에서의 기계화된 생산 설비로 저렴한 가격의 물품을 생산해 내는 것을 기본으로 삼았다.

한마디로 대량생산이라야 가격도 저렴해질 수 있다는 것으로 사람들은 똑같은 제품을 사용하는 데 이의를 제기하지 않았다.

그러나 3D프린터로 대별(大別)되는 제4차 산업혁명은 기존 대량생산 체제에서는 수용되지 않는, 다시 말해서 거의 불가능한 개인들의 수요를 충족시킬 수 있게 만들었다는 데서 중요성을 찾을 수 있다.

기존에는 생산자들이 공장에서 생산하고 유통업체들이 배달 및 판매하고 소비자들이 소비하는 3단계로 분리되었지만, 인터넷의 온라인 마켓이 등장하면서 유통이라는 중간 단계를 흡수하거나 폐기해버렸다.

그런데 이 시스템도 3D프린터의 등장으로 생산마저 디지털화되면서 소비 이전의 과정이 '도면'으로 대표되는 콘텐츠의 생산으로 축약되고, 소비지점에서 직접 생산하는 것도 가능해진 것이다.

이제 멀리 있는 상점에 가서 쇼핑할 필요 없이 필요할 때 바로 3D프린터를 켜고 직접 만들어서 쓰면 되기 때문이다.

외국에 출장을 가서 백화점에서 본 신상품을 3D 스캐닝 프로그램을 이용하여 스마트폰으로 촬영한 후 한국으로 보내면 곧바로 3D 프린터로 뽑아낼 수 있다. 한마디로 신상품이 출시되자마자 다른 나라에서 복제할 수 있다는 것으로 유명 캐릭터 업체들이 전전긍긍하지 않을 수 없는 세상이 되었지만, 이는 역으로 3D 프린터가 장소와 거리의 제약에서 벗어나 제조업의 새로운 모멘텀을 이끌 혁신의 무기가 될 수 있음을 알려준다. 일부 학자들은 3D 프린터가 보편화되면 기업들이 대부분 '상품'을 파는 회사에서 '설계도'를 파는 회사로 변모하지 않으면 생존하지 못할 것으로 예측한다.*

* 『스마트 테크놀로지의 미래』, 카이스트 기술경영전문대학원, 율곡출판사, 2017

이런 변화는 궁극적으로 보이어 박사의 렙랩 프로젝트와 메이커 운동으로 인해 저렴한 가격의 3D 프린터의 보급으로 가능한 시대에 이르렀다는 것을 의미한다.

3D 프린터 발명자들의 착각

장 보드리야르(Jean Baudrillard, 1929~2007)가 제기한 '시뮬라시옹 개념'은 복제물을 다시 복제한 것을 말한다. 그런데 최초의 모델에서 시작된 복제가 자꾸 거듭되면, 나중에는 최초의 모델과 구분할 수 없을 정도가 된다. 그러므로 세계에서 고유하고 유일한 것은 사라진다는 뜻이다. 그런데 현재 내가 가지고 있는 것을 한 치의 오차도 없이, 또는 원본보다 더 정교하게 복제할 수 있다면 시뮬라시옹 개념이 통하느냐는 의문이 들 수밖에 없다. 다소 어지러운 상황인데 바로 그런 상황이 3D 프린터의 등장으로 우리의 삶 속에 들어올 수 있다는 설명이다.

3D 프린터가 지구촌에 등장한 초창기 3D 프린터의 많은 장점에도 불구하고 폭발적인 파장을 불러일으키지 못했는데, 이는 과학기술의 기본 때문이다. 미국의 경우 특허로 등록된 것은 절대적으로 권리를 보호해주므로 이를 벗어나기는 간단한 일이 아니다.

한마디로 1984년 3D 프린터가 특허로 등록된 이후 엄청난 폭리를 취하는데도 이를 막을 방법이 없었다는 뜻이다.

3D 프린터의 대중화에 걸림돌이 되었지만, 이를 비난할 여지가 있지는 않다. 사실 현대 문명은 특허의 독점화로 인해 비약적인 발전을 이루었기 때문이다.

그러므로 3D 프린터가 독주하며 고가로 판매하면서 세계를 석권하는데도 불구하고 이들에 대한 어떤 문제가 제기되지 않았다. 그동안의 관례로 보아 특허권자들의 권리 사항으로 특허를 보호해주는 것 자체가 대전제이므로 일반인들이 접근하는 것이 간단한 일은 아니다.

특허가 필요하다면 특허권자가 요구하는 대로 따라야 한다는 뜻이다. 그런데 문제는 현실적으로 이들 3D 프린터 특허권자들이 너무 폭주하였다는 점이다. 한마디로 3D 프린터의 값을 내려 일반인들도 구매할 수 있도록 할 수 있겠지만, 이를 거부한 것이다.

일반인들을 대상으로 한 보편화가 필요하지 않다는 뜻인데, 그들의 착각은 전 영국 바스대학교의 에이드리언 보이어 교수와 같은 사람이 있다는 사실을 예상치 못한 것이다.

3D 프린터는 쉽게 말하자면 2D 프린터가 활자나 그림을 인쇄하듯이, 입력한 도면을 바탕으로 하여 3차원의 입체 물품을 만들어내는 기계로 볼 수 있다. 2D 프린터, 즉 잉크젯프린터의 경우에는 잉크를 종이 표면에 분사하여 활자나 그림을 인쇄한다. 따라서 텍스트나 이미지로 구성된 문서 데이터를 주로 이용한다. 이때 2D 프린터는 앞뒤(X축)와 좌우(Y축)로만 운동하지만, 3D 프린터는 여기에 상하(Z축) 운동을 더 보태 입력한 3D 도면을 바탕으로 입체 물품을 만들어낸다.

에이드리언 보이어 박사가 착안한 것은 3D 프린터로 3D 프린터도 만들 수 있다는 점이다. 인류 최초의 '자가 복제 기계'의 제작자로 불리는 보이어 박사는 2007년부터 3D 프린터의 모든 소스 코드를 렙랩 (RepRap) 프로젝트를 통해 온라인에 공개했다.

이런 행동은 그야말로 충격적인데 이와 같은 일이 가능한 것은 3D 프린터에 관한 핵심 특허 기간이 만료되었기 때문이다.

이 내용은 나중에 좀 더 자세하게 설명하는데, 이들 기술의 소스 코드를 공개한 보이어 박사는 자신의 공개 이유를 다음과 같이 말했다.

"모든 사람이 무엇이든지 만들 수 있는 능력을 갖추길 바라고 있지만, '돈으로 생산수단을 얻어낼 수 있는 부자는 더욱 부유해지고, 팔 수 있는 것은 오직 노동력뿐인 가난한 사람들은 더욱 가난해진다.'라는 말에 공감합니다. 그런데 만약 당신이 생산을 위한 자가 복제 수단을 얻게 된다면 아마도 당신은 그 생산 기계를 또 하나 만들어 친구에게 줄 수 있습니다. 돈 때문에 생기는 전쟁 등으로 아무도 죽지 않고, 모두가 부유해질 수 있는 길입니다."

보이어 박사의 행동, 즉 누군가의 특허가 만료되어 이를 공개했다고 해서 어떤 제품을 곧바로 만들 수 있는 것은 아니다.

복잡한 기술 특허일수록 한 개의 아이템으로만 특허에 엮이는 것이 아니라 많은 부수 아이템이 포함되기 때문이다.

그런데 보이어 박사가 남다른 점은 3D 관련 특허의 소스 코드 자체를 렙랩 프로젝트로 100여 개나 공개했다는 점이다. 한마디로 3D 프린터를 특허 우려 없이 마음껏 제작할 수 있는 길을 열어준 것이다.

소스 코드를 공개한 그의 결단에 의한 세계인들의 호응은 그야말로 놀랍다. 그의 설계도를 보고 따라 만든 10만~20만 건에 이르는 수많은

'변이' 모델들이 나왔고 이 과정에서 사람들이 선호하는 모델, 즉 보다 더 좋은 성능을 갖춘 3D 프린터로 진화했다.

생산 기계의 대중화는 부의 균등 분배를 이끈다. 보이어 박사는 부(wealth)는 돈이 아니라 물건(stuff)에서 비롯된다고 강조했다.

우리가 돈을 버는 이유는 원하는 물건을 사기 위해서라는 게 보이어의 생각이다. 그는 이렇게 말했다.

"만약 모두가 스스로 물건을 만들어낼 수 있다면 사실상 더 부유해지는 것이다. 돈이 있느냐 없느냐의 문제와는 관계없는 일이다."

3차 산업혁명의 상징인 개인용 컴퓨터(PC)가 누구나 음악을 작곡하고 책을 만들게 하는 등 디지털 세계에서 부의 균등 분배를 이끌었다면, 3D 프린터는 현실 세계에서 부의 격차를 줄일 수 있는 촉매가 될 수 있다는 주장이다. 보이어는 이렇게 강조한다.

"과거에는 사람들이 공장에서 포디즘 방식으로 생산된 음악 시디(CD)를 구매했지만, 지금의 10대들은 CD를 사지 않는다. 그렇지만 그들은 이제 어느 때보다도 더 많은 음악을 가질 수 있게 되었다."

그는 3D 프린터의 미래에 대해서도 다음과 같이 말했다.

"온라인에 접속해 빗을 사거나 모바일폰을 구매하는 일이 구식이 될 수도 있어요. 특정 마을 안의 10가구가 함께 이용할 수 있는 개인용 3D 프린터로 가족들이 몇 주 동안 사용할 새로운 전기차를 직접 만드는 일을 할 수도 있을 것 같습니다."

보이어 박사의 파격적인 행동의 중요성은 3D 프린터의 사용에 박차를 가했다는 점이다. 원래 제조업의 기본 목표는 대량생산으로 제품의 가격을 낮추는 것인데 3D 프린터는 이제 전혀 다른 역(逆)개념으로 성장할 수 있다는 것이다. 다시 말해 3D 프린터를 가지고 있는 개인들에 의해 웬만한 물건들이 생산되면 그동안의 '소품종' 대량생산 방식에서 다품종-소량 생산으로 바뀔 수 있으며 이것이 결국 일자리를 줄어들게 만든다는 지적도 있다.

이 문제는 상당한 논란을 가져왔는데 보이어 박사는 개선된 기술 그 자체로 일부 일자리의 손실이 일어나겠지만 고용 손실로 진행되지 않는다고 단언해서 말한다. 약 80년 전 컴퓨터가 등장하여 철강 산업 등에서 일하는 사람들은 크게 줄었지만, 컴퓨터 산업이 등장하여 많은 사람을 고용하고 있듯이 자신의 행동으로 미래의 일자리에 치명상을 입힐 것이라는 주장에는 수긍하지 않았다.

그의 말은 제4차 산업혁명을 비롯한 미래 세대의 핵심을 지적했다고 볼 수 있다. 컴퓨터가 우리에게 많은 편리함을 주었다고 아무도 열심히 일하지 않아도 되는 시대가 된 것은 아니다.

말하자면 컴퓨터가 등장하였지만, 일자리 자체를 사라지게 하는 것이 아니므로 오히려 새로운 기술이 주목해야 한다는 것이다.

한마디로 새로운 기술의 등장이 궁극적으로 일자리의 감소를 의미하지는 않지만, 일자리의 변화 즉 과거와 다른 일자리들을 주목해야 한다고 주장했다. 자신이 시도한 3D 프린터의 폭발성을 예시한 것이라 볼 수 있는데 그의 예상은 적중했다. 많은 전문가가 앞으로 각 가정에 적어도 한 대씩 3D 프린터가 보급될 것으로 생각하는 이유다.

이 말의 중요성은 앞으로 사람들이 상당수 작은 물건들을 구매하지 않고 필요한 물건을 직접 만들어 사용할 수 있다는 것을 뜻한다.

한마디로 머리빗을 사거나 모바일폰 케이스를 구매하는 일은 사라질 수 있다는 것이다.*

* 「스스로 만드는 시대, 부의 격차 줄어든다」, 한겨레, 2016. 07. 04.

미래를 예상하는 과학 세상이 제대로 예측되기는 어려운 일이지만 이런 화두가 나오게 만드는 3D 프린터가 어떻게 우리에게 다가왔고 또한 어떻게 미래를 바꿀 수 있느냐 하는 것은 매력적인 주제가 아닐 수 없다.

3D 프린팅 특성

보이어 교수가 3D 프린터의 기본 사양을 오픈함으로써 세계는 완전히 달라진다.

사실 3D 프린터의 특허권 종료를 적절하게 선용한 보이어 박사 덕으로 3D 프린터가 제4차 산업혁명의 3대 아이디어 중 하나로 등장할 수 있게 되었다는 점은 그야말로 놀라운 일이다.

사실 보이어 교수의 결단이 아니었다면 값비싼 3D 프린터가 아무리 좋다고 하더라도 일반인들에게 접근조차 불가능했을 것이라는 데 이의를 제기하는 사람은 없을 것이다.*

* 「스마트폰 동영상으로 쉽고 재밌게 배우는 도예」, 홍진용 외, 한국문화사, 2016

여하튼 3D 프린터의 이점은 개인이 맞춤형 보청기나 의족 심지어는 인공 장기 제작에도 사용될 수 있다는 점이다. 고가의 의료기기를 자신이 직접 만들 수 있다는 말에 놀라겠지만, 이는 공상만의 일이 아니다. 다음과 같은 3D 프린터의 기술 속성 때문이다.

① 조립 불필요

3D 프린터에 사람들이 환호하는 것은 여러 가지 부품을 정교하게 조립해야 하는 기계를 쉽게 만들 수 있기 때문이다. MIT 공대에서는 3D 프린터를 이용하여 조립이 필요 없는 로봇 제작 방법을 발표했다.

액체와 고체를 동시에 출력할 수 있는 3D 프린터를 이용한 3D 프린터를 이용하여 움직이는 부분을 포함한 로봇을 만든 후 배터리와 모터만 장착하면 된다.

기존에는 각 로봇의 부품을 3D 프린터로 만든 후 조립했는데 이 기술은 서로 다른 재질의 부품을 하나의 프린터를 이용하여 차례로 찍어내어 조립이 필요 없다.

3D 프린터가 얼마나 범용으로 사용할 수 있는가는 유럽항공방위산업체(EADS)가 3D 프린터로 '에어바이크'라는 자전거를 제작, 다시 말해 인쇄했다는 것으로도 알 수 있다. 에어바이크가 특별한 이유는 바퀴와 페달, 안장, 몸체를 따로 만들어 조립한 것이 아니라 자전거 한 대를 완성품으로 인쇄했기 때문이다. 인쇄한 직후 페달을 밟으면 바퀴가 굴러가며, 조립한 것이 아니므로 정기적인 수리를 하지 않아도 된다.

에어바이크는 나일론 가루로 레이어를 겹겹이 쌓아 인쇄했다. 강철이나 알루미늄으로 만든 기존 자전거보다 약 40%나 가볍다. 가장 매력적인 점은 3차원 설계를 수정하면 내 체형과 기호에 맞게 안장 높이와 바퀴 크기, 색깔과 디자인을 바꿀 수 있다. 세상에 하나뿐인 맞춤형 자전거를 자신이 직접 만들어 타고 다닐 수 있는데 이런 아이디어가 자전거에만 국한하지 않는다는 설명이다.*

* 「KISTI의 과학 향기」, 유상연, KISTI, 2011

② 개별 제작

3D 프린터가 주목받은 것은 과거 '소품종' 대량생산 방식을 '다품종' 소량 생산 방식으로 바뀔 수 있기 때문이다. 이는 규모의 경제에 의존하여 원가와 효율성 등을 중요시하던 기존 컨베이어 벨트 기반의 생산 방식이 소비자들의 다양한 요구를 반영한 제품들을 생산하는 방식으로 변용이 가능하다는 뜻이다.

한마디로 적합한 모델의 도면만 있으면 다품종 소량 생산 시스템을 구현해 소비자 각자의 욕구를 만족시키는 제품을 생산할 수 있다.*

* 「스마트 테크놀로지의 미래」, 카이스트 기술경영전문대학원, 율곡출판사, 2016

3D 프린터의 중요성은 창업을 준비하는 초기 벤처 스타트업의 필수 장비로 꼽힐 수 있다는 데 있다. '프로토타입(prototype)'이라고 부르는 시제품을 저렴하고 빠르게 만들어낼 수 있기 때문이다.

자금이 부족한 스타트업이 공장에서 시제품을 찍어내는 것은 경제적으로 크게 부담스러운 일이다. 중간에 설계를 변경하기도 어려운데 3D 프린터를 이용하면 디자인을 바꾸면서 새로 디자인한 형상을 얼마든지 만들어낼 수 있다.* 이는 설계 디자인한 것들을 유연하게 제작할 수 있으므로 맞춤형 물품, 즉 다품종 소량 생산이 가능하다는 의미이다.

* 「[IT·AI·로봇] 인공장기·집·車까지… 50만 가지 색깔로 물건 찍어내요」, 최호섭, 조선
일보, 2018. 06. 19.

흥미로운 것은 유럽에서 최근 3D 프린터로 제작한 피규어 스케이트
가 큰 인기라는 점이다. 개인 성향에 맞게 만들 수 있기 때문인데, 이 스
케이트는 기존 제품보다 약 6배 이상의 가격에 팔리지만 공급이 수요에
딸린다는 말도 듣는다.*

* 「화성탐사로봇 '로버'도 3D 프린터 작품」, 이강봉, 사이언스타임즈, 2013. 12. 10.

③ 다양한 물질 사용

3D 프린터가 가장 효율적으로 적용될 수 있는 분야는 시제품, 즉 금
형 등을 제작할 때이다.

3D 프린터가 적용되는 분야는 거의 무한대라고 볼 수 있는데 3D 프
린터를 제조업에 도입하면 크게 2가지 이득을 얻을 수 있다.

첫째는 설계 디자인한 것들을 유연하게 제작할 수 있으므로 맞춤형 물
품, 즉 다품종 소량 생산이 가능하다.

둘째는 디자인 생산에 제약 사항이 없다는 점이다. 적층가공방식이므
로 가상공간에서 설계한 것들을 만들어낼 수 있다.

학자들이 3D 프린터에 큰 점수를 주는 것은 3D 프린터 하나로 기존
에 복잡했던 제작과정을 줄여 시제품은 물론 실제 완제품까지 만들 수
있었기 때문이다. 디자이너들은 CAD 프로그램으로 필요한 원형을 다
양하게 만들어 볼 수 있다. 또한 한 자리에서 다양한 모양을 만들어내기
때문에, 여러 지역에서 부품을 만들어 공수해 와야 하는 부품 수급망을

획기적으로 줄일 수 있다.*

* 「3D프린터로 자동차 만들다」, 유성민, 사이언스타임스, 2016. 11. 17.

3D 프린터의 보편성은 프랑스의 앙트안 구필이 3D 프린터에 문신 총(tatoo gun)을 장착해 문신을 새겨주는 문신 시술 기계를 만들었다는 사실로도 알 수 있다. 놀라운 것은 3D 프린터 문신 시술 기계는 프랑스 문화부 장관이 주최한 파리 디자인스쿨의 워크숍 기간에 출품된 것으로 프랑스 정부의 공인을 받았다는 뜻도 된다. 이 기계는 개조된 데스크톱 메이커봇 3D 프린터에 문신 총(tatoo gun)을 장착한 것으로 피부 위에 그려진 펜 디자인을 따라 문신을 새겨준다.*

* 「이젠 3D프린터로 문신시술까지」, 이재구, ZDNet Korea, 2014. 04. 05.

④ 다양한 크기 가능

학자들은 3D 프린터의 영향으로 영화 〈맥가이버〉, 〈가제트〉에 등장하는 장면들이 현실로 다가올 수 있다고 생각한다. 〈가제트〉에서 가제트 형사는 원하는 물건을 휴대하면서 위기에 대처하는데 이런 장면이 가능할 수 있게 만드는 초소형 3D 프린터도 개발되었다. 이 프린터는 780g의 소형 박스 크기로 스마트폰 화면에 나타나는 이미지를 이용해서 직접 입체물을 만들 수 있다. 스마트폰에서 전용 앱을 실행하고 스마트폰 위에 3D 프린터를 올려놓으면 그대로 프린팅된다. 작고 가벼우며 소음이 거의 없고 4개의 AA 배터리로 작동할 수 있으므로 앞으로 필수 휴대품, 즉 핸드백과 같이 보급될 수도 있다는 전망이다.

다양한 크기의 물건을 소위 주문형으로 만들 수 있다는 아이디어에 대형 회사들이 주목하지 않을 수 없다. 실리콘밸리의 3D 프린팅 기업인 카본과 아디다스가 손잡고 3D 프린터로 운동화를 찍어낸다.

이 운동화는 '리퀴드 인터페이스'라는 기술을 이용해 성형한다. 고분자 액제를 추출하고 자외선을 쏴 모양을 성형하는 방식인데, 복잡한 모양을 높은 정밀도로 찍어내기 쉬우면서 그 속도도 빠르다.

그러나 이 아이디어의 근본은 소재와 성형이 다양하여 맞춤형 대량생산이 가능하다는 점이다. 그동안 이용자가 원하는 요소를 제품마다 적용하는 것은 공장라인의 재설계 등이 요청되므로 상상할 수 없을 정도의 큰 비용이 뒤따른다.

하지만 3D 프린팅 기술을 이용하면 개개인의 발 모양에 정확히 맞춘 신발을 제작할 수 있다. 과거에 2m가 넘는 거인들이 가장 어려워하는 부분이 맞는 신발이 없다는 점인데 이를 간단히 해결할 수 있다.

공장의 생산라인 같은 초대형 3D 프린터도 가능하다. '에셔'로 불리는 프린터는 큰 물체를 여러 개의 3D 프린터 헤드를 동시에 사용해 빨리 출력할 수 있는데, 놀랍게도 풍력발전소에서 사용하는 대형 블레이드도 제작할 수 있다. 이런 대형 제품들이 가능하므로 항공, 자동차, 건설 등의 분야에서 적극 활용하는 이유다.*

* 「3D프린팅 기술의 동향과 3D프린팅 기술에 의한 미래 산업 전망」, 신창식 외, 한국발명교육학회지, 한국발명교육학회, 제4권 제1호 2016. 12.

⑤ 생산라인 축소
3D 프린터를 활용하면 작업 공정 단계가 줄어들어 비용 대비 효과가

높아진다. 더불어 과거 어떤 제품을 생산하려면 제품마다 다른 생산라인을 가져야 했는데, 3D 프린터를 활용하면 한 장소에서 여러 가지 제품을 만들 수 있으므로 건물과 부지의 확보는 물론 다양한 생산라인을 유지하는 데 필요한 소요 비용을 줄일 수 있다.

최근 3D의 혁신은 놀라울 정도다.

미국 뉴욕시립대 헌터 컬리지에서 나노 차원의 3D 기술로 초소형 바이오칩을 만드는 데 성공했다고 발표했다. 바이오칩이란 생화학적 반응을 빠르게 탐지하기 위해 생체 유기물과 무기물을 조합하여 만든 혼성 소자를 말한다. 연구팀은 금도금한 피라미드형 부품, 초소형 LED 등 광화학 반응장치 등을 활용해 생체 유기물과 무기물을 칩 표면에 다양하게 프린트할 수 있었다고 설명했다.

이제까지의 기술로는 바이오칩 안에 한 종류의 단백질만 프린트할 수 있었는데 칩 표면에 다양한 단백질을 프린트하는 데 성공한 것이다. 이 연구가 큰 반응을 받은 것은 질병 등과 관련, 포괄적으로 단백질 반응을 관찰할 수 있는 길이 열렸다고 생각하기 때문이다.*

* 「4차 산업혁명의 주역 '3D 프린터'」, 이강봉, 사이언스타임스, 2018. 04. 23.

'스위스 아트 어워드 2013'에서 1 : 3 크기의 제작물 하나가 공개됐다. 조각품 이름은 '디지털 그로테스크(Digital Grotesque)'로 약 1,650억 개의 면들이 모여 만들어진 아주 복잡하고 기괴한 조형물이다. 제작 데이터만 78기가바이트. 모래와 접착제를 사용해 구현한 이 작품은 일반 거실에는 들어가지 않을 정도로 큰 3D 프린터가 이용됐다. 완성하는 데 들어간 모래만 약 11톤이나 된다. 이 작품의 놀라운 점은 표면 2억 6,000만 개를 제작할 수 있는 알고리즘을 만들었다는 사실로 실제로 인간의 힘으로만 이를 만들려면 정밀성 때문에 시도조차 어려운 일이다. 그런데 3D 프린터이므로 가능한 작품이다.

3D 프린터도 진화 중이다. 4D 프린터로의 진화다.

3차원 입체에 '시간'이라는 또 하나의 차원을 더한 것으로, 2013년 미국 MIT 자가조립연구소의 스카일러 티비츠 교수가 제안했다.

4D 프린터는 미리 정해둔 상황에 따라 스스로 형체를 바꾸는 것이 핵심이다. 온도나 습도, 시간, 압력 등 특정 조건이 되면 스스로 형태가 바뀌는 것인데, 이를 위해 일정 온도가 되면 원래 형태로 돌아가는 특수 형상기억합금을 사용하거나 소재 안에 작은 전기회로를 넣어서 형태를 바꿀 수도 있다.

하드웨어와 소프트웨어가 기술적으로 어떤 조건에서 어떤 모양으로 바꿀지 설계를 철저하게 만들어야 하지만 학자들은 환경 변화에 따라 적응이 필요한 자동차나 도로 시설, 인공 장기 등에 널리 사용될 것으로 생각한다.*

* 「[IT·AI·로봇] 인공장기·집·車까지… 50만 가지 색깔로 물건 찍어내요」, 최호섭, 조선일보, 2018. 06. 19.

3D 프린터 사용 방법

학자들은 3D 프린터의 동작 방식을 기본적으로 케이크 위에 데코레이션하는 것과 비슷하다고 설명한다.

따라서 3D 프린터로 조형한 출력 제품은 모델링(modeling), 프린팅(printing), 마감(finishing)으로 이루어진다.

① 모델링(modeling)

3D 프린터를 활용하려면 3D 데이터가 필요한데, 이러한 3D 데이터 만드는 행위를 3D 모델링이라고 한다. 3D 데이터 획득과정으로 3D CAD(computer aided design), 3D 스캐너, 의료용 MRI와 CT 데이터를 활용하여 2D 데이터를 3D 데이터로 변환한다.

다시 말해 3D 데이터는 입체를 표현하기 위해 컴퓨터상에서 만들어진 데이터로 X, Y, Z 축에 대한 위치 정보를 갖고 있다.

3D 모델링은 3D 데이터를 효과적으로 확보하는 것이 필요한데 대체로 3가지를 활용한다. 첫째는 3D CAD나 3D CG 등 3D 프로그램 활용, 둘째는 3D 스캐너 활용, 그리고 셋째는 인터넷을 통해 모델링된 3D 데이터를 확보하는 방법이다. 제작 대상 객체를 정밀하게 모델링하는 기술로 생산성, 정밀성을 제고하는 데 필수적인 소프트웨어 기술이다.

② 프린팅(printing)

프린팅은 모델링 과정에서 제작된 3D 도면을 이용하여 물체를 만드는 단계로, 만들어야 하는 물체에 따라 적층형 또는 절삭형으로 작업을 진행한다. 출력 제품의 용도를 고려하여 최적의 프린터를 선택하는데, 이때 소요 시간은 제작물의 크기와 복잡도에 따라 다르다.

③ 가공 후처리(finishing)

조형을 거친 대부분의 출력물은 후가공을 필요로 한다.

다시 말해 산출된 제작물에 대해 보완 작업을 하는 마감 단계를 거치는데, 색을 칠하거나 표면을 연마하거나 불순물을 제거하거나 부분 제작물을 조립하는 등의 작업을 진행한다.

여기에 소재 개발 기술, 즉 적정 용해 및 경화 제어 기술, 정밀성을 위한 소재의 미세화 기술 및 소재의 다양화 기술 등은 사전에 선행되어야 할 과제이다.*

* 「국내 3D 프린팅 산업 활성화 방안」, 김하진, 전자공학회지 2016. 8.

예를 들어 무지개 빛깔의 컵을 만들려면 먼저 보라색 레이어를 여러 겹 쌓아 둥근 바닥을 완성하고 남색부터 빨간색까지 벽을 쌓아 올린다. 나일론이나 석회를 미세하게 빻은 가루를 용기에 가득 채운 뒤 그 위에 프린터 헤드가 지나가면서 접착제를 뿌리는 것이다. 가루가 엉겨 붙어 굳으면 레이어 한 층이 된다. 레이어는 가루 속에 묻히면서 표면이 가루로 얇게 덮인다. 다시 프린터 헤드는 그 위로 접착제를 뿌려 두 번째 레이어를 만든다. 설계도에 따라 이 동작을 무수히 반복하면 레이어 수만 층이 쌓여 물건이 완성된다. 인쇄가 끝나면 프린터는 가루에 묻혀 있는 완성품을 꺼내 경화제에 담갔다가 5□10분 정도 말리면 작업은 끝난다.

3차원 프린터의 장점은 다양한 재료를 사용하여 무엇이든 인쇄할 수 있다는 점이다. 실과 바늘 없이도 복잡한 패턴을 자랑하는 옷을 만들거나 여러 약품을 적절하게 섞어 알약 한 알로 압축할 수도 있다. 복잡하게 보이는 작업도 버튼 하나만 누르면 되므로 매일 세상에 하나뿐인 옷을 입고 내 입맛에 딱 맞는 과자와 기이한 모양의 컵에 담긴 모닝커피를

즐길 수 있는 미래가 결코 꿈이 아니다.

　그러므로 학자들은 각 가정에 냉장고가 필수인 것처럼 가정마다 3D 프린터 한 대씩 비치하게 될 날이 올 것으로 예상한다.*

*「3D 프린터」, 이정아, 과학동아, 2012. 01. 19.

　액체 재료로 인쇄하는 방식도 비슷하다. 3차원 프린터에 들어가는 액체 재료는 빛을 받으면 고체로 굳어지는 광경화성 플라스틱이다. 액체 재료가 담긴 용기 위에 프린터 헤드는 설계도에 따라 빛(자외선)으로 원하는 모양을 그린다. 빛을 받으면 액체 표면이 굳어 레이어가 된다.

　첫 번째 레이어는 액체 속에 살짝 잠기고 그 위로 다시 프린터 헤드가 지나가면서 두 번째 레이어를 만든다. 액체에 잠기는 과정에서 망가질 수 있으므로 레이어마다 지지대를 달아준다. 마지막에는 완성품을 액체에서 꺼내면 된다.

3차원 프린터에 들어가는 재료는 일반적인 프린터가 에폭시와 염료로 만들어진 토너나 잉크를 이용하는 것과 달리, 주로 가루(파우더)와 액체, 실의 형태다. 가루와 액체, 그리고 녹인 실은 아주 미세한 한 겹(레이어)으로 굳힌다. 그러므로 3D 프린터는 주재료가 플라스틱 소재이다.

그러나 3D 프린터 범용화에 따라 플라스틱 소재 외에도 고무, 금속, 세라믹과 같은 다양한 소재가 이용되고 있으며, 최근에는 초콜릿 등 음식 재료도 사용할 수 있다.*

* 「3D 프린터」, 스마트과학관-사물 인터넷, 국립중앙과학관

3차원 프린터에 들어가는 실은 플라스틱을 길게 뽑아낸 것이다.

실타래처럼 둘둘 말아놨다가 한 줄을 뽑아 프린터 헤드에 달린 노즐로 내보낸다. 이때 순간적으로 강한 열(700~800℃)을 가해 플라스틱 실을 녹인다. 프린터 헤드가 실을 녹이면서 그림을 그리면 상온에서 굳어 레이어가 된다.

2. 코딩

3D 프린팅이 미래의 핵심기술인 '21세기의 연금술'로 불리지만, 막상 내가 어떻게 해야 하느냐는 의문이 들게 마련이다.

이 해답이 바로 코딩이다.

'국영수코 시대'라고 불릴 정도로 코딩이 필수 교육의 한 자리를 차지하고 있음은 놀라운 일이 아니다. 그만큼 코딩 교육의 중요성이 높아지고 있기 때문이다.

미국 '버닝글래스 테크놀로지'에 의하면 프로그래밍 직종은 평균보다 12% 빠르게 성장하는 것으로 나타났다. 4차 산업혁명 시대의 핵심은 ICT(정보통신기술)를 바탕으로 하는 소프트웨어인데 이를 다루기 위해서는 코딩이 필수적이다.

한국의 경우 2017년 중학교 소프트웨어 교육 의무화, 2019년 초등 고학년 코딩 교육을 의무화했지만, 다른 나라에 비해 후발주자임은 사실이다. 초·중·고교 컴퓨팅 교육 시간을 비교해 보면 영국 374시간, 일본 265시간, 인도 256시간, 중국 212시간이다.

한국에서도 전 국민의 디지털 소양을 강화하는 차원에서 초등학생과 중학생이 한 학기 의무적으로 들어야 하는 정보 수업 시간을 2배 이상으로 늘렸다. 컴퓨터 언어인 '코딩' 교육을 필수화해 디지털적 문제 해결 역량을 길러주겠다는 것이다.

2025년부터 정보 수업 의무 시수를 초등학교는 34시간, 중학교는 68

시간 이상으로 각각 확대한다. 물론 학교 재량에 따라 시간 수는 보다 증가할 수 있다. 초등학생은 놀이 중심의 간단한 프로그래밍부터 시작해 중·고등학생은 SW·AI 기초원리 이해와 심화(深化) 적용에 이르기까지 학습 내용도 강화한다.

그동안 초·중학생의 코딩 교육은 2015년부터 '소프트웨어(SW)'로 의무화되었으나 2022 개정 교육과정에는 '코딩'이 의무적이다.

코딩 수업 내용을 보면 초등학생은 블록 코딩, 중학생은 현장 문제 해결, 고등학교는 텍스트 코딩까지의 교육을 목표로 한다. 특히 고등학교의 경우 SW·AI 관련 다양한 선택과목을 확대한다.*/**/***

* 「'컴퓨터 언어' 코딩, 초등학교부터 배운다…2025년 적용」, 김경록, 공감언론 뉴시스, 2022. 08. 22.

** 「한국의 '코딩 교육' 현실…의무 교육 필요」, 신하은, 메트로신문, 2022. 06. 06.

*** 「3D 프린터, 창의적 콘텐츠가 관건」, 김연희, 사이언스타임즈, 2015. 05. 11.

컴퓨팅 사고의 5가지 요소

전 세계가 코딩 교육에 열중하는 것은 국가 경쟁력 확보, 즉 단순한 인재 양성만을 목적으로 두지 않기 때문이다. 2006년 카네기멜론대학교의 지넷 윙(Jeannette M. Wing) 교수는 '컴퓨팅 사고(Computational Thinking)'가 필수라고 적었다.

"컴퓨터적 사고는 읽기, 쓰기, 암산하기와 같이 모든 사람이 필요로 하는 필수적인 역량이 되었다. 컴퓨팅 사고 능력은 코딩을 통해 배우고,

기를 수 있다."

컴퓨팅 사고란 말 그대로 컴퓨터적으로 사고한다는 뜻으로 컴퓨터처럼 문제 상황의 핵심을 파악하여 그것을 분해·재구성하고 순서도(圖)를 만들어 효과적으로 문제를 해결할 수 있도록 하는 사고방식을 말한다. 지넷 윙 박사는 이를 5가지로 구분했다.

① 재귀적 사고 (Recursive Thinking)
문제 해결 방법을 찾은 후, 그 해결 방법을 문제를 해결할 때까지 계속 반복하여 적용할 수 있는 사고

② 개념화 (Conceptualizing)
단순히 소스 코드를 프로그래밍하는 시각에서만 접근하는 것이 아닌, 분석, 설계, 코딩 등 여러 단계의 추상화 시각에서 접근할 수 있는 사고

③ 병렬 처리 (Parallel Processing)
대역폭이 넓게 통합적인 시각에서 문제를 병행적으로 파악하여 처리할 수 있는 사고

④ 추상화 (Abstraction)
복잡한 문제의 공통적인 부분을 인식하여 통합하여 파악할 수 있는 사고

⑤ 분해(Decomposition)

어려운 문제를 작게 쪼개고 분할(分割)하여 정복하는 형태로 해결할 수 있는 사고

컴퓨팅 사고방식에 포함된 재귀적 사고, 개념화, 병렬 처리, 추상화, 분해 사고 능력을 통해 인간이 가진 무한한 상상력을 컴퓨터 기기에 접목함으로써 더욱 효율적으로 다양한 분야의 문제를 동시에 해결하면서 정확한 의사 결정을 내릴 수 있도록 유도한다는 뜻이다. 한마디로 미래 첨단 시대에 필수적으로 요구되는 창의적 역량을 키울 수 있다는 뜻이다.

다시 말해 코딩을 초중고 교과 과정 내 의무 교육으로 편입하여 교육하는 것은 앞으로의 시대를 살아가는 데 있어 핵심적으로 갖추어야 할 역량으로 꼽히는 컴퓨팅 사고 능력을 기르는 것이 급선무이다.

컴퓨팅 사고 능력을 기르는 데에는 SW 기술 교육이 효과적이므로 그것의 기초 단계인 코딩을 배우는 것이 최선이다.

코딩 교육은 학생들의 문제 해결을 위한 사고 능력을 길러주는 동시에, 문제를 해결하는 과정에서 다른 관점으로 세상을 바라보게 하여 인내심과 지구력, 창의력을 함께 기를 수 있다.

한마디로 프로그래밍 언어(programming language)는 기계, 대부분 컴퓨터로 지시를 보내는 데 사용되는 정밀하고 코드화된 언어다. 당연한 일이지만 프로그래머들이 컴퓨터와 의사소통하고, 빠른 알고리즘을 개발하거나 특정한 지시를 제공하려면 공식 언어를 사용해야 한다. 기계가 특정한 방식으로 작동하기 때문이다.

그러므로 프로그래머들은 이들 언어를 활용하여 컴퓨터가 가장 빠른 시간에 그들이 원하는 것을 달성하도록 만드는 것이 중요하다. 다시 말해 컴퓨터를 제대로 활용하기 위해서는 코딩언어를 숙지하는 것이 중요

한데 그 이유를 다음과 같이 설명한다.

① 문제 해결 능력 증진

코딩은 문제를 다양한 작은 단계로 축소하고 그것들을 푸는 프로그램을 지속적으로 만들도록 한다. 이 같은 방법론은 실제 일상생활에서 모든 이슈와 연결될 수 있으므로 인생의 여러 상황에서 유용하다.

② 대인 관계 기술 향상

코딩은 대부분의 프로젝트가 매우 협력적이므로 동료들과 어울리는 것과 같은 부드러운 기술을 요구한다. 이와 같은 기술들은 상사, 부하, 또는 외부 이해관계자와 상호작용뿐만 아니라 친구나 가족과 더 잘 지내는 방법을 가르쳐줌으로써 개인적인 삶에 도움을 줄 수 있다.

③ 복잡한 세계 이해 도모

사람들은 대부분 PC, 스마트폰, 비디오 게임 또는 소셜 미디어 네트워크를 사용하지만, 그 운영에 대해서는 잘 모른다. 프로그래밍에 대한 일반적인 이해로 이들이 가지고 있는 무한한 가능성에 눈을 뜨는 데 도움을 준다.

④ 창의력 향상

코딩은 새로운 언어를 배우는 것처럼 자신을 더 나은 방식으로 표현하는 데 도움을 준다.

그러니까 디지털 미디어와 기술을 만들고 소비를 유도한다. 다시 말해서 단지 게임만 하는 대신에 자신의 비디오 게임을 만드는 것은 물론 앱이나 웹사이트가 어떻게 보일지 상상할 수 있도록 만든다.

⑤ 공동 작업 도모

모든 인종, 성별, 배경의 다른 사람들과 함께 코딩을 배울 수 있다. 이는 기술에 대한 공통된 관심을 통해 다른 사람들과 협력하는 법을 배우도록 한다. 온라인을 통해 서로에게 질문을 던지며, 문제를 해결하고, 함께 무언가를 창조하면서 성장해 나갈 수 있다.

⑥ 커뮤니케이션 향상

커뮤니케이션은 학교, 직장, 생활 전반에 걸쳐 필수적인 기술이다. 코딩을 배우면서 복잡한 생각을 분해하는 방법을 파악하고 컴퓨터가 이해할 수 있는 방식으로 그것들을 배열한다.

복잡한 생각을 간단한 용어로 소통할 수 있는 사람들은 다양한 산업과 생활 속에서 성공하게 마련이다.*

* 「아이들이 코딩을 배워야 하는 6가지 이유」, 박명화, CWN, 2019. 01. 28.

이를 풀어서 다시 설명하면 다음과 같다.

코딩 교육의 목적은 어떠한 직업을 갖게 하기 위한 능력을 기르는 것이 아니라 코딩을 배움으로써 효율적인 문제 해결 방식을 이해하고 이를 기반으로 다른 관점에서 주어진 문제를 바라볼 수 있도록 함으로써 창의적인 사고를 개발토록 한다는 것이다.

미국의 농구팀 마이애미 히트 소속의 크리스 보쉬(Chris Bosh)는 운동선수에 대한 고정관념을 탈피하고, 은퇴 후의 미래를 위해 자신의 농구 경험을 프로그래밍하여 농구 관련 정보를 제공하고 관련 게임을 제공한다. 애쉬튼 커쳐(Ashton Kutcher)는 스스로 배운 코딩 지식을 바탕으로 영화에서 스티브 잡스 역할을 맡았고 코딩 지식을 통해 IT 기업에 투자한다.

2014년 9월부터 코딩 교육을 의무화한 영국은 '코더 양성이 아닌 창의적 인재 양성을 위한 교육'이라는 슬로건을 토대로 체계적인 융합(融合) 교육 시스템을 구축하여 SW 교육을 성공적으로 안착시켰다는 평가를 받는다.

인도는 미국보다 10배 이상의 코딩 기술을 갖춘 인재를 배출하는 등 SW 코딩 교육에 열을 올리고 있는 세계 IT 강국 중 하나이다. 코딩을 통해 문제를 발견해내고 문제의 해결 방안에 대하여 고민해나감으로써 창의적인 사고 능력을 갖춘 인재를 발굴해낼 수 있고, 그들에게 부딪치는 글로벌 무대 진출 진입 장벽을 허물어 앞으로 펼쳐질 디지털 전쟁에서의 우위를 점할 수 있는 경쟁력을 확보할 수 있다는 것이다.[*]

[*] 「코딩 교육 의무화, 왜 배워야 할까요?」, 익스모바일, 2017. 10. 26.

코딩 교육의 중요성

교육부는 코딩 교육의 중요성을 다음과 같이 강조했다.

'We can do it! 코딩이 왜 중요할까?'

교육부는 인공지능 AI, 사물 인터넷, 빅데이터 등 첨단 정보통신기술이 경제와 사회 전반에 변화를 일으키는 4차 산업혁명 와중에 살고 있다는 뜻은 우리 주위의 어디를 가든 빠지지 않고 4차 산업혁명을 통해 발전된 기술을 바탕으로 살아가고 있기 때문이라고 강조한다. 특히 다양한 정보 기술이 기존 산업과 서비스에 융합되거나 여러 분야의 신기술과 결합하여 모든 제품 및 서비스를 하나의 네트워크로 연결하는데 바로 그 핵심에 코딩이 있다는 뜻이다. 특히 다음과 같이 신기한 세계, 코딩과 그 중요성을 4차 산업혁명의 핵심 개념들로 설명한다.

① 인공지능 (AI)
인간의 학습 능력과 추론 능력, 지각 능력, 자연언어의 이해 능력 등을 컴퓨터 프로그램으로 실현한 기술

② 사물 인터넷 (IoT)
인터넷을 기반으로 모든 사물을 연결하여 실시간으로 데이터를 인터넷으로 주고받는 기술이나 환경

③ 가상현실 (VR)
컴퓨터로 만들어 놓은 가상의 세계에서 사람이 실제와 같은 체험을 할 수 있도록 하는 최첨단 기술

④ 드론
무선전파로 조종할 수 있는 무인 비행기로 다양한 분야에 이용 가능

현대 과학 문명을 이루고 있는 이들 핵심 개념에 코딩이 이용되고 있

는데, 한마디로 이들 방대한 양의 데이터와 기술의 발전은 코딩이 없다면 존재할 수 없다는 뜻이다. 사실 코딩은 단순히 명령을 컴퓨터가 이해할 수 있는 C언어, 자바, 파이선 등의 프로그래밍 언어로 입력하는 것뿐만 아니라 코딩하는 과정에서 논리력, 창의력, 문제 해결 능력을 기를 수 있다는 데서 중요성을 확인할 수 있다.

코딩 자체는 매우 간략한 내용으로 설명된다.

컵에 물 500ml를 담는 과정을 계속 반복하려고 할 때, 이 과정을 사람이 하려면 500ml의 물을 채우고 다음에 새로운 컵을 만들어서 또 500ml를 채우는 과정이 필요하다. 하지만 이 과정에 대해 코딩을 이용하면 간단하게 할 수 있다. 시작을 누른 후 물 500ml를 컵에 담고 컵에 물이 다 차면 새로운 컵을 생성하도록 해서 자동으로 또 500ml를 채우는 코드를 만든 다음 시작 버튼만 누르면 이 일련의 과정들을 계속해서 자동으로 진행할 수 있도록 만드는 것이다. 다시 말해 이렇게 복잡한 과정을 단순하게 프로그래밍 언어로 변환해 작성하는 것이 바로 코딩이다.

현대 교육은 큰 틀에서 이과와 문과로 나뉘는데, '문과생이 왜 코딩을 배워야 하는가?'라는 질문도 제기된다.

사실 외국어인 영어 하나만 해도 머리가 아픈데, 코딩이라는 또 다른 언어를 굳이 해야 할 필요가 있느냐 하는 것이다.

사실 상당히 많은 회사에서 IT 직군이 아닌 직원들에게까지 자동화 교육 등의 이름으로 코딩을 가르쳐 개발자로 전직하기도 한다. 이는 IT 개발자와 비(非)개발자가 협력해야 하는 일들이 늘어나므로 함께 일하기 위해서라도 코딩 능력이 필요하기 때문이다.

문제는 코딩을 조금 배웠다고 해서, 즉 코딩을 조금 알고 있다고 하여 IT 개발자들에게 결정적인 도움을 주는 것은 아니다.

더불어 인공지능만 붙이면 모든 어려운 일들이 해결될 줄 알았지만, 실제로 모든 업무에 활용되는 것도 아니다.

김재원 박사는 모든 사람이 코딩에 전문가가 될 일은 아니지만, 창업을 시도한다거나 승진을 하는 등 더 많은 권한을 갖게 되는 입장에서는 코딩 소프트웨어 역량이 있어야 한다고 강조했다.

소프트웨어 역량이 없이 리더가 될 수 있는 경우는 현재 사회에서는 존재하지 않는다는 지적이다. 현재 세계적인 기업들의 리더들을 보면 거의 소프트웨어 개발자 출신이라는 것을 알 수 있다.

당연히 다음과 같은 질문이 나오게 마련이다. '코딩을 쉽게 배울 방법은 없느냐?' 하는 것이다.

'쉽게 배울 수는 없다.'

선생이 코딩을 쉽게 가르쳐주기는 하지만, 그 학문이 쉬워지지는 않기 때문이다. 전문가들은 코딩의 핵심은 데이터를 생성하면서 지금까지 존재했지만 보이지 않았던 문제를 발견하고, 이를 디지털화로 해결하는 과정이라고 설명한다.

이를 위해 코딩이라는 학문이 그 과정을 효율적으로 만들어 준다고 설명되는데, 여기에 인간의 창출력이 필요하다는 뜻이다. 적어도 문과생이 코딩을 배워 무엇 하느냐는 생각은 접어야 한다는 뜻이다.*

* 「문과생이 왜 코딩을 배워야 하는가에 대한 진지한 대답 by 엘리스」, 남혜연, 바이라인 네트워크, 2022. 03. 09.

또 다른 질문은 "그동안 잘 알려진 소프트웨어와 코딩은 어떤 면에서 다르냐?" 하는 것이다. 큰 틀에서 비슷한 의미를 가지고 있다는 설명이 정답이다. 코딩 교육은 컴퓨터가 이해할 수 있도록 프로그래밍 언어를 활용하는 것이고 소프트웨어 교육은 컴퓨터 프로그램 및 그와 관련된 문서들을 활용하는 것이다. 따라서 소프트웨어 교육과 코딩 교육 자체가 같은 목적으로 사용되므로 비슷한 의미라고 볼 수 있다는 뜻이다.

앞에서 여러 번 강조되었지만, 코딩이 왜 이렇게 중요한가는 간단하다.

인공지능, 사물 인터넷, 지능형 로봇, 빅데이터 분석 및 활용 등 현대 문명을 대변하는 모든 것이 ICT(정보통신기술)를 바탕으로 한 소프트웨어 자체가 코딩을 통해 구현되기 때문이다.

한마디로 우리의 일상생활에서 거의 모든 기술에 영향을 미친다는 뜻이다. 교육부는 코딩의 중요성을 반영하여 2015 개정 교육과정에서 소프트웨어(SW) 교육이 필수로 전환했다.*

* 「We can do it! 코딩이 왜 중요할까?」, 대한민국 교육부, 2021. 06. 09.

3D프린터의 덕목은 상상이 현실이 된다는 것으로 말 그대로 입력된 설계도면 대로 3차원 입체 물건을 찍어내는 것이다.

3D프린팅을 통해 각자가 창의적 물건을 만들거나 창작 욕구를 실현할 수 있어 전방위적인 삶의 변화를 유도할 수 있다.

현재 교육부에서 코딩 교육에 집중하고 있는데 인천 심곡초등학교의 하동훈, 정영찬 두 교사가 주도하는 과학발명 영재 교실은 실제로 3D프린터로 실물을 만드는 수업을 진행하여 큰 반응을 받았다.

컴퓨터로 3차원 모델링을 거쳐 '출력하기'를 누르면 종이보다 얇은 층이 겹겹이 쌓이며 입체 형상을 만들어 내는 것은 잘 알려졌지만, 실제로 초등학교에서의 교육이 어떻게 진행되어 실물이 제작되는지는 궁금하지 않을 수 없다.

3D프린팅 수업은 크게 세 가지 활동으로 이뤄진다.

① 도면 그리기(스케치)
② 입체도형 만들기(변환작업)
③ 출력하기

여기에서 남다른 것은 단순히 3D프린팅을 출력해 보는 과정에 그치지 않고, 학생들이 자신이 원하는 모양을 디자인하고, 입체도형을 직접 만들어 낸다는 것이다. 초등학생들이 이런 작업을 할 수 있느냐에 하동훈 선생은 당연하게 말한다.

"아이들이 컴퓨터 활용에 익숙해 3D프린터 프로그램을 이용하는 데 문제는 없다. 코딩 프로그램인 스크래치 교육도 받았는데 고등학생 수준의 디자인을 설계할 정도로 결과물이 뛰어나다."

초등학생이라 하여 초기 도형 그리기와 같은 공간적 개념을 형성한 후, 점차 자동차 기어 등을 설계하며 과학과 공학적 개념을 형성해 나가는 데 어려움이 따르는 것은 아니다.

학생들의 포부는 거대하여 최종 목표로 무동력 자동차를 디자인하는 것이다. 여기에서 중요한 것은 5학년 한채연 양의 이야기이다.

"과학에 대해 없던 흥미가 생겼다. 상상할 때 3차원 도면을 생각하게 된다."

정영찬 교사는 다음과 같이 덧붙였다.

"하드웨어를 만들다 보면 X축과 Y축이 어떻게 움직이는지, 출력이 어떻게 가능한지도 깨닫게 된다. 3D프린팅 DIY 제작과 스케치업을 활용한 도면 제작에 참여하면서 새로운 것을 배우는 데 두려움이 없어졌다. 논리적 사고에서도 아이들의 강점이 두드러진다."

3D 프린팅을 교과수업과 연계한 시도도 진행 중이다. 학생들이 수학 시간에 배우는 입체 도면을 자신이 직접 설계하거나 다양한 퍼즐과 교구를 3D 프린팅을 통해 제작할 수 있다.

정교사는 다음을 강조했다.

"5학년 과학 시간에 인체모형을 3D 프린팅으로 만들었다. 아이들이 쉽게 교과 지식을 이해하는 데 도움이 됐고, 도면을 설계하면서 관절과 뼈의 움직임을 이해했다."

바로 정부가 코딩 교육에 열중하는 이유다.*

* 「3D프린터로 상상이 현실이 되는 수업 실현 내 마음대로 설계한 물건이 '뚝딱' 현실로」, 한주희, 행복한교육 2014년 09월호

제4부

3D프린터의
진격

0. 3D프린터 제품의 강점

3D프린터가 활약할 분야는 헤아릴 수 없이 많다는 데 의문의 여지는 없다. 이는 3D프린터가 가진 장점 때문인데, 한마디로 3D프린팅 기술은 인간이 활용하는 거의 모든 분야에서 접목될 수 있다는 것이다.

3D프린터 제품의 강점은 크게 세 가지로 요약된다.

첫째는 시간을 절약할 수 있다는 것이다. 제품을 출시하기 전 3D프린터를 통해 여러 유형의 모델을 시도해보고 가장 적합한 제품을 선별할 수 있다. 이전까지 직접 공정 과정을 통해 확인해야만 했던 일들을 손쉽게 처리할 수 있다는 점이다.

두 번째 강점은 비용 절약이다. 시간과 절차가 줄어드는 만큼 지출을 크게 줄일 수 있으며 세 번째 강점은 창의성을 발굴하는 등 교육적 효과가 있다는 것이다. 학생들의 창의성을 발굴하려는 노력을 기울이고 있는 세계 주요 교육 현장에서 집중적으로 3D프린터의 기본인 코딩 교육에 앞장서는 이유다.

보이어 교수가 앞세운 팹랩(fab lab)은 무엇을 만들고 싶은 사람들이 모여 자신의 기술적 아이디어를 실험하고, 제품을 생산하는 개인들을 위한 공작소인데 이들로 인한 파장은 그야말로 상상할 수 없을 정도다.

한마디로 미래의 신기술 3대 축 가운데 하나를 일반인들도 사용할 수 있게 만들었다는 뜻인데, 여기서 3D프린터의 파장을 중요부분별로 나누어 설명한다.

　3D프린터가 등장한 것은 1980년대인데도 지구상의 아이디어 중 만들지 못하는 것이 무엇이냐고 질문할 정도로 거의 모든 분야에서 활용할 수 있으므로 이를 산업, 의료, 패션 및 디자인, 푸드 분야로 분류하여 설명한다.

　더불어 빠지지 않는 분야가 방산과 보안 분야, 그리고 우주 분야다. 특히 3D프린터가 두각을 나타내는 분야는 건설 분야이므로 이를 별도의 장으로 설명한다.

1. 산업 분야

3D프린터가 산업계에서 강자로 등장한 것은 기존 2D프린터와 거의 유사한 방식으로 작동한다는 점 때문이다. 한마디로 2D에서 인쇄는 기본적으로 잉크라 볼 수 있다. 그런데 3D는 플라스틱, 밀랍, 합성수지, 나무, 콘크리트, 금, 티타늄, 탄소섬유, 초콜릿, 심지어 살아있는 생체 조직을 재료로 활용할 수 있다.

다소 놀라운 일이지만 3D프린터의 배출구는 액체나 반죽, 가루 형태의 물질들을 한 번에 한 겹씩 인쇄해 층층이 쌓아 올린다. 저절로 굳는 물질도 있지만 어떤 물질은 열이나 빛을 이용해 융합시킨다.

더불어 3D프린터는 단순히 키보드로 제품의 사양을 변경할 수 있다는 것이 장점이다. 특히 짧은 기간에 생산해야 하는 제품이나 시제품, 그리고 단발성 제품을 만드는 데 더할 나위 없이 효자이다. 3D프린터의 장점은 재료를 있어야 할 곳에만 배치하며 조형물을 한 번에 조금씩 만들 수 있으므로 과거 일반적인 상식, 즉 거푸집에 재료를 주입하는 방식으로는 만들 수 없었던 복잡한 조형물을 간단하게 만들 수 있다는 사실이다. 3D프린터의 산업화에 따른 시장조사에 따르면 현재 3D프린팅의 주 용도는 산업기계 부문 19.9%, 항공 부문이 16.6%이며 자동차 분야가 3위로 13.8%이다. 이들이 50%를 차지한다는 것은 산업화의 기여도를 알 수 있다.*

* 「21세기의 연금술, 3D프린터」, 한수원, 2019. 02. 21.

3D프린터의 보편성은 프랑스의 앙트안 구필이 3D프린터에 문신 총 (tatoo gun)을 장착해 문신을 새겨주는 문신 시술 기계를 만들었다는 사실로도 알 수 있다. 놀라운 사실은 3D프린터 문신 시술 기계는 프랑스 문화부 장관이 주최한 파리 디자인스쿨의 워크숍 기간에 출품된 것으로 프랑스 정부의 공인을 받았다는 뜻도 된다.

이 기계는 개조된 데스크톱 메이커봇 3D프린터에 문신 총(tatoo gun)을 장착한 것으로 피부 위에 그려진 펜 디자인을 따라 문신을 새겨준다.*

* 「이젠 3D프린터로 문신 시술까지」, 이재구, ZDNet Korea, 2014. 04. 05.

최근의 3D프린터 모습은 과거 공장에서 하던 일을 떠맡고 있다고 보아도 과언이 아니다. 과거 대형 공장에서 만들었던 제품들을 3D프린터가 개인 취향에 맞춰 개성 있는 제품들로 변화시키고 있기 때문이다.

대형 컴퓨터가 개인 컴퓨터로 진화했듯이, 공장 역시 대형 공장에서 3D프린터가 설치된 소형 공장으로 변화하여 자신이 꿈꿔오던 제품을 마음대로 만들 수 있는 미래가 열린다는 것이다.*

* 「화성 탐사 로봇 '로버'도 3D프린터 작품」, 이강봉, 사이언스타임즈, 2013. 12. 10.

3D프린터 항공기

2011년 영국 사우스햄튼대는 3D프린터로 인쇄한 비행기 '설사 (SULSA, Southampton University Laser Sintered Aircraft)'를 최고

시속 160km의 속도로 날게 하는 데 성공했다. 길이 2.1m의 날개에 무게 3kg인데 SULSA는 400W짜리 모터 엔진을 얹은 이 작은 무인 비행기는 날개, 액세스 해치, 그리고 나머지 비행기의 구조물을 모두 3D프린터를 이용해 만들고 속이 텅 빈 동체 속에 전기로 작동되는 엔진과 배터리를 클립으로 얹어서 조립한 것이다. 특히 동체와 날개는 3D프린터로 나일론 재질로 쌓아서 만들었기 때문에 연결부위에 볼트나 나사 등을 전혀 사용하지 않은 것이 특징이다. 물론 비행기 모형 전체를 한 번에 만들 수가 없어 여러 조각을 하나하나 이어 붙여야 했다.

여객기나 군용기 등의 동체와 날개는 날개에 걸리는 하중에 견딜 수 있도록 튼튼하고도 가벼운 구조로 돼 있다. 동체의 경우 보통 알루미늄 합금의 박판(薄板)으로 외형을 형성하고 그 내면(內面)에 보강재를 장치한 세미 모노코크(semi-monocoque) 구조로 만든다. 타원 모양의 속이 빈 자율 주행 자동차를 상상하면 쉽다.

특히 날개의 경우 불꽃을 내뿜는 모양의 타원형 형태로 가공할 때 비행에 가장 효율적인데 이런 항공기 동체와 날개를 가공하기가 쉽지 않다. 그런데 SULSA 날개와 동체는 3D프린터가 아주 간단하게 만들었다. 비록 날개 길이 1.2m의 소형 항공기이긴 하지만, 3D프린터로 만든 SULSA가 비행에 성공했다는 것은 시사점이 크다.

현재의 화물기 등 일반 항공기에는 70,000여 개의 부품, 군용기에는 20만~30만여 개의 부품이 사용될 정도로 복잡하다. 그런데 보잉사는 이미 2만 개 이상의 부품을 3D프린터로 만들고 있다고 발표했다.

이렇게 대형항공사에서 3D로 빠른 접목이 가능한 것은 자성 소재 (Magnetic Material)를 이용해 공중에 띄운 후 다중 3D프린터 헤드를 이용해 프린팅하는 방법이 개발되었기 때문이다. 이 기술은 아래부터 쌓아 올리는 기존 방식과 달리 3D프린터 헤드가 360도 어느 곳에나 위치할 수 있어 제작 속도가 빠르고 복잡한 제품 제작도 가능하다.

특히 보잉787이 탑재한 GE의 터보 팬 제트엔진은 3D프린터로 출력한 부품을 60개 이상 내장하고 있다고 한다.

이처럼 3D프린터로 제작한 부품을 비행기 제작에 탑재할 수 있는 것은 3D 프리너의 주요 소재가 플라스틱, 나일론 분말일 뿐만 아니라 금속, 세라믹 등 다양한 소재로 제작이 가능하기 때문이다.

보잉사는 군용기와 민간 항공기용으로 제작하는 부품 중 22,000여 종을 3D프린터로 제작할 채비를 갖추었다. 보잉 787과 같은 거대한 비행기의 상당 부분을 3D 방식으로 만든다는 것은 항공기 제조를 비롯한 전 산업에 혁명을 불러일으킬 수 있다는 것을 알려준다.

이러한 급속한 3D프린터 기술의 보급으로 에어버스(Airbus)사의 엔지니어들은 보다 3D프린팅 기술을 업그레이드시켜 제트 항공기의 날개와 부품들도 제작하겠다고 발표했다.*

* 「스마트 테크놀로지의 미래」, 카이스트 기술경영전문대학원, 율곡출판사, 2017

또한 2050년까지 모든 비행기 부품을 3D프린터로 만들 것으로 전망했다. 실제로 미국 GE는 이미 3D프린터를 이용해 제트엔진용 티타늄 연료 주입구를 단 하나의 부품으로 복잡한 형태의 조형물을 만들 수 있다는 점이다. 3D프린팅 기술이 없다면 연료 주입구를 만들기 위해 적어도 20개의 부품이 필요하다.*

* 「3d 프린터 세상을 재창조하다」, 로프스미스, 내셔널지오그래픽, 2014년 12월

이 기술은 아래부터 쌓아 올리는 기존 방식과 달리 3D프린터 헤드가 360도 어느 곳에나 위치할 수 있어 제작 속도가 빠르고 복잡한 제품 제작도 가능하다. 특히 보잉787이 탑재한 GE의 터보 팬 제트엔진은 3D프린터로 출력한 부품을 60개 이상 내장하고 있다고 발표되었다.

이렇게 3D프린터로 제작한 부품을 비행기 제작에 탑재할 수 있는 것은 3D프린터의 주요 소재가 플라스틱, 나일론 분말일 뿐만 아니라 금속, 세라믹 등 다양한 소재로 제작할 수 있기 때문이다.*/**

* 『스마트 테크놀로지의 미래』, 카이스트 기술경영전문대학원, 율곡출판사, 2017
** 『3D 프린터 세상을 재창조하다』, 로프스미스, 내셔널지오그래픽, 2014년 12월

항공기 분야에서 3D프린터가 큰 효용도를 보일 수 있는 것은 보잉사가 2015년에 총 762대를 항공사에 인도한 것으로도 알 수 있다.

한 달에 64대 수준으로 항공 산업은 다품종 소량 생산에 가까운 산업임을 보여준다.

3D프린터 자동차

산업체에서 3D프린터가 획기적으로 활용될 수 있다는 것은 대형 자동차와 항공기 회사들이 3D프린터를 필요한 부분에 적극적으로 도입하는 것을 보아도 알 수 있다. 이들 업체는 특허 기간이 종료되자마자 3D프린터를 적극적으로 도입하기 시작했다.

자동차 업계에서 3D프린터 도입에 적극적인 데는 이유가 있다.

신차를 개발할 때 걸리는 기간은 3~5년 정도가 기본이고 개발에 투

자되는 비용은 보통 수억 달러가 넘는데 이를 획기적으로 줄일 수 있기 때문이다.

이 가운데 가장 많은 시간과 비용이 소요되는 부분이 시제품을 제작하여 각종 성능을 테스트하는 것이다. 가장 중요한 것은 수년의 개발 기간 동안 여러 항목에 걸친 테스트를 수행해야 하므로 상당수의 시제작 차량이 필요하다는 점이다. 차체는 물론 엔진과 트랜스미션을 비롯한 자동차 부품 대다수를 금형으로 만들어야 하므로 막대한 비용과 시간이 투입된다. 그런데 3D프린터가 이런 부분에서 독보적인 장점을 보인다. 자동차 분야에서 3D프린터를 선호할 수밖에 없는 이유이다.

자동차는 대체로 20,000개 이상의 부품이 들어간다. 3D프린터는 바로 자동차의 이렇게 많은 부품을 공급하는 시스템은 물론 맞춤형 제작 방식의 특징을 살릴 수 있어서 그야말로 자동차 산업의 효자로 활용된다.

이탈리아의 람보르기니 자동차 회사는 3D프린터로 40,000달러에 달하는 슈퍼카 시제품 제조 비용을 3,000달러로 줄일 수 있었다고 발표했다. 새로운 디자인에 대한 욕구가 다양하지만, 비용 문제로 실현이 어려웠던 자동차 산업에 그야말로 충격이 아닐 수 없다.

독특한 자동차 생산방식으로 유명한 로컬모터스 역시 3D프린터를 활용하여 자동차를 생산한다. 한국의 현대자동차, 어비 등을 비롯해 자동차 부품을 3D프린터로 생산하는 기업들이 있지만, 로컬모터스는 자동차의 거의 모든 부분을 3D프린터로 생산한다.

로컬모터스의 모토는 고객이 원하는 디자인에 맞게 자동차를 생산한다는 것이다. 그러므로 대형 자동차 회사들과 달리 셀 생산 방식을 채택한다. 셀 생산방식은 BAAM(Big Area Additive Manufacturing)을 기반으로 자동차를 제작한다. 자동차를 조밀한 부품으로 나눠 개발하는 컨베이어 방식과 달리, BAAM은 자동차를 크게 나눠서 조립하는 방식으로 바디와 섀시, 대시보드, 콘솔, 후드 등을 합쳐서 출력한다.

이런 방식은 자동차의 조립과 생산을 매우 단순하게 해준다. '2015 디트로이트 모터쇼'에서 로컬모터스는 '스트라티(Strati)'란 전기자동차를 모든 사람이 지켜보고 있는 가운데 3D프린터로 44시간 만에 제작했다. 보통 3D프린터를 통해 인쇄할 수 있는 크기는 30cm 이내지만, 자동차 제작용인 'BAAM'은 3m 길이의 물체를 만들 수 있다.

기존 방식으로 자동차를 생산할 때 필요로 하는 부품 수는 대체로 20,000여 개에 달하는데, 셀 방식의 BAAM으로는 자동차 생산에 필요한 부품이 고작 40여 개로, 무려 50분의 1로 부품 수를 감소시킨다.

소재는 80%가 ABS수지이며 20%는 탄소섬유로 이루어져 있다. 자동차의 재료도 금속이 아닌 플라스틱인데 탄소섬유로 강화해 금속만큼 단단하다. 이러한 소재 사용으로 자동차 무게 200kg에 지나지 않는 초경량 자동차인데도 공식 테스트에서 시속 60~96km의 속력을 내면서 달렸다.* 3D프린터로 장착된 로컬모터스는 구매자들이 온라인으로 원하는 디자인의 자동차를 주문하면, 바로 자동차 생산에 들어가서 일주일 내로 자동차 생산이 가능하다.

* 「KISTI의 과학 향기」, 이성규, KISTI, 2013

3D프린터를 활용한 자동차 제조방식은 자동차 산업의 큰 혁신을 불러올 것으로 보이는데 가장 큰 변화는 자동차 산업의 진입 장벽이 낮아질 것이라는 점이다. 특히 스마트카의 출현으로 IT산업과 자동차 산업이 접목되는 것도 호재이다. 자동차에 적용하는 IT기술이 자동차 산업

에서 핵심기술로 부각(浮刻)되는 추세인데, 이는 IT산업의 자동차 산업 진출이 다양화된다는 것을 의미한다.

구글은 자동차에 제공할 인공지능 시스템을 만들어서 자동차 산업에 진출하고 있다. 애플도 자동차 자체를 개발하고 생산해 자동차 산업 진입을 추진하고 있는데 문제는 자동차의 부품이 최소한 2만여 개에 달하므로 이들 부품을 생산할 수 있는 공장의 설립과 납품의 관리가 필요하다. 한마디로 애플이 자랑하는 스마트폰과는 차원을 달리한다.

그러나 3D프린터를 도입하면 이러한 어려움을 해소할 수 있다. 부품의 개수를 대폭 줄일 수 있을 뿐만 아니라 기존처럼 복잡한 공장 설비를 들여놓을 필요가 없기 때문이다.

이 말은 3D프린터를 도입하면 대형 회사가 아닌 한 접근조차 불가능했던 자동차를 제조할 수 있다는 설명도 된다.

자동차 정비소에서 직접 주문형 자동차를 생산하는 일도 어렵지 않다. 그만큼 새로운 일자리가 태어날 수 있다는 뜻이다.*

* 「3D프린터로 자동차 만들다」, 유성민, 사이언스타임스, 2016. 11. 17.

물론 현재 도로에 달리고 있는 자동차 전체를 3D프린터로 제작한다는 일은 과장된 이야기다. 3D프린터가 SF 영화의 단골 메뉴로 등장하는 만능 복제기처럼 무엇이든 뚝딱 만들어 내는 것은 아니기 때문이다.

사람들의 꿈은 3D프린터가 자신이 원하는 구조를 어떤 구조든 개별 원자와 분자로 배열할 수 있는 능력을 갖추는 것이다.

학자들은 우수한 장비를 갖춘 공장의 경우 약 4분의 1 작업은 3D프린터로 하고 나머지 작업은 다른 기계가 도맡아 하는 것이 가장 효율적이라고 제시한다. 3D프린터는 프린트 인쇄 헤드를 장착하는 시스템 크기의 한계 때문에 제작할 수 있는 크기에 제한이 있기 때문이다.

또한 어떤 재료도 같은 프린팅 과정을 거쳐야 하므로 다양한 재료를 사용하는 데도 한계가 있다.

더불어 3D프린터의 가장 큰 단점은 작업 공정상 물건 제조에 몇 시간 또는 며칠이 걸릴 정도로 속도가 느리다는 점이다.

속도 문제는 앞으로 크게 개선될 것으로 생각되지만 여하튼 3D프린터가 많은 장점이 있더라도 '만병통치약'은 아니라는 뜻이다.*

* 『4차 산업혁명의 충격』, 클라우스 슈밥 외, 흐름출판, 2016

3D프린터로 활용한 자동차 제조방식의 가장 큰 변화는 자동차 산업의 진입 장벽이 낮아질 것이라는 점인데, 3D프린터를 도입하면 대형 회사가 아닌 각 자동차 정비소에서도 주문형 자동차를 제조하게 되어 새로운 일자리를 만들 수도 있다는 것이다.*

* 「3D프린터로 자동차 만들다」, 유성민, 사이언스타임스, 2016. 11. 17.

사람들의 꿈은 3D프린터가 자신이 원하는 대로 원자와 분자가 배열된 제품인데, 그야말로 놀라운 제품이 등장했다.

독일의 빅렙(Bigrep)이 3D프린팅 기술로만 제작한 전기 모터바이크(e-Bike) '네라(NERA)'를 선보였다.

이 발표가 화제가 된 것은 SF 영화에서 배트맨이 타고 다니는 바이크인 배트팟(Batpod)을 연상시키기 때문이다.

e-Bike가 특별히 주목받은 것은 과거에도 3D프린팅 방식으로 제작한 자전거는 있었지만, e-Bike처럼 부품 대부분과 프레임을 모두 3D프린터로 제작한 경우는 처음이기 때문이다.

e-Bike는 중량이 35kg밖에 안 되는 초경량인데 자전거가 이처럼 가벼운 것은 거미줄처럼 복잡한 모양을 이룬 특수 알루미늄 소재로 전체적인 프레임을 구성했기 때문이다. 한마디로 알루미늄 합금 분말을 특수하게 소성하여 만들었는데, 가벼운 중량에 비해 강도가 매우 높아 티타늄 강도와 거의 비슷하다는 주장이다.

'네라'는 프레임은 물론 안장과 휠, 심지어 바퀴까지 모두 3D프린터로 제작되었다는 특징을 갖고 있다.

더불어 e-Bike는 단 15개의 부품으로만 간소하게 제작되었다는 점도 괄목할 만하다. 일반 자전거가 적어도 15개의 부품으로 만들어지지 않는다는 사실은 잘 알 테니까.*

* 「3D 프린터로 만든 모터바이크 '네라' 프레임 및 부품 대부분을 프린팅 방식으로 제작」, 김준래, 사이언스타임스, 2018. 12. 12.

2. 의료 분야

컨설팅회사 맥킨지는 2025년에는 글로벌 3D프린터 산업이 4조 달러의 시장을 형성할 것이라고 예상했다. 그중에서도 가장 큰 수혜는 의료 분야가 해당할 것으로 예측했다. 한마디로 3D프린터가 바이오 메디컬 산업에서 가장 빛을 발할 수 있다는 것이다. 3차원 프린터는 의료 분야에서 더욱 큰 역할을 할 것으로 기대된다.

2002년 미국 캘리포니아주립대 의대에서 100시간 가까이 걸리는 샴쌍둥이 분리 수술을 22시간 만에 성공적으로 마쳤는데 일등 공신은 바로 3D프린터였다. 집도의였던 헨리 가와모토 교수는 샴쌍둥이가 붙어 있는 부분을 자기공명영상(MRI)으로 찍은 뒤 3차원으로 인쇄했다.

인쇄물에는 두 아기의 내장과 뼈가 마치 진짜처럼 세세히 나타나 있었다. 그는 내장과 뼈가 다치지 않도록 인쇄물을 자르는 예행연습을 한 후 진짜 수술에 들어갔다.

대형 병원의 경우 MRI나 컴퓨터 단층촬영(CT) 같은 3차원 영상 장비를 구비하고 있으므로 3차원 인쇄물을 검토하여 영상으로 볼 때보다 뼈와 장기가 어떤 모양으로 얼마나 손상됐는지 이해하기 쉬워진다.

그러므로 환자의 몸을 3차원으로 찍은 뒤 3D프린터로 인쇄한 골반뼈 등 보형물을 만들면, 환자에게 꼭 맞게 이식할 수 있다.

3D프린터의 정밀도는 의료 분야에서 이미 잘 알려진 일이다.

치과에서 3D 스캐너로 구강 구조를 촬영하고, 그에 맞는 임플란트 설계 등 치아 보정에 활용하는 사례는 기본이다.

플라스틱이나 실리콘 등을 찍어내는 것은 물론, 더 나아가 혈관이나 뼈조직 등 인체 기관을 그려내는 기술 역시 연구는 물론 상용화 단계에 이르렀다는 것은 구문(舊聞)에 해당한다.

인공관절이나 의수 등을 3D프린팅이 대체할 수 있는 획기적인 성과 역시 그리 먼 미래의 일은 아니다. 학자들은 이식용 장기를 찍어내는 것도 가능할 것으로 추정한다. 3D프린터를 통해 인체와 비슷한 조직을 만들어 임상 실험을 거치거나 수술 연습에 활용하는 것 외에도 최근에는 뱃속 태아의 모습을 3D프린터로 찍어주는 서비스도 등장하고 있다.

일본 마루베니정보시스템은 3D 초음파로 찍은 태아의 이미지를 조형물로 프린팅하는 상품을 만들어 냈다. 선천성 기형이나 질병을 확인하기 위해 사용되지만 특별한 이상이 없다면 산모의 대부분이 태어날 아기의 모습을 가장 정밀하게 볼 수 있는 방법으로 꼽힌다. 3D 초음파는 결국 3D 스캐너와 비슷한 원리로 입체 형상을 모델링하므로 이들 정보를 프린터로 찍어내는 것은 기술적으로 그리 어렵지 않은 일이다.*

---

*「21세기 연금술의 진화 새로운 시선, 3D 프린팅 기술의 현재와 미래」, 최호섭, 발명 특허 vol 460

캐나다 맥길대 제이크 바라렛 교수는 2007년 시멘트 가루에 산을 뿌려 '인공 뼈'를 인쇄하는 데 성공했다. 작은 숨구멍이 숭숭 뚫려 있어 실제 뼈와 흡사하다. 더욱 놀라운 것은 혈관이 얽혀 있는 생체 조직을 인쇄하는 일도 가능하다는 점이다. 이를 확대하면 언젠가 환자는 자신의 줄기세포를 층층이 쌓아 올려 '살아 있는 장기'를 만들어 자신의 몸에 이식받을 수 있을 것으로 예상한다.*

* 「3D프린터 세상을 재창조하다」, 로프스미스, 내셔널지오그래픽, 2014년 12월

미국 미주리대 가보 포르가츠 박사는 지름이 수백㎛(마이크로미터)인 세포를 겹겹이 쌓아 압축하면 심장이나 간을 만들 수 있다고 발표했다. 일본 도야마 국립대 나카무라 마코토 교수는 장기를 수평으로 얇게 저며 층마다 세포가 어떻게 배열돼 있는지 분석한 뒤 그 정보에 맞춰 알맞은 세포를 쌓아 장기를 만들 수 있었다.

미국 루이빌대학교는 3D프린터를 이용해 심장에 필요한 관상동맥과 작은 혈관의 일부를 개발하는 데 성공했다.

학자들은 10년 내에 자신의 세포를 사용해 3D프린터로 이식용 인공 심장을 만드는 것이 가능할 것으로 추정한다.

네덜란드 유트레히트대학 메디컬센터에서 3D프린팅 플라스틱 두개골 이식수술을 성공적으로 진행했다. 두개골이 정상인에 비해 3배 이상 두꺼워져 시각장애와 두통을 앓고 있던 한 여성 환자의 두개골을 3D프린터를 이용해 만든 인공 두개골로 교체했다.

기존 방식으로는 두개골 전체를 이식하는 것이 불가능했지만, 3D프린팅 덕분에 수술을 성공적으로 마친 것이다.

내 몸에 꼭 맞는 정확한 장기를 만들 수 있다면 안전하고, 제작 시간과 비용도 획기적으로 줄일 수 있다는 사실은 자연스러운 일이다. 인공치아, 즉 임플란트나 인공관절 같은 보형물을 심으려면, 뼈에 공간을 마련하고 거기에 딱 맞는 보형물을 맞춰야 한다. 보형물이 너무 크면 다시

깎아야 하고 너무 작으면 보조물을 덧대 보완해야 한다.

사실 환자의 몸에 100% 딱 맞는 보형물을 만드는 일은 간단한 일이 아닌데 3D프린터로 뼈 모형을 인쇄하고 뼈 사이에 있는 공간을 거푸집으로 삼으면 효율적인 보형물을 만들 수 있다.

학자들은 현재 병원마다 X선 촬영이나 CT를 담당하는 방사선 기술사가 있는 것처럼, 미래에는 '3차원 프린팅 기사'라는 직업이 생길 것으로 전망한다.

보청기 분야도 획기적인 진전이 예상된다. 과거의 보청기는 최소한 10년 이상 경력의 숙련공들이 정성 들여 깎고 다듬는 방식으로 제작했다. 그런데 3D프린터가 등장하면서 숙련공의 손을 거치지 않아도 환자 귀 모양에 꼭 맞는 보청기를 곧바로 생산할 수 있게 된 것이다.

3D 프린트로 인해 보청기 제작 작업 속도가 빨라질 뿐만 아니라 불량률이 크게 낮아지고 고객들의 착용감 역시 예전에 비해 크게 좋아질 뿐 아니라 가격이 획기적으로 내려갔다.

3D프린터가 활성화된 미래의 병원을 보자

'자영업자 K씨는 관상동맥질환으로 좁아진 혈관을 넓히는 스텐트 시술을 받아야 하지만 심장 근육 손상 정도가 심하고, 스텐트를 삽입해야 하는 혈관 부위가 복잡해 수술이 어려울 수 있다는 이야기를 들었다.

K씨의 수술을 담당하는 의료진은 수술을 앞두고 K씨의 심장 CT를 3D프린터에 입력해 몇 시간 만에 K씨의 심장과 똑같은 모양과 크기의 인공심장을 만들었다. 이후 의료진은 수술에 사용할 도구를 이용해 모의 수술을 진행한 후 실제 수술도 성공적으로 마쳤다.

수술이 끝난 뒤, 의료진은 K씨의 줄기세포를 배양해 따로 보관한다.

K씨에게 심장 이식이 필요한 상황이 생겼을 때 본인의 세포로 즉시 인공심장을 만들어 이식할 수 있도록 하기 위해서다.'

3D프린팅의 가장 큰 장점은 사용자 맞춤형 제품을 만들 수 있다는 점이다. CT로 촬영한 이미지를 활용해 장기 복제품을 미리 출력하면 실제 수술 환자 장기의 어느 부분을 어떻게 절개해야 할지 미리 시뮬레이션하는 데 크게 도움이 된다. 또한 의사의 눈대중에 기대야 했던 성형 시술에서도 3D프린터로 보형물을 제작하면 손상 전의 모양을 완벽히 재생할 수 있으므로 시술 후 부작용 발생을 크게 줄일 수 있다.*

* 「KISTI의 과학 향기」, 이성규, KISTI, 2013

특히 세포를 이용한 3D프린팅 기술이 상용화되면, 장기 이식 환자들이 기증자를 막연히 기다리지 않고 자신의 세포로 만든 장기를 바로 이식받을 수 있을 것으로 생각한다.*

* 「3D프린터, 창의적 콘텐츠가 관건」, 김연희, 사이언스타임즈, 2015. 05. 11.

3D프린터로 환자 맞춤형 장기로 만들면 효과가 좋아짐은 당연하다. 중앙대병원 신경외과 권정택 교수는 뇌출혈 등 수술을 할 때 뇌를 둘러싼 뼈를 어떻게 깎느냐가 수술의 성패를 결정하는 요소인데 3D프린터로 수술 부위를 미리 만들어 가상 수술을 해보면 실제 수술 과정에서 발생할 수 있는 사고를 줄이고, 수술 성공률이 향상된다고 설명했다.

미국 노스웨스턴대 의대는 젤라틴으로 만든 인공 난소에 난포 세포(난자로 자랄 수 있는 세포)를 붙여 배양하고, 이를 쥐에 이식했다. 인공 난소를 이식받은 암컷 쥐는 수컷 쥐와 교배를 통해 건강한 새끼를 낳았다.

심장도 주 연구 대상이다. 울산과학기술원은 초소형 심장을 만드는 데 성공했다. 길이가 0.25㎜인 인공심장은 전기 자극을 주면 움직이고, 심장 박동 속도는 실제 심장과 똑같다.

미국의 벤처기업 '오가노보'사는 직접 개발한 3D프린터를 이용해 간세포와 간성상세포, 내피세포 등으로 이뤄진 간 조직을 만들어 90일 이상 생존시키는 데 성공했다. 이들은 바이오잉크 구상체들을 한 겹씩 프린트하고, 그 위에 바이오젤을 겹겹이 쌓아서 입체형 구조를 만들었는데, 젤 위의 세포들이 유기적으로 결합해 살아있는 조직으로 생성되었다. 물론 해당 기간 동안 간 조직의 모든 기능은 정상이었다.*

* 「의료 보형물 맞추고, 자기 세포로 인공장기 제작」, 이현정, 조선일보, 2017. 09. 20.

'3D바이오쎄라퓨틱스'도 선천적으로 소이증을 가지고 태어난 여성의 몸에서 추출한 연골세포를 이용해 완벽한 모양의 귀를 출력해 이식(移植)했다.

2017년 고려대 안산병원에서 아래턱뼈를 이식하는 수술이 시행됐다. 구강암 환자인데 혀에 발생한 악성종양을 치료했지만, 혀와 어금니 뒤쪽에서 재발했다. 암세포는 턱뼈까지 침범했다. 의료진은 아래턱뼈를 제거하고 새로 이식하기로 했다.

보통 아래턱뼈를 재건하려면 종아리뼈나 갈비뼈를 사용한다. 의료진은 새로운 방법을 시도했다. 3D프린팅 기술을 이용해 티타늄 재질의 아래턱뼈를 새로 만들어 이식한 것이다. 혀와 구강 점막을 대신하기 위해 피부와 연부 조직을 함께 이식했는데 수술은 성공적이었다.

의학자들은 3D프린터로 인체의 완벽한 심장을 만드는 데 주력하고 있다. 인체의 장기 중에서 인공심장 개발은 학자들의 꿈인데, 미국 카네기멜론대학에서 3D 바이오프린팅 기술을 이용해 심장을 만들 수 있는 새로운 기술을 개발했다고 발표했다.

'프레쉬(FRESH, Freeform Reversible Embedding of Suspended Hydrogels)'로 명명된 이 기술은 인체의 주요 성분인 단백질의 콜라겐에서 3D 생체 인쇄가 가능한 조직 표본을 얻는 것이다.

'프레쉬' 3D 바이오프린팅 기법은 콜라겐을 젤로 만든 틀 안에 겹겹이 쌓아 굳힌 뒤 이를 대체 장기의 외벽을 감싸는 틀로 활용한다. 이후 장기가 필요한 환자의 해부학적 구조나 건강 데이터를 고려한 세포 등을 프린팅하고, 외부 콜라겐은 체온 정도의 열로 녹이면 3D프린팅한 장기의 손상을 막을 수 있다는 장점도 있다. 학자들은 이 기술이 적어도 2030년까지는 실용화될 수 있다고 전망한다.*/**

* 「핵잼 사이언스」 3D프린터로 '완벽한 심장' 만드는 미래, 가까워졌다」, 송현서, 서울신문, 2019. 08. 05.

** 「5~10년 후 면역-감염 문제 해결… 동물 장기 이식 'OK'」, 김상훈, 동아일보, 2020. 03. 07.

일반적으로 심장과 같은 인체의 장기는 세포외기질(ECM)로 불리는 구조로 구성돼 있다. 세포외기질은 세포의 구조적 지지와 세포 간의 연결을 담당할 뿐만 아니라 신호전달을 비롯해 세포와 세포 사이의 소통을 위한 역할, 배아의 발생과 세포의 분화 등에 큰 영향을 미친다. 그동안 세포외기질을 인공적인 방법으로 재구축하는 것이 불가능했지만, 3D 바이오프린팅 기술과 세포 및 콜라겐을 재료로 이용해 세포외기질을 재현하는 방법을 찾았다는 것이다.

3D프린팅은 맞춤형 신약 개발 분야에도 진출하고 있다. 동물실험의 문제점을 해결할 수 있는 조직 유사체(類似體)를 만들어 신약 임상 실험에 사용할 수 있기 때문이다. 윤원수 한국산업기술대 교수는 이 분야의 발전도를 다음과 같이 예상했다.

"생체 세포에서 줄기세포로 응용 재료가 확대되면서 뼈와 피부, 연골 등에서 간과 심장, 인공혈관 등으로 3D프린팅의 적용 영역이 확대되고 있다. 또한 인공지자체에서 재생 치료제로 작용 기전 역시 확대되고 있으므로 앞으로 3D 바이오 프린팅 기술의 발전 가능성은 높다."

이를 보다 업그레이드시키면 보통의 인간 능력을 뛰어넘는 슈퍼 인간 출현도 가능하다. 1970년대 대단한 호평을 받았던 〈600만 불의 사나이〉, 〈소머즈〉의 주인공들은 사이보그인데 〈소머즈〉에 출연한 린제이 와그너는 실제로 오른쪽 귀를 생체공학 수술로 이식받아 뛰어난 청각 능력이 뛰어났다고 한다.*

* 「3D프린팅, 의료에서 우주까지 진화하는 중」, 김순강, 사이언스타임스, 2018. 01. 09.

더욱 놀라운 것은 하버드대학교에서 혈관이 얽혀 있는 생체 조직을 인쇄했는데 이를 확대하면 언젠가 환자는 자신의 세포로 인쇄한 장기를 이식받을 수 있다는 추정이다. 학자들은 이것이야말로 3D프린터가 궁극적으로 지향하는 목표라고 한다. 물론 당장 실현이 가능하지 않은 것은 분명하지만, 가능하다는 사실 자체를 부정할 일은 아니다.*

＊「3d 프린터 세상을 재창조하다」, 로프스미스, 내셔널지오그래픽, 2014년 12월

치과에서 3D프린터의 활용도는 그야말로 높다.

치과에서는 3D 스캐너로 구강 구조를 촬영하고, 그에 맞는 임플란트 설계 등 치아 보정에 활용한다. 플라스틱이나 실리콘 등을 찍어내는 것은 물론이고, 더 나아가 혈관이나 뼈조직 등 인체 기관을 그려내는 기술 역시 개발되었다. 스웨덴에서는 3D 바이오 프린터로 줄기세포를 찍어 완전한 연골조직을 제작하기도 했다.

3D프린터를 통해 인체와 비슷한 조직을 만들어 임상 실험을 거치거나 수술 연습에 활용하는 것 외에도 최근에는 뱃속 태아의 모습을 3D프린터로 찍어주는 서비스도 등장하고 있다. 일본 마루베니정보시스템은 3D 초음파로 찍은 태아의 이미지를 조형물로 프린팅하는 상품을 만들어 냈다. 이미 국내에서도 의료 목적을 위해 태아를 입체로 보는 3D 초음파 촬영이 일반화되어 있다. 선천성 기형이나 질병을 확인하는 데 쓰지만, 특별한 이상이 없다면 산모의 대부분이 태어날 아기의 모습을 가장 정밀하게 볼 수 있는 방법으로 꼽힌다. 이 3D 초음파는 결국 3D 스캐너와 비슷한 원리로 입체 형상을 모델링하기 때문에 이 정보를 프린터로 찍어내는 것은 기술적으로 그리 어렵지 않은 일이다.

스코틀랜드 에딘버러의 헤리엇-와트 대학의 과학자들이 배아줄기세포의 3D프린팅 방식을 개발했고, 의족, 의수, 임플란트처럼 개인 맞춤형 제품들도 등장하고 있다. 머지않은 미래에는 영화에서처럼 각 개인의 가정에서 유전정보를 이용한 자가 치료도 가능해질 것으로 보인다.

3D프린팅 재료로 '신의 영역'이라 불리는 줄기세포나 생체 조직을 이용하는 기술도 개발됐다. '바이오프린팅'이라 불리는 이 기술은 생체 재료를 잉크처럼 사용해 신체 일부를 출력할 수 있다.

서울아산병원은 3D프린터를 암 수술에 이용해 신장암 환자 15명의 신장 부분절제술을 성공시켰다. 3D프린터로 암 조직 형태까지 재현한 환자의 신장 모형을 통해 절제 범위를 정하는 방법으로 수술 성공률을 높였다. 미국의 스티븐 코틀러 박사는 '헬스케어 혁명을 가져올 5가지 의료기술'로서 3D프린팅을 최우선으로 꼽았다.

'생산기술연구원'은 생체 이식용 두개골을 3D프린터로 정교하게 제작하여 성공적으로 환자에게 이식했다. 이 두개골은 티타늄 원료를 사용하여 기존에 사용되던 합금 인공 두개골의 95% 강도를 가진다.

'티앤알바이오팹'은 다양한 생체 재료를 프린팅하고 본연의 조직이 갖추고 있는 특수한 미세환경을 모사하여 피부, 심장, 간 등 장기를 인공으로 만들어 냈다. 이들은 손상된 연골을 3D프린팅으로 출력하여 이식하는 데도 성공했다. 또한 '로킷헬스케어'는 CES2019에서 3D프린터 '인비보'를 활용해 줄기세포 출력 기술을 시연하기도 했다.

'농촌진흥청'은 누에고치에서 추출한 천연 소재인 실크 단백질을 이용하여 부작용 없이 인체에 사용할 수 있는 부품과 시스템 개발에 성공했다. 실크 단백질로 고정판과 나사 등을 만드는 데 성공한 것으로 고정판과 나사 등은 뼈 골절 시 사용하는 의료용 부품으로서, 골절 부위가 다시 붙을 때까지 뼈를 고정해주는 역할을 한다.

현재 의료 현장에서 사용되고 있는 뼈 고정판은 주로 금속이나 합성 고분자로 만들기 때문에 골절된 뼈가 완치된 뒤 이를 제거하는 2차 수술이 필요하다. 또한 합성고분자로 만든 고정판의 경우 체내에서 생분해돼서 2차 수술은 필요 없지만, 뼈를 고정해주는 힘이 약해서 뼈가 어긋나거나 벌어질 수 있으며 가격도 비싸다.

그런데 실크 단백질로 만든 뼈 고정판은 압축 강도와 굽힘 강도가 합성고분자로 만든 것보다 강해서 뼈를 잡아주는 힘이 우수할 뿐 아니라, 생분해되는 특성까지 있어서 2차 제거 수술이 필요 없다. 가장 중요한 사실은 환자 맞춤형으로 제작할 수 있다는 점이다.*

* 「'누에'로 만든 3D 프린팅 소재」, 김준례, 사이언스타임스, 2016. 11. 01.

인체의 타고난 복잡성과 다양한 문제로 인해 바이오프린팅, 즉 3D프린팅을 통한 출력물이 신체 조직을 완벽하게 대치하고 기능을 수행하는 것은 간단한 일이 아니다. 그러나 과학기술의 발전 속도를 볼 때 가까운 미래에 기능을 잃은 신체 부위를 몇 번이고 인쇄하여 재사용하는 시대에 들어선다는 것은 이제 꿈이 아니다. 과학의 비약적인 발전에 의문을 제기하는 사람은 없을 것이다.* 3D프린터 기술이 나날이 진화에 진화를 거듭하고 있는데 가격이 급격히 낮아지고 있다는 것도 청신호이다.**

* 「기능 잃은 신체 인쇄해서 다시 쓰는 시대 열린다」, 이은희, 중앙일보, 2024. 03. 04.
** 「제3의 산업혁명 '3D 프린터'의 세계」, 박준언, 경남일보, 2015. 04. 14.

3. 패션·디자인

학자들은 패션·디자인을 3D프린터로 가장 각광(脚光)을 받는 분야로 꼽는다. 손재주 있는 사람들이 직접 옷감을 재단하여 옷을 만들어 입기도 하지만, 3D프린터는 이런 차원을 초월한다.

한마디로 손재주 없는 사람도 누구나 입고 싶은 자신만의 독창적인 옷을 얼마든지 만들어 입을 수 있다.

미래학자 레이먼드 커즈와일은 3D패션이 활성화되면 완제품 옷이 무게 당 몇 원밖에 되지 않을 것이라고 했다. 실제로 옷의 도면만 갖고 있으면 그 자리에서 옷을 출력하여 입을 수 있는 것은 물론 간단하게 색상만 바꾸어 세계에서 유일한 옷을 입고 다닐 수도 있다.*

* http://samsungblueprint.tistory.com/463

이를 증빙하듯 3D프린터로 만든 의상을 주제로 한 패션쇼가 세계 각지에서 열린다. 2000년대 초반만 해도 디지털 기술이 패션에 접목될 수 있다고 생각한 사람들은 거의 없었다. 그런데 3D프린팅 기술이 등장하자 그야말로 상상할 수 없는 일이 벌어지고 있다.

2013년 미국의 유명 패션모델 디타 본 티즈(dita von teese)는 3명의 젊은 미국 디자이너들이 공동으로 제작해서 만든 3D프린터 의상을 직접 입고 나타났다. 망사 드레스인 이 옷이 특이한 것은 3,000개 이상의 관절 구조로 엮어져서 사람의 움직임과 활동에 따라 변형이 되도록 만들어져 있다. 또한 17개의 각기 다른 부분을 한 올 한 올 조합하고 연결해 만들었는데 이 옷의 기본은 3D프린팅 기술이다.*

* 「상상한 그대로 작품이 되어 나온다」, 김연희, 사이언스타임즈, 2015. 05. 14.

유명 신발 브랜드인 나이키, 뉴발란스가 신발 패션쇼를 열었으며 한국에서는 세계를 주도하는 패션쇼가 단골로 열린다. 국내 의상학과에서 3D 출품은 기본이라 할 정도로 보편화되어 있다. 아디다스는 3D프린터를 이용하여 제작한 러닝화 '퓨처그래푸트 3D'를 출시했다.

이 신발은 밑창 중간 부분인 중창을 개개인의 발에 맞게 3D프린터로 뽑아 만든 것이다. 과거에는 일부 운동선수만 맞춤형 운동화를 이용해 최상의 컨디션을 유지했지만, 이제는 3D프린터로 개개인의 발 상태에 알맞은 신발을 제작해 신을 수 있다는 것이다.

2014년, 일본의 3D프린터 스타트업 '라쿠쿠리(Raku kuri)'는 매우 간단하면서도 실용적인 아이디어를 선보였다. 3D프린터를 이용해 어린 아이가 크레파스로 스케치북에 그린 그림을 실제 입체 형상으로 만들어 준다. 이는 2D로 된 아이들의 그림을 업로드만 하면 된다.

스케치북에 그린 그림이 실제로 만들어진다는 사실 자체가 3D프린터가 무한정 효용도를 갖고 있다는 사실을 알려준다.*

* 「3D프린터, 창의적 콘텐츠가 관건」, 김연희, 사이언스타임즈, 2015. 05. 11.

카이스트(KAIST)의 이민화 박사는 앞으로 90, 95, 100과 같은 옷 치수나 260mm, 265mm, 270mm 같은 신발 호수를 나누는 기준도 무의미해진다고 설명했다.*

* http://samsungblueprint.tistory.com/463

이스라엘의 패션 디자이너 대니트 펠레그(Danit Peleg)의 사례 역시 흥미롭다.3D프린팅으로 만든 재킷을 온라인 웹사이트에서 판매하기 시작했는데 사이즈와 색상 등 100개 항목을 선택해 맞춤 제작할 수 있다. 가격은 1,500달러 전후로 책정됐다.

대니트 펠레그는 2015년 3D프린팅으로 자신의 콜렉션을 완성한 바 있으며 이번 온라인 판매를 통해 '집에서 또는 지정된 매장에서 누구나 파일과 프린트 옷을 살 수 있는 세상'에 대한 비전을 밝히기도 했다.

2018년 아이리스 반 헤르펜(Iris van Herpen)은 0.8mm의 얇은 잎 모양의 패턴을 3D프린터로 인쇄하여 이를 직물에 직접 부착하여 기존의 딱딱한 느낌을 완전히 벗어나는 드레스를 선보여 세계를 놀라게 했다. 더불어 이스라엘 출신의 다니트 펠레그(Danit Peleg)는 산업용 대형 프린터가 아닌, 보급형 소형 3D프린터 여러 대를 사용하여 집에서 의복을 제작했다. 한마디로 실용적으로 소형 3D프린터를 사용하여 옷을 만드는 것이 불가능하지 않다는 것을 보여주었다.*/** 3D프린터로 출력한 액세서리를 판매하는 것은 이미 오래전 이야기이다.

* 「[기고] '3D Printing technology + Fashion'의 가능성은?」, 전재훈, TIN뉴스, 2018. 09. 14.

** 「3D프린터로 뽑아내는 '디지털 디자인」, 김상윤, 조선일보, 2018. 05. 16.

한국도 이 부분에 남다른 실적을 갖고 있다. 최지연은 바이오플라스틱 소재의 핸드백을 디자인하였다. 프린팅할 때 노즐 크기 변화를 주고 이때 발생하는 미세한 결의 차이를 활용하여 핸드백 디자인에 활용한 것이다. 이소연은 3D프린팅을 활용하여 의상디자인 연구를 진행하였다. 자연주의 문양을 모티브로 유기적인 형태를 직선으로 재해석하여 디자인으로 전개하였으며 나뭇잎의 형태나 덩굴의 형태를 하나의 패턴으로 인지하고 이를 규칙적으로 나열하여 의상디자인으로 활용하였다.

실생활에서 많이 사용되는 헬멧에서도 3D프린팅이 적용되고 있다. 헬멧의 이름은 쿠폴(kupol)인데, 현존하는 헬멧 중 가장 안전도가 높다고 한다. 쿠폴은 '콜라이드세이프티시스템(Kollide Safety System)'이라는 복잡한 3중 안전장치를 3D프린터로 출력하여 헬멧에 적용했다. 헬멧 외형은 보통의 자전거 헬멧과 다르지 않지만, 내부에는 콜라이드세이프티시스템이 적용된 독특한 구조로 이루어져 있다.

고분자로 만들어진 헬멧의 시트 밑에는 카이네틱범퍼(Kinetic Bumper)라고 불리는 움직이는 범퍼가 있으며, 그 아래에는 공기가 들어있는 충격 흡수층인 3D 코어(3D Kore)가 형성되어 있다. 카이네틱범퍼의 역할은 느린 속도의 충돌을 막아주고 그 아래에 달려 있는 3D 코어는 큰 충격 에너지를 흡수한다. 이런 특수 구조 덕분에 큰 충격에도 착용자의 머리를 보호할 뿐 아니라, 외부에서 충격을 받으면 헬멧이 회전하며 뇌와 척추의 손상까지 방지해줄 수 있다는 설명인데 핵심은 이처럼 복잡한 헬멧도 3D프린터로 간단하게 제작할 수 있다는 뜻이다.*

* 「단점 보완한 3D 프린터 출력물 속속 등장, 건물이나 다리 건설에 활용… 안전성 뛰어난 헬멧도 개발」, 김준래, 사이언스타임스, 2018. 10. 22.

2014년 3D프린터 스타트업 '라쿠쿠리(Raku kuri)'가 선풍적인 인기였다. 특히 아이를 가진 부모들의 반응이 뜨거웠는데, 3D프린터를 이용해 아이가 크레파스로 스케치북에 그린 그림을 실제 입체 형상으로 만들어 주었기 때문이다. 스케치북에 그린 그림이 실제로 만들어진다는 것만으로도 충분히 아이들에게는 많은 경험을 선사하기 때문이다.

여기에서 주목할만한 점은 3D프린터로 '무엇을 만들었는가?'를 봐야 한다는 지적이다. 일반적으로 3D프린터를 이야기할 때 무엇을 만들어낼 수 있을지 설명한다. 한마디로 음식은 물론 우주선 부품도 제작하고, 옷과 신발도 뚝딱 도깨비방망이처럼 만들어 낸다. 심지어 의수 등 의료 제품을 생산해내고 있음을 찬탄의 눈으로 보여준다.

그러나 전문가들은 3D프린팅으로 상상할 수 없는 미래가 다가오지만, 여기서 중요한 것은 3D프린터로 우리가 무엇을 할 수 있는가에 대한 아이디어를 고민해야 한다고 강조한다.

김연희 박사는 시장 차별화의 아이디어로 오운폰즈(OwnPhones)을 꼽았다. 스타트업 기업인 오운폰즈는 개개인의 귀에 맞춘 이어폰인 커스텀 이어폰을 무선화한 제품을 개발했다. 일반 이어폰과 다른 부분은 고객이 스스로 촬영한 귀 부분 사진을 접수하여 이것을 3D프린팅으로 제작하여 판매한다는 내용이다.

사람의 목소리를 액세서리로 만들어 주는 기업도 등장했다. '조이콤플렉서(Joy Complex)'는 3D프린터를 이용해 목소리 파형을 목걸이 펜던트나 귀걸이 장식으로 만들어 판매하고 있다. 사람들의 목소리가 모두 다르고 언어마다 같은 뜻이라도 다르게 말하기 때문에 세상에서 유일한 하나의 액세서리가 된다는 설명이다.*/**

*「3D프린터, 창의적 콘텐츠가 관건」, 김연희, 사이언스타임즈, 2015. 05. 11.

**「3D프린터」, 이정아, 과학동아, 2012. 01. 19.

「화성탐사로봇 '로버'도 3D프린터 작품」, 이강봉, 사이언스타임즈, 2013. 12. 10.

「이젠 3D프린터로 문신 시술까지」, 이재구, ZDNet Korea, 2014. 04. 05.

「3d 프린터 세상을 재창조하다」, 로프스미스, 내셔널지오그래픽, 2014년 12월

「3D프린터, 창의적 콘텐츠가 관건」, 김연희, 사이언스타임즈, 2015. 05. 11.

「상상한 그대로 작품이 되어 나온다」, 김연희, 사이언스타임즈, 2015. 05. 14.

「3D프린터 안전 고민할 때」, 김연희, 사이언스타임즈, 2015. 05. 20.

「스스로 만드는 시대, 부의 격차 줄어든다」, 한겨레, 2016. 07. 04.

「'누에'로 만든 3D프린팅 소재」, 김준례, 사이언스타임스, 2016. 11. 01.

「3D프린터로 자동차 만들다」, 유성민, 사이언스타임스, 2016. 11. 17.

「3D프린팅 기술의 동향과 3D프린팅 기술에 의한 미래 산업 전망」, 신창식 외, 한국발명교육학회지, 한국발명교육학회, 제4권 제1호 2016. 12.

「3D프린터로 하루 만에 지은 집…"175년 버틴다"」, 민형식, 2017. 08. 03.

「의료 보형물 맞추고, 자기 세포로 인공장기 제작」, 이현정, 조선일보, 2017. 09. 20.

「네덜란드에 3D프린팅 기술로 만든 자전거 전용 다리 등장」, 김병수, 연합뉴스, 2017. 10. 19.

「3D프린팅, 의료에서 우주까지 진화하는 중」, 김순강, 사이언스타임스, 2018. 01. 09.

「국방의 첨단무기부터 단종된 부품까지 만들어 낼 3D프린팅 기술」, 3D Printing Times, 3dcookie – 2018. 03. 13.

「3D프린터로 대량 생산 전기차, 中 달린다」, 김연희, 사이언스타임즈, 2018. 03. 19.

「4차 산업혁명의 주역 '3D프린터'」, 이강봉, 사이언스타임즈, 2018. 04. 23.

「3D프린팅, 음식문화도 바꾼다」, 김병희, 사이언스타임즈, 2018. 04. 25.

「3D프린터로 뽑아내는 '디지털 디자인'」, 김상윤, 조선일보, 2018. 05. 16.

「[IT·AI·로봇] 인공장기·집·車까지… 50만 가지 색깔로 물건 찍어내요」, 최호섭, 조선일보, 2018. 06. 19.

「미래 화성 기지는 3D프린터로」, 김준래, 사이언스타임스, 2018. 08. 09.

「방위산업에 몰아치는 4차 산업혁명」, 유용원, 조선일보, 2019. 03. 22.

「미·중 달 탐사 경쟁 가속화되나」, 심창섭, 사이언스타임스, 2019. 05. 03.

「[핵잼 사이언스] 3D프린터로 '완벽한 심장' 만드는 미래, 가까워졌다」, 송현서, 서울신문, 2019. 08. 05.

「3D프린터로 찍어낸 고기의 맛은?」, 김준래, 사이언스타임스, 2019. 10. 25.

「5~10년 후 면역-감염 문제 해결… 동물 장기 이식 'OK'」, 김상훈, 동아일보, 2020. 03. 07.

「3D프린터」, 스마트과학관-사물 인터넷, 국립중앙과학관

http://blog.naver.com/cream9371/100180282915

http://harmsen.blog.me/220104801579

http://samsungblueprint.tistory.com/463

http://zerosevengames.com/220951891703

http://terms.naver.com/entry.nhn?docId=1978613&cid=40942&category-Id=32374

「로봇, 인간을 꿈꾸다」, 이종호, 문화유람, 2007

『KISTI의 과학 향기』, 유상연 외, KISTI, 2011

『KISTI의 과학 향기』, 이성규 외, KISTI, 2013

『KISTI의 과학 향기』, 박응서 외, KISTI, 2013

「로봇, 사람이 되다(1, 2)」, 이종호, 과학사랑, 2013

「3D프린팅의 신세계」, +호드립슨 외, 한스미디어, 2013

『2016 한국이 열광할 12가지 트렌드』, KOTRA, 알키, 2015

『3D프린팅』, 오원석, 커뮤티케이션북스, 2016

『로봇이 인간을 지배할 수 있을까』, 이종호, 북카라반, 2016

『4차 산업혁명의 충격』, 클라우스 슈밥 외, 흐름출판, 2016

「스마트 테크놀로지의 미래」, 카이스트 기술경영전문대학원, 율곡출판사, 2017

『미래와 과학』, 이근영 외, 인물과사상사, 2018

보석 가공

보석 가공에 3D프린팅 기술이 활용되고 있다는 것은 구문(舊聞)이다. 장진희 박사는 DLP 방식의 3D프린팅을 활용하여 주조 과정 없이 주얼리 디자인에 응용하고 에나멜, 정은 등을 함께 활용하여 브로치를 완성함으로써 가볍고 단단하며 다양한 색상의 완성품을 제작할 수 있다고 발표했다. 특히 기하학 구조가 아닌 주얼리 디자인에서 주로 사용되는 곡선적 디자인을 Rhino CAD로 크기와 형태를 정확히 예측할 수 있다고 덧붙였다.

사실 보석 분야는 수공업이 기본인데 3D프린팅 기술이 도입되자 기계를 통해 이 부분도 대체할 수 있다는 가능성이 제기되었다.

여러 번 각 단원에서 설명했지만, 3D프린터의 보급은 기계 절삭 및 성형 등 기존의 생산방식을 탈피하여 어떤 형태의 제품도 만들어 낼 수 있는 특징을 갖고 있기 때문이다.

현재 3D프린팅 출력 방식은 일반적으로 SLA, SLS, DLP, FDM의 네 가지 방식으로 나뉘어 모든 산업에 가장 많이 사용되고 있는 방식은 FMD 방식인데 보석 가공은 DLP 방식을 기본으로 한다.

정교하고 구조가 복잡한 모형 제작이 용이(容易)한 데다 열 팽창률이 낮고 잔여물을 남기지 않기 때문이다.

DLP 방식은 디지털 광학 기술(Digital Light Processing)을 이용한 프린터다. 모델링 데이터의 단면을 프로젝트 광원으로 빛에 반응하는 경화성 수지에 쬐어 고형화시키고 레이어가 바뀔 때 경화 수지를 면에 바르고 쬐는 과정을 반복하여 출력하는 방식이다.

출력물이 정교하고 표면이 깨끗하지만, 출력물을 따로 경화시켜야 하는 등 번거로움이 있다고 덧붙였다.*

* 「3D프린팅을 활용한 주얼리 디자인 연구」, 장진희, 한국융합학회논문지 제10권 제4호, 2019

보석 가공은 기본적으로 다이아몬드, 루비, 사파이어 등의 원석을 절단, 연마하고, 조각하는 등의 기법을 통해 적당한 모양으로 가공한다. 현재 상당수 보석 가공에서 우선 CAD로 디자인한 도면을 정확히 해독한 후 금, 은, 백금 등의 귀금속 소재로 마름질, 실 톱질, 줄질, 땜 작업, 연마 등의 기법을 통해 금속 원형을 제작한 후 마무리 작업을 한다.

이는 CAD를 통해 장신구 디자인을 하는 등 일련의 과정이 자동화·전산화될 수 있기 때문이다.

특히 귀금속 및 보석은 호화사치품으로 간주(看做)되어 개별소비세를 부과하는 등 소비가 억제되기도 하는데 CAD와 3D프린터 등의 기계화와 자동화가 꾸준히 이루어질 것으로 추정한다.

한국은 1976년 전라북도의 익산시에 귀금속 가공 수출 공단이 조성된 후 세계 주얼리 시장 진출의 계기가 되었고 또 서울에서는 종로 귀금속 단지가 탄생하여 보석 특히 다이아몬드가 유행하였다.

그 이후 보석 시장은 서울 아시안게임과 88서울올림픽, 경제발전에 힘입어 눈부신 성장을 거듭해왔다.

또한 주얼리 시장 규모는 2022년 기준 약 8조 2,000억 원 규모이며 한때 세계 제3위의 다이아몬드 소비 국가이기도 했다. 또한 연간 100톤 ~120톤의 금이 소비되는 것으로 추정된다.*

* 「[직업전망](116) 트렌드에 민감해야 하는 '귀금속 및 보석세공원', CAD와 3D프린터」, 강륜주, 굿잡뉴스, 2021. 05. 13.

4. 3D 푸드

3D프린터의 놀라운 점은 식품 분야로의 진출이 수월하다는 점이다. 이것이 가능한 것은 3D프린터의 동작 방식이 케이크 위에 초콜릿 장식을 하는 것과 유사하기 때문이다.

한마디로 식품 분야에서 사용하는 데 문제점이 없다는 뜻으로 밀가루와 설탕, 초콜릿으로 장미 모양이나 사람의 얼굴 모양을 한 입체 초콜릿을 만들 수 있고 쿠키, 라면과 같은 패스트푸드도 만들 수 있다.

식품 3D프린팅은 최종 제품을 만들기 위해 여러 층의 원료를 배치한다는 점에서 다른 재료를 3D프린팅으로 만드는 것과 같다.

식품의 바탕이 되는 재료를 컴퓨터 설계를 통해 출력하는 기술로 균일한 품질의 식품을 생산할 수 있고, 식품의 안전성과 가격 및 품질의 안정성을 기할 수 있다.

또한 다품종 소량 생산이 가능하여 체질이나 연령, 알레르기, 영양 조절, 기호성 등을 고려한 소비자 맞춤형 식품 제조가 가능하다. 가공 방법이 단순하고 기능성 재료와 대체 재료 등을 사용해 친환경적인 식품 제조가 가능한 것도 큰 장점이다. 음식 쓰레기 및 음식 저장과 수송에 드는 비용을 크게 줄일 수 있는 부가적인 이점도 있다.

2011년, 영국의 엑스터 대학(Exeter University)은 초콜릿을 재료로 하는 3D프린터를 개발했다. 컴퓨터에서 디자인된 3차원 설계에 따라, 초콜릿을 녹이고 짜내 얇은 층을 쌓아가는 방식이었다. 3D프린팅으로 막상 먹을 수 있는 음식을 만들었지만, 원료로 초콜릿만 쓸 수 있고, 프린팅 속도가 느리다는 점이 한계로 지적됐다.

하지만 3D푸드 프린터는 계속 업그레이드되어 이런 단점들이 개선되자 어떤 음식이든 만들 수 있는 단계로 발전했다.

2012년, 네덜란드 응용과학연구소(TNO)는 '스파이스 바이트(Spice bites)' 프로젝트를 진행했다. 이는 밀가루, 설탕, 지방으로 이루어진 파우더에 각각 카레, 계피, 파프리카, 생강을 첨가해 정육면체, 정사면체, 원기둥, 오각기둥 모양의 과자를 만드는 프로젝트다.

이 프로젝트에서는 SLS 방식이 사용됐다. 레이저가 파우더에 열을 가하면 파우더 속의 설탕과 지방이 녹아 층층이 결합하는 방식이므로 조형이 끝나면 굽는 과정 없이 겉의 가루만 털어내고 먹을 수 있었다.

TNO는 3D 파스타 프린터를 선보였다.

이 프린터는 FDM 방식으로 2분에 파스타 4개를 프린트했다. 특히, 다른 첨가제 없이 듀럼 세몰리나 밀가루(Durum wheat semolina)와 물만으로 일반 파스타와 똑같은 3차원 모양을 표현해냈다.

미국의 '3D시스템즈(3DSystems)'도 설탕을 정교한 모양의 사탕으로 만들어내는 프린터, 셰프젯(Chefjet)을 개발했다.

어떤 모양이라도 설계된 대로 프린트하는 것이 가능하며, 고급형의 경우 색상도 다양하게 입힐 수 있다. 가격도 저렴하여 일반형이 1,000달러, 고급형은 5,000달러 선이다.*

* 「21세기의 연금술, 3D프린터」, 한수원, 2019. 02. 21.

스페인에서는 '내추럴 머신(Natural Machine)'사가 '푸디니(Foodini)'를 선보였다. 이는 반죽이나 페이스트를 넣어 다양한 종류의 파스타와 빵을 만들 수 있는 3D 푸드 프린터로, 보통의 3D 푸드 프린터들은 음식의 재료가 프린터 안에 장착되는 반면, 푸디니는 음식의 재료를 프린터 안의 캡슐에 채워 넣는 방식이다.

따라서 사용자가 원하는 재료나 영양을 고려해 자유롭게 반죽을 선택할 수 있다는 장점이 있는 동시에, 사용자가 반죽을 직접 만들고 프린트된 재료를 다시 조리해야 하는 단점도 존재한다.

말하자면 요리 과정에서 손으로 빚기 어려운 모양을 대신 만들 순 있지만, 그 자체로 크게 일거리가 줄지 않는다는 단점이 있지만 가격이 약 1,500달러로 시장성이 높다.

3D 푸드 프린터가 업그레이드되면 음식을 좀 더 자유롭게 디자인할 수 있다는 장점이 생긴다.

다양한 3차원 형태의 구상 및 설계를 바탕으로 이전에는 구현하기 어려웠던 음식의 구성, 구조, 질감을 표현할 수 있게 된다.

3D 푸드 프린터를 이용한 자유로운 디자인의 대표적인 사례가 네덜란드 디자이너 끌로에 루저벨트(Chloe Rutzerveld)의 '먹을 수 있는 성장(Edible Growth)' 프로젝트다.

루저벨트는 3D프린터를 이용해 포자와 효모, 씨앗의 혼합물을 담은 구멍 뚫린 동그란 형태의 과자를 개발했다. 약 5일 정도가 지나면, 이 과자 안에서 씨앗이 새싹을 틔우고, 이후 버섯이 자라나기 때문에 고객은 새로운 풍미와 영양을 즐기며 과자를 먹을 수 있다.

3D 푸드 프린팅은 개인의 취향과 필요에 따라 외적인 부분뿐 아니라 내용물과 영양소, 맛이 완전히 다른 개별적인 음식을 만들어 낼 수 있다는 장점도 있다. 가령 특정 영양소나 물질에 취약한 병을 앓고 있는 사람

이라면, 3D 푸드 프린팅을 통해 이를 정교하게 제거해내는 것도 가능하다. 특정 음식을 먹고 싶지만, 그 안에 들어 있는 몇몇 재료에 대한 알레르기가 있어서 먹지 못했던 사람 역시 해당 재료만 말끔히 제거한 다음 그 음식을 마음껏 먹을 수 있게 만든다.

음식을 씹거나 삼키기 어려운 노인과 환자를 위해 개별적인 영양식의 개발도 가능하다. 씹거나 삼키는 데 문제가 있는 사람들은 대개 퓌레 형식의 음식을 섭취하는데, 죽 같은 모양은 식욕을 떨어뜨리기 십상이다.

따라서 고기 같은 성분을 씹기 수월한 형태를 가진 닭다리 모양으로 프린트하거나, 당근 퓌레를 당근 모양으로 만든다면, 음식을 훨씬 친숙하게 섭취할 수 있다.

앞으로는 3D프린터를 이용해 모양뿐만 아니라 칼로리, 단백질, 비타민 오메가3 등의 영양소를 얼마나 넣을지 정하는 것은 물론, 음식의 농도 역시 조절할 수 있을 것으로 기대된다.

학자들이 더욱 큰 관심을 보이는 것은 3D 푸드 프린팅 기술이 시공간을 뛰어넘어 많은 사람이 완벽하게 같은 질과 맛의 음식을 맛볼 수 있게 할 수 있다는 점이다. 조리법이 똑같다고 해도 어떤 사람이 어디에서 어떤 방식으로 요리했는가에 따라 음식의 질과 맛은 천차만별이 된다.

하지만 3D 푸드 프린팅 기술을 통해 시간과 공간의 제약을 뛰어넘어 언제 어디서라도 정확한 조리법, 즉 같은 설계를 바탕으로 같은 수준의 질과 맛을 가진 음식을 만들어 여러 사람이 즐길 수 있다.

학자들이 3D프린터에 주목하는 것은 급증하는 세계 인구의 식량 수요를 충족시키는 데도 도움이 될 수 있다고 생각하기 때문이다. 바다에 많이 서식하는 해조류나 대량 번식시킨 곤충의 단백질 등을 활용해 식자재를 가루 형태 등으로 장기간 보관할 수 있으므로 재난 지역에 긴급

우송이 가능하다. 환경에 해를 끼치지 않는다는 것은 덤이다.

식품 제조를 위해 사용되는 프린팅 기술은 식품의 맛과 식감, 영양학적 가치를 고려한 재료에 픽셀 단위의 미세한 공정을 가해 식품을 재성형 또는 가공하는 방식으로, 실제의 식품을 모방하고 구현한다.

문제는 맛이나 식감이 제대로 표현되느냐는 점인데 이 문제는 앞으로의 연구로 얼마든지 개선될 수 있다고 설명된다.*

* 「3D 프린팅, 음식문화도 바꾼다」, 김병희, 사이언스타임스, 2018. 04. 25.

2016년 영국 런던에 있는 '푸드잉크(Food Ink)'란 레스토랑의 개업식에 전 세계 식품업계의 이목이 집중했다. 이 레스토랑이 주목받은 이유는 전 세계 최초의 3D프린팅 전문 음식점이었기 때문이다.

푸드잉크 레스토랑은 방문한 손님들에게 애피타이저에서부터 디저트에 이르기까지 모든 요리를 3D프린터로 출력한 음식으로 제공했다.

특히 3D프린팅 과정을 고객들이 직접 볼 수 있도록 주방을 공개하여 객관성을 강조했다.

3D 식품 프린팅 기술은 3D 스캐너를 통해 만들어 낸 3차원의 디지털 영상을 바탕으로 식품 구성 비율과 영양학적 데이터 등을 반영한다. 이후 투입되는 식품 재료를 한 층씩 적층하여 3차원으로 재구성하는 것이 핵심이다.

그동안의 조리법, 즉 데치거나 볶는 것과 같은 전통적 요리법의 과정이 아니라 출력을 통해 음식이 만들어지는 만큼, 새로운 형태와 질감을 느낄 수 있는 것이 3D 식품 프린팅 기술의 특징이다. 다시 말해 곡류나 육류, 또는 채소류와 같은 필수적인 식품 재료와 3D프린팅을 통한 새로운 구조적 특징을 결합하여, 시너지 효과를 내는 것이다.

3D 식품 프린팅 기술은 기존 식품들과는 달리, 형태와 질감을 자유롭게 디자인할 수 있는 것이 특징이므로 식품의 구성 성분은 물론 맛과 향미 등이 완전히 다른 개별적인 식품을 생산할 수 있다.

한마디로 다양한 식품 산업에 응용할 수 있다는 뜻이다. 더불어 원하는 맛이나 성상이 아닌 음식이 나왔을 경우 3D 식품 프린터에서 프로그램을 조금만 수정하면 즉시 다른 음식을 만들 수 있으므로 다품종 소량 생산으로 큰 매력을 가질 수 있다는 것이다.*

* 「3D프린터로 찍어낸 고기의 맛은?」, 김준래, 사이언스타임스, 2019. 10. 25.

스페인 스타트업 노바미트는 인공 쇠고기를 만드는 3D프린터를 선보였다. 3D프린터에 식물성 단백질을 넣어 0.1~0.5㎜ 두께의 근섬유를 잉크처럼 뿌려 인공 쇠고기를 만드는 방식이다.

이 아이디어에 많은 전문가들이 주목한 이유는 간단하다.

"현재 소나 돼지의 트림과 방귀에서 온실효과를 일으키는 메탄가스가 대량으로 나오는데 3D프린팅으로 대체육을 만들면 이런 문제가 크게 해소될 것이다."*

* 「집 하루에 뚝딱, 이산화탄소는 2t 감축⋯ ESG에 '3D프린터' 부활」, 최인준, 조선일보, 2021. 10. 14.

한국도 이 분야는 만만치 않다.

바오밥헬스케어는 어류 세포를 배양한 뒤 식용 바이오 잉크를 활용해 3D프린터로 생선을 찍어냈다. 생선의 근육조직을 비롯해 뼈와 살이 갈라지는 생선 고유의 패턴을 제대로 살렸다.

실제 생선과 같은 맛·식감을 가진 배양 생선을 3D프린터로 만들어 식탁에 올리는 일이 어려운 일은 아니라는 뜻이다.*

* 「생선을 3D프린터로 찍어낸다고? 스타트업 국내 첫 개발」, 고석현, 중앙일보, 2022. 12. 08.

물론 먹는 것을 기계로 만들어 낸다는 것에 대한 우려가 있는 것은 사실이다. 특히 손에 들고 사용하는 물건과 달리, 몸으로 섭취해야 하는 것이 프린트된다는 것에 대한 거부감이다.

그러나 3D 푸드 프린팅 기술이 오히려 다양한 음식에 대해 개별적 차원의 접근성을 높여 재료와 음식에 대한 투명성을 키우는 계기가 될 수 있다는 주장도 있다.

슈퍼마켓이나 재래시장에서 반(半)조리된 음식을 구매해 전자레인지로 음식을 만들어 먹는 것처럼, 조만간 프로그래밍된 조리법을 프린터에서 다운로드를 하고, 재료를 투입해 요리로 만드는 것이다.*

* 「2016 한국이 열광할 12가지 트렌드」, KOTRA, 알키, 2015

5. 방산 분야

　3D프린터를 이용하여 자동차, 비행기의 상당 부품을 제조하고 있다는 것은 앞에서 설명했다.

　3D프린팅은 대량 생산보다는 소량 맞춤 생산 분야에 절대적인 장점을 갖고 있는데 그 중 대표적인 분야가 바로 방위산업이다.

　3D프린터와 관련된 설명에 AM(Additive Manufacturing)이라는 용어가 항상 따라 나온다. 이들 차이는 3D프린터는 일반용, AM은 좀 더 프로페셔널한 용어로 말 그대로 한두 개 만드는 것이 아니라 대량 생산을 목표로 한다. 또한 AM은 지속 가능한 기술, 다시 말해 자연환경과 사회에 위해를 입히지 않으면서 지속 가능한 기술(Sustainable Technology)로도 주목받고 있는데 그 이유는 최소한의 재료 사용과 함께 재생산을 할 수 있기 때문이다.

　특히 AM은 방산 분야에서 큰 활용도를 보이는데 중국의 차세대 전투기 개발 사업(J-15)에 3D프린터가 광범위하게 사용되었다고 발표되었다. 전통적인 티타늄 가공방식을 사용했을 때와 비교하면 원료를 90% 가까이 절약할 수 있고 비용은 기존 제조방식의 5% 정도 수준이라고 한다. 유럽 우주국 ESA도 'Amaze Project'를 발표했다. Amaze Project는 3D프린터로 항공기와 우주선에 필요한 금속 부품을 제조한다는 계획이다.

　명실상부한 세계 최강 군사력을 자랑하는 미군은 3D프린팅 연구 및 개발에 엄청난 예산을 투입하고 있는데 군대의 생사를 좌우하는 보급,

즉 공급망(Supply Chain) 관리에 3D프린팅이 중요한 역할을 할 수 있기 때문이다. 즉, 3D프린팅을 통해 전장의 최전선에서 군수품 제조(Manufacturing of Munitions)가 가능하다는 설명이다.

2015년부터 미군은 군용식품과 전투식량을 인쇄하는 3D프린터 개발에 착수했다. 3D프린터를 이용하면 보급로가 차단되어도 원활히 대응할 수 있고 식량 운송비도 절감된다. 특히 2021년 미국의 바이든 대통령은 군대가 임무 성공에 필요한 핵심 초점 영역과 전략적 조력자로서 3D프린팅을 적극 사용할 것을 권장했다.

예기치 못한 환경 변화로 인해 보급이 차단되더라도 현장에서 자체적으로 군수품을 조달하도록 하는 것이 핵심이다. 다시 말해 군수품 공급업체가 전염병으로 인해 타격을 입거나, 원자재가 항구에 갇히거나, 칩 부족으로 인해 물품 생산라인이 중단되어도 현장에서 3D프린팅 기술을 통해 필수 부품을 직접 제작한다는 내용이다.

로버트 골드박사는 이의 필요성을 다음과 같이 설명했다.

"적층 제조 3D프린팅은 개발자들이 미군 병력에 대한 기술적인 우위를 유지하도록 돕는 동시에 미군이 전례 없는 수준으로 공급망을 민첩하게 확보할 수 있도록 해준다.

군은 3D프린팅을 이용해 기지나 해상, 또는 최전선에서 주문형(On-demand) 부품을 적시에 신속하고 낮은 비용으로 생산해낼 수 있다. 또한 재고 소진으로 더 이상 부품 공급이 불가능한 군수용 차량의 수명을 연장하는 데에도 3D프린팅을 활용할 수 있다."

실제로 미 육군은 블랙호크 헬기의 각 구성 요소를 분해해 3D 스캔하는 작업을 수행했다. 미군은 블랙호크의 예비 부품이 필요하다면 지구 상 어디에서든 해당 3D 디지털 모델 정보를 전달받아 현장에서 3D 프린터로 출력할 수 있는 체제를 구축했다.

이뿐만이 아니다. 헬기뿐만 아니라 각종 전투기에 필요한 예비 부품부터 원격 전초기지용 콘크리트 막사 제작까지 3D프린팅을 활용한다. 특히 전투 차량의 차체를 일체형으로 3D프린팅해 제작하는 '일체형 차체 제조(Monolithic Hulls Manufacturing)'를 궁극적인 목표로 내세웠다. 미 해군은 단 36시간 만에 트럭 탑재 로켓 발사기 시스템을 숨길 수 있을 만큼 큰 규모의 콘크리트 구조물인 벙커를 만들었다. 작동도 간단하여 몇 시간의 교육만으로 해당 장비를 다룰 수 있다고 설명한다.

미 공군의 가장 비싼 전투기인 F-22 랩터도 2019년부터 3D프린팅으로 생산된 부품을 탑재하고 비행하는데 기존에 사용되던 알루미늄 부품과 달리, 3D프린팅된 티타늄 부품은 부식되지 않는 것이 특징이다.[*]

[*]「3D프린팅, 미군의 새로운 무기로 떠오르다」, CAPA, 2022. 04. 06.

한국도 3D프린팅에 관한 한 빠지지 않는다.

방위산업에서 3D프린터는 여러 분야로 분류되어 활용된다.

첫째는, 무기체계 장비의 '창정비'를 할 때 필요한 부속품을 3D프린팅으로 생산하는 것이다. 여기서 창정비란 무기체계를 완전분해하고 부속품을 새로 교체하여 수명을 연장하는 것을 의미한다. 사실 군수품의 특성상 교체할 새 부속품들이 소량이고, 오래된 경우 단종된 것이 많아 창정비를 하는 데 어려움을 겪었다. 그러므로 3D프린팅 기술을 활용하면 단종된 수리 부속품까지 생산할 수 있으므로 창정비를 원활하게 실시할 수 있다.

실제로 2012년 한국 공군은 KF-16, F-15K 항공기 엔진 정비에 필요한 수리 부속품을 3D프린팅으로 만들어 활용했다.

이를 통해 예산 절감은 물론 조달기간을 단축할 수 있으며, 비행 안전성도 확보했다. 육군 역시 육군 종합정비창에서 3D프린팅을 활용하여 단종 부품을 생산하고 있다.

3D프린팅의 장점은 무기체계 장비에 문제가 생겼을 경우 3D프린팅으로 필요한 부속품을 현장에서 바로 생산해 교체할 수 있다는 점이다. 이는 군에서 유사시에도 전력을 유지하는 데 큰 도움이 되며, 나아가 무기체계 제작의 독자적 기술력까지 확보할 수 있다는 뜻이다.

한국군은 이라크 파병 당시 수리 부속품의 지원에 어려움을 겪은 전력이 있다. 당시 유류, 물, 식량, 탄약 등은 고갈되지 않았으나 수리 부속품이 문제였다고 알려진다. 그런데 비단 전시뿐만 아니라 평시에도 수리 부속을 조달하는 데에는 많은 시간이 걸린다는 점이다.

특히 구형 재래식 무기에 사용되는 수리 부품은 가공이 용이하나 현재의 첨단 복합장비에 사용되는 수리 부품은 종류와 재질이 다양해 가공하기 어려울 수도 있다는 지적이다.

이는 많이 사용되는 수리 부품의 경우, 사전에 충분한 양을 확보해 보급할 수 있으나, 소요가 적은 수리 부품들은 소요가 발생할 때 비로소 요청하므로 즉각적인 수리 부품 지원이 어려울 수 있는데 3D프린팅이 이를 해결할 수 있다는 것이다.

사실 3D프린팅 기술은 앞으로 계속 발전되어야 할 분야로 기존 제조기술을 보완하는 특성을 보인다. 그러므로 전문가들은 이를 전략적으로 활용할 필요가 있다고 말한다. 여러 부품을 조립해 만든 제품을 3D프린팅으로 다시 재설계해 일체형으로 만들기도 하고, 구멍을 많이 가진 품목을 활용해 제품을 경량화시킬 수도 있다는 것이다.

한국군은 그동안 3D프린팅을 활용해 '그물망' 형태의 깁스 제작에 공을 들였다. 군 특성상 과도한 육체 활동이 수반되면서 골절환자도 수시로 발생하며 특히 전시에 가장 많이 발생하고 있는 전투손실 요인으로 꼽히는 총상 및 골절에 있어선 즉각적인 조치는 매우 중요한 요건 중 하나다. 그런데 기존의 깁스는 착용 시 제대로 씻을 수도 없고 공기도 통하지 않아 악취가 발생한다. 하지만 3D프린팅 기술을 이용해 '그물망' 형태의 깁스를 제작하면 환기가 쉬울 뿐만 아니라, 제작이 간편하고 신속해 전투 상황에서 유용하게 활용될 수 있다는 것이다.

군에서 우려하는 것은 3D 모델링 파일의 보안이다.

3D프린터 자체가 도면 파일만 있으면 누구나 제품을 똑같이 복제하여 이를 악용할 수 있기 때문이다. 물론 3D 모델링 파일이 스캔 등을 통해 복제되었거나 원본을 변형해 제작했을 때는, '디지털 포렌식' 방법으로 이를 판별할 수는 있다. 또한 '테라헤르츠'라는 기술은 파장이 매우 짧은 레이저를 이용하여 제품 내부에 ID를 삽입하고 스캔을 통해 복제품 여부 판별과 사용 목적 등을 역추적할 수 있다고 알려진다.

군 관계자들은 방위산업 분야에서 3D프린팅 기술의 적용 가능한 분야를 최대한 발굴함으로써 자주국방에 크게 이바지할 수 있다고 설명한다.*/**

* 「방위산업에 몰아치는 4차 산업혁명」, 유용원, 조선일보, 2019. 03. 22.

** 「국방의 첨단무기부터 단종된 부품까지 만들어 낼 3D프린팅 기술」, 3D Printing Times, 3dcookie - 2018. 03. 13.

6. 우주 개발

3D프린터는 우주로도 이어진다는 데 중요성이 있다.

2015년은 우주 개발에서 매우 기념비적인 해로 설명된다. 이언 머스크의 스페이스X가 발사된 로켓을 재착륙시키는 데 최초로 성공한 것이다. 이 발사는 고비용 발사체를 온전한 상태로 회수, 연료를 충전하고 재발사하는 것으로, 로켓을 여러 번 반복 사용할 수 있음을 확인했다.

이것은 우주 개발에 들어가는 비용을 획기적으로 줄여줄 뿐만 아니라, 지금까지 편도성 비행만 가능했던 우주탐사에 왕복 운행이 가능한 길을 열어주었다. 이를 계기로 미국 항공우주국(NASA)은 우주정거장, 인공위성, 우주탐사선 등의 자체 발사사업을 종료하고 모두 스페이스X로 위탁했다. 한국이 발사한 최초 달 탐사선 다누리호 역시 스페이스X 펠컨9 로켓에 실려 우주로 향했다.*/**

* 『스마트 테크놀로지의 미래』, 카이스트 기술경영전문대학원, 율곡출판사, 2017

** 「미·중 달 탐사 경쟁 가속화되나」, 심창섭, 사이언스타임스, 2019. 05. 03.

우주 기술

스페이스X 기술의 핵심 요소 중 하나가 3D프린팅 기술이다.

로켓이 지구중력을 벗어나는 데 필요한 엄청난 출력을 내야 하는 엔진은 고온에서 정교하게 작동하는 만큼 연소를 제어하는 것이 관건인 셈인데, 이들 부품을 제작할 때 바로 3D프린팅 기술을 적용한다.

3D프린팅으로 비용·시간 절감 및 부품 일체화·경량화 및 복잡 형상 제작에 적합하다는 것은 잘 알려져 있다. 스페이스X 로켓 '팰컨9' 엔진 밸브 주물 제작에 그동안 수개월씩 소요되었는데 3D프린터로는 이틀 만에 제작한다. 미국 렐러티비티 스페이스는 3D프린팅 기술을 활용하여 단 3개 부품으로 엔진을 제작한다.

한국의 소형발사체도 3D프린팅 기술을 적용하여 공간 효율성을 12% 높이고 부품 27% 경량화에 성공했다고 발표했다.

우주 프로젝트에 3D프린팅 기술을 채택하는 이유는 합리적 비용과 유연성 때문이다. 대량 생산에 맞춰진 사출 방식은 비용이 많이 들어가지만, 3D프린팅 방식은 소량 생산을 할 수 있다. 부품 모양이나 소재도 쉽게 변경할 수 있어 원하는 부품을 신속하게 제작할 수 있다.*

* 「4차 산업혁명의 주역 '3D프린터'」, 이강봉, 사이언스타임스, 2018. 04. 23.

민간인 우주 프로젝트를 주도하고 있는 스페이스X의 일론 머스크 회장은 로켓 엔진을 3D프린터로 제작한다. 스페이스X의 3D프린터 적용은 그야말로 놀랍다.

① 고성능 엔진, 대형 구조 부품에 3D프린팅 기술 적용
② 로켓 제작, 우주정거장 유지보수, 우주 식민지 건설, 식량 생산 등에 3D프린팅 적용
③ 맞춤형 소량 생산, 신속 제작, 소재 다양화 등 3D프린팅 활용*/**

* 「우주산업 3D프린팅 기술로 선도한다!」, 대전광역시 특화산업과, 2022. 10. 21.

** 「더욱 활발해질 2023년 민간 우주산업, 중소형 상업 로켓과 대형 로켓 발사 예정」, 김민재, 사이언스타임스, 2023. 01. 09.

세계에서 가장 큰 금속 3D프린팅 기계를 보유한 렐러티버티 스페이스는 미국 항공우주국(NASA)과 함께 대형 금속 3D프린터로 인쇄한 궤도 로켓을 개발했다. 또한 달과 화성에 진출하는 데 필요한 거주 공간에 저렴한 비용으로 신속하게 집을 짓는 방법으로 3D프린팅을 선택했는데 3D프린팅으로 달은 물론 화성에서도 주택을 건설할 수 있다는 것이다.

학자들은 뉴스페이스 시대가 본격화하면서 3D프린팅을 비롯해 수많은 부속 산업이 우주를 향할 것으로 예상한다.

건설, 토목, 식품, 의류, 통신 등 땅에서 일어나는 비즈니스가 모두 우주로 이전될 수 있다는 내용이다.*

* 「"이제 달·화성 가는 로켓도 '3D프린터'로 만든다"…각국 '우주 3D 프린팅' 스타트업에 수천억 원 뭉칫돈 몰려」, 황민규, 조선일보, 2020. 11. 24.

우주에서 3D의 역할은 미항공우주국(NASA)이 화성 탐사로봇 로버(Rover)를 화성에 착륙시킨 것으로도 알 수 있다.

이 로버 속에 들어 있는 통풍구, 유선형 공간, 카메라 장착대 등 중요한 장치 70여 가지를 3D프린터로 제작했다.*

* 「화성탐사로봇 '로버'도 3D 프린터 작품」, 이강봉, 사이언스타임즈, 2013. 12. 10..

학자들이 우주에서 3D프린터가 폭발적으로 활용될 것으로 생각하는 이유는 3D프린터로 우주에서 직접 필요한 물건들을 만들 수 있기 때문이다. 현재 지구에서 우주선에 물건을 쏘아 보내는 데 1kg당 비용이 약 5,000만 원 들지만, 3D프린터로는 이 물건들을 우주에서 직접 만들어 절대 경비를 줄일 수 있다.*

*『스마트 테크놀로지의 미래』, 카이스트 기술경영전문대학원, 율곡출판사, 2017

화성을 향한 인류의 관심이 그 어느 때보다도 높아지고 있는 상황에서, NASA는 화성 유인기지 주택 설계 공모전을 개최했다. 2015년부터 시작되었는데 화성에 기지를 건설하는 것은 생각보다 어려운 작업이다. 특히 기지 건설에 필요한 모든 자재를 지구에서 수송할 수 없으므로 최대한 현지에서 조달해야 한다는 것이 관건이다.

NASA가 내세운 조건은 단 하나, 건축 면적 93㎡ 정도 크기의 거주 공간에서 탐사대원 4명이 12개월 정도 거주할 수 있는 기지를 건설하되, 3D프린터를 이용해 화성 현지에 있는 무기질과 같은 소재를 이용해야 한다는 것이다. 그러므로 공모전의 정식 명칭도 '3D Printed Habitat Challenge'이다.

총 77개 팀이 응모하여 2단계를 통과한 팀은 불과 5개 팀에 불과했다. 한국건설기술연구원과 한양대학교가 팀을 이룬 '문엑스컨스트럭션(MoonX Construction)'이 월등한 기술과 아이디어로 1등을 차지했고 3단계에서 3위를 차지했다.

우주에서 3D프린팅의 역할이 얼마나 중요한지 보여준다.*

* 「미래 화성기지는 3D프린터로」, 김준래, 사이언스타임스, 2018. 08. 09.

또한 3D프린터는 장거리 우주여행, 화성 유인 탐사는 물론 화성의 지구화(텔레포밍)에도 큰 도움을 줄 것으로 전망된다. 화성까지 현재의 우주선 능력으로는 단행으로 8개월 정도 걸리지만 이를 절반으로 단축하더라도 왕복에 1년 정도가 걸린다.

문제는 그동안 맛없기로 유명한 우주식량으로 배를 채워야 한다.

이런 문제 해결에도 3D프린터가 나섰다. 장거리 우주여행에서 음식물은 아주 중요한데 우주선은 공간이 제한적이므로 적재량에 문제가 있고 요리할 수 있는 환경을 갖추는 것도 불가능에 가깝다. 원리는 간단하다. 우선 우주여행용 음식에 필요한 재료를 모두 가루 형태로 만들고 이를 3D 푸드 프린터로 음식을 만드는 것이다. 초콜릿을 입힌 쿠키는 물론 피자도 만들 수 있다. 피자를 인쇄하는 방법은 매우 간단하다.

'뜨겁게 달군 쟁반 위에 도우를 인쇄한다. 쟁반이 달궈져 있어 인쇄와 동시에 도우가 구워진다. 이 위에 가루 형태로 저장해둔 토마토소스를 물과 기름을 섞어서 인쇄한다.

마지막으로 맛있는 단백질층을 쌓아 토핑하면 피자가 완성된다.'

모든 재료를 가루로 만들어 합성하기 때문에 단백질층 재료는 동물이나 우유, 식물을 포함해 어떤 것을 사용해도 문제가 없다. 3D 푸드 프린터는 재료도 모두 가루 형태로 만들어 쓰기 때문에 원재료를 다양하게 바꿀 수 있다는 큰 장점이 있다. 단백질 성분으로 고기류 대신 벌레나 콩과 같이 자연에 널려 있지만 직접 먹기에 거부감이 있거나 잘 먹지 않는 수많은 동식물도 음식 재료로 사용할 수 있다는 얘기다. 해조류나 풀, 각종 씨앗, 벌레 같은 다양한 요소를 음식으로 활용한다면 지구 환경 보호에도 크게 이바지할 수 있다. 3D프린터로 달이나 화성에 기지를 세울 수도 있고, 지구에서처럼 맛있고 다양한 음식을 먹을 수도 있다는 것은 달이나 화성에서 장기간 머무는 지루한 우주여행을 보다 유쾌한 환경으로 바꿀 수 있다는 뜻이다.*/**

* 「KISTI의 과학 향기」, 박응서, KISTI, 2013
** 「방위산업에 몰아치는 4차산업혁명」, 유용원, 조선일보, 2019. 03. 22.

3D프린터의 효용성이 입증되자 세계 초강국들이 전투기 개발에 3D 프린터가 광범위하게 사용되고 있다는 것은 잘 알려진 사실이다. 전통적인 티타늄 가공방식을 사용했을 때와 비교하면 원료를 90% 가까이 절약할 수 있고 비용은 기존 제조 방식의 5% 정도 수준이라고 한다.

유럽 우주국 ESA도 'Amaze Project'를 발표했는데 주제는 3D프린터로 항공기와 우주선에 필요한 금속 부품을 제조한다는 계획이다.

이는 금속 부품 제조 시 발생하는 산업폐기물을 줄일 수 있을 뿐만 아니라 제조 비용 절감 효과를 가져올 수 있다는 결론을 내렸기 때문이다. 기존제품보다 더 강하면서 가볍고 저렴한 금속 부품을 제조할 수 있다는 것이다.*

* 「특별기획 – 3D프린팅 국내외 기술 현황 및 활용」, 신기진, 기술과혁신, 2022년 9/10 월(455호)

우주발사체가 지구중력을 벗어나는 데 필요한 엄청난 출력을 내야 하는 엔진에 3D프린팅 기술이 적용되었다는 것은 우주산업 전반에 큰 혁신을 불러일으켰다.

2022년 6월 발사에 성공한 누리호에 장착된 추력 75톤급 메탄 엔진도 3D프린팅 기술이 적용되었다. 케로신을 연료로 사용하는 엔진은 연소 시 발생하는 탄소 찌꺼기 때문에 재사용 한계가 최고 10번까지로 제한되지만, 메탄 엔진은 재사용 횟수가 월등하게 많다.

이 같은 장점은 심우주용 로켓, 특히 화성 등 타 행성 개척 때 현지에서 지구로 되돌아올 메탄 연료를 공급할 수 있으므로 스페이스X 등에서 집중적으로 연구한다.

사실 메탄 엔진을 비롯한 로켓 개발은 연료 혼합비와 연소실 압력 등을 정교하게 조절하면서 최적의 조건을 찾기까지 수많은 반복 실험이 필요하다. 바로 이런 난제, 즉 고(高)난도의 복잡한 엔진 부품을 3D프린터로 더욱 정교하게 제작하는 것이 성공을 바로미터라고 말한다.

한국이 개발 중인 메탄 엔진은 스페이스X가 로켓을 상용화시킨 이후 차세대 로켓 엔진으로 떠오르고 있다. 케로신을 연료로 사용하는 엔진은 연소 시 발생하는 탄소 찌꺼기 때문에 재사용 한계가 최고 10번까지로 제한되는 데 비해 메탄 엔진은 재사용 횟수에 제한이 없다.

그러므로 심우주용 로켓, 특히 화성 등 타 행성에 도착한 후 지구로 되돌아올 때 메탄 연료를 공급할 수 있어 스페이스X 등이 발 벗고 개발에 나서고 있다.

메탄 엔진을 비롯한 로켓 개발은 연료 혼합비와 연소실 압력 등을 정교하게 조절하면서 최적의 조건을 찾아야 하는데, 이러한 고(高)난도의 복잡한 엔진 부품을 3D프린터로 더욱 정교하게 제작할 수 있다는 설명이다. 한마디로 이제 우주산업에서 3D프린팅 기술은 이전과 다른 비용 및 시간 절감, 부품 일체화 및 경량화 등에서 혁신을 가져올 수 있다는 뜻이다. 스페이스X의 경우 2014년도부터 3D프린팅 부품개발 시작하여 현재 약 40%에 적용한다고 알려진다.*

* 「우주산업 3D프린팅 기술로 선도한다!」, 대전광역시 특화산업과, 2022. 10. 21.

NASA와 유럽우주국(ESA)에서 우주 개발의 핵심 기술로 3D프린터에 주목하는 것은 3D프린터가 복잡한 내부 구조를 지닌 로켓 엔진 부품을 한 번에 출력할 수 있기 때문이다. 로켓 엔진 부품을 한 번에 출력할 수 있는 이유는 재료의 변화 때문이다. 과거에는 3D프린터로 플라스틱 소재만 출력할 수 있었지만, 금속 3D프린팅 기술이 크게 발전하여 로켓이나 우주선 제조도 가능해진 것이다.

NASA는 국제우주정거장(ISS)에 3D프린터를 설치해 필요한 부품을 우주에서 현지 조달할 수 있는지 검증했다.

우주 공간에서 필요한 부품 중 상당수는 사실 금속 소재인데 금속 3D프린터는 폴리머 기반 소재를 출력하는 일반적인 플라스틱 3D프린터보다 무게와 부피가 크고 에너지를 많이 소모하므로 한정된 공간과 에너지를 지닌 ISS에 설치하는 것이 간단할 일이 아니다.

일반적인 금속 3D프린터는 보통 10㎡의 설치 공간이 필요한데, 이는 비좁은 ISS 내부에서 감당하기 어려운 크기가 아닐 수 없다.

ESA는 에어버스와 함께 ISS에 탑재할 수 있는 크기의 미니 금속 3D프린터를 개발했다. 우주 금속 3D프린터는 무게 180kg, 가정용 식기세척기와 비슷한 80 x 70 x 40 cm의 크기다.

또한 1,200℃ 이상 가열한 금속 소재를 출력할 수 있도록 일반 레이저 포인터보다 100만 배나 강력한 레이저를 사용한다.

출력 소재는 내부식성이 강한 스테인리스 스틸이다. 우주 금속 3D프린터가 지상에 있는 일반 3D프린터보다 제작이 까다로운 것은 뜨거운 연기와 입자에 의한 대기 오염 때문이다.

200℃ 이상 가열하는 폴리머 소재도 인체에 유해(有害)한 연기와 휘발성 물질을 내뿜을 수 있지만, 금속 3D프린터는 더 고온의 금속 연기와 입자를 배출할 수 있으므로 ISS에 체류하는 우주 비행사의 건강에 심각한 문제를 만들 수 있다.

따라서 우주 금속 3D프린터는 출력 도중 외부로 물질이 빠져나가는 것을 막고 최종 출력물을 꺼내기 전 공기 필터와 정화기를 이용해 유해한 물질을 모두 흡수해야 한다.

한마디로 우주 금속 3D프린터는 지구중력의 6분의 1에 지나지 않는 달 기지와 3분의 1 수준인 화성 기지에서 맹활약할 수 있을 것으로 추정한다. 궁극적으로는 복잡한 금속 제련소와 부품 공장을 만드는 대신 3D프린터를 이용해서 기본적인 원료에서 한 번에 우주 기지 건설에 필요한 물품을 출력할 수 있다는 주장이다.*/**

* 「우주로 나간 금속 3D프린터…우주 제조업 신호탄 될까? [고든 정의 TECH+]」, 고든 정, 서울신문, 2024. 02. 03.

** 「방위산업에 몰아치는 4차 산업혁명」, 유용원, 조선일보, 2019. 03. 22.

7. 보안 분야

사람들이 3D프린터에 무척 놀라움을 표시하는데 인간의 속성상 이를 '선'으로만 활용하는 것은 아니다. 엄밀하게 말하면 3D프린터의 특별한 점이라고도 볼 수 있는데, 3D프린터를 이용하여 개인 살상 무기의 생산도 어려운 일이 아니라는 점이다.

전문 총기 제작자가 3D프린터를 사용해 반자동소총인 AR-15의 하부를 만드는 데 성공했다. 총알을 담는 부분인 하부는 현재 각국에서 가장 강력하게 규제하고 있는 대상으로 여기에 총의 일련번호가 표시된다.

한 독일 해커는 엄격한 통제를 뚫고 경찰의 수갑 열쇠를 3D프린터로 복사하기도 했다. MIT의 닐 거쉰펠드 박사의 제자 2명은 미국 교통보안청의 여행용 가방을 열 수 있는 마스터키를 만들었다.

결국 3D프린터에 위조 행위를 추적할 수 있어야 한다는 주장이 제기되었지만, 규제가 현실적으로 불가능하다는 지적이다.

한마디로 3D프린터가 각 집에 하나씩 보급된다고 할 때 프린터에서 생산하는 것은 각자의 능력에 따라 다양할 수 있으므로 이를 규제할 수 없지만, 3D프린터를 무조건 무기 제작기구로 생각할 이유는 없을 것이다.*

* 「4차 산업혁명의 충격」, 클라우스 슈밥 외, 흐름출판, 2016

2014년 제17회 인천아시안게임에서 경찰의 경계 대상 1호는 3D프린터로 만든 '3D 총기'였다. 당시 경찰은 우리나라와 일본에서 3D 총기를 제작한 남성이 구속되는 사례가 알려지면서 3D 총기 부품과 설계도에 대한 단속을 벌였다. 일반인도 3D프린터와 설계도만 있으면 손쉽게 원하는 제품을 만들 수 있다는 뜻이다.*

* 「3D프린터」, 이정아, 과학동아, 2012. 01. 19.

「KISTI의 과학 향기」, 박응서, KISTI, 2013

「KISTI의 과학 향기」, 이성규, KISTI, 2013

「스스로 만드는 시대, 부의 격차 줄어든다」, 한겨레, 2016. 07. 04.

「3D프린터」, 스마트과학관-사물 인터넷, 국립중앙과학관

http://harmsen.blog.me/220104801579

http://samsungblueprint.tistory.com/463

「3D프린팅의 신세계」, 호드립슨 외, 한스미디어, 2013

「3D프린팅」, 오원석, 커뮤티케이션북스, 2016

「스마트 테크놀로지의 미래」, 카이스트 기술경영전문대학원, 율곡출판사, 2017

사이언스타임스의 김연희 기자는 다음과 같은 상황을 적었다.

'미래의 어느 때 한 부부가 어린아이의 탄생에 눈물을 흘린다. 이들이 아이 탄생에 눈물을 흘린 것은 그동안 불임 때문에 악전고투로 아이를 태어나게 했기 때문이다. 그들은 3D프린터로 만든 인공 자궁을 만들었다. 체외에서 바이오소재로 만들어진 이 인공 자궁이 임신을 유도했고 결국 아이를 낳은 것이다.'

미래의 일을 가상으로 적었지만, 그동안 의료분야에서 인공장기 즉 3D프린터로 인공 코나 인공 귀 같은 실제 사례가 축적된 결과로 볼 수 있다. 의약품도 마찬가지다. 의약품의 레시피만 알면 3D프린터를 이용하여 집에서 약을 만들 수도 있으므로 3D프린터를 이용한 개인 의약품 조제 시대가 현실로 다가올 수 있다는 뜻이다.

이 자체가 치료라는 측면에서 보면 긍정적이라 볼 수 있지만, 인간의 특성상 인간의 몸을 부품으로 보는 경향이 생겨날 수 있다는 지적도 있다. 윤리적 문제가 생겨날 수 있음을 의미하는데 간단한 예로 컬러인쇄기를 제시한다. 원본과 거의 차이 없는 컬러인쇄기 등장으로 위조지폐 문제를 불러일으킨 것처럼 3D프린팅 된 위조 장기들도 거래될 수도 있다는 것이다.

가장 의료계를 비롯한 당국자들이 신경 쓰는 부분은 합성마약이라고 불리는 디자이너 드러그(Designer Drug)가 확산할 수 있다는 점이다. 마약의 경우 특정 성분만 포함되면 그 효능을 나타내므로 조제가 간단하다. 약물 과다나 약물 중독환자가 증가할 수 있다는 것이다.*

* 「화성탐사로봇 '로버'도 3D 프린터 작품」, 이강봉, 사이언스타임즈, 2013. 12. 10.

일부 학자들은 대비책으로 3D프린터가 유발할 수 있는 사회적 부작용을 사전에 체크해야 한다고 지적한다. 앞에서 설명했듯이 실탄을 발사할 수 있는 무기도 3D프린터로 제작할 수 있다는 것이 증명되었다. 미국의 경우 총기 보유가 법으로 보장되어 있는데 미국 텍사스주 소재 비영리단체는 플라스틱 총 조립용 부품 설계도까지 공개했다.

이들 조처가 불법은 아니지만, 우려 대상임에는 분명하다.

코넬 대학교의 호드립슨 박사는 3D프린팅의 장점만 생각하고 문제점을 예측하지 못하면 생각보다 심각한 위험에 직면할 수도 있다고 주장했다. 그는 자동차 스티어링 휠을 예로 들었다. 어떤 자동차 마니아가 3D파일 공유 사이트에서 다운로드를 받은 디자인을 가지고 직접 3D프린팅으로 제작한 스티어링 휠을 주문 판매했다.

안전과 품질 관련 규정을 통한 검증 절차는 없었는데, 이 제품을 구매한 사람이 비극적 교통사고로 사망했다. 원인은 빠른 속도로 크게 왼쪽으로 돌던 스티어링 휠이 차제에서 빠져버렸기 때문이다.

이 문제는 사회적인 문제가 되었지만, 어느 누구도 책임을 지지 않았다. 잘못된 디자인 파일을 만든 사람을 고발할 수도, 디자인 파일을 사용해서 스티어링 휠을 3D프린팅한 사람에게 죄를 물을 수도 없었는데 그것은 안전에 대한 기준이 없기 때문이다.*

* 「3D프린터 안전 고민할 때」, 김연희, 사이언스타임즈, 2015. 05. 20.

암호화되지 않은 3D프린터는 외부의 사이버 해커가 3D 렌더링 소프트웨어를 사용해 기본 구성을 손쉽게 재구성하여 출시되지도 않은 신제품에 대한 정보를 유출하거나 독점적인 정보를 빼돌릴 수 있는 위험성을 안고 있는 것은 사실이다.

더불어 단순한 정보 유출에서 그치지 않고 경쟁업체가 경쟁사의 3D 모델을 다운로드 및 수정을 통해 새로운 모델을 업로드할 경우, 여러 가지 문제가 생김은 물론이다. 한마디로 '보안성' 문제이다.

사실 3D프린터는 상용 기술과 오픈 소스 기술 구분 없이 보안 문제를 가지고 있다. 3D프린터는 기본적으로 네트워크 기술에 연결되어 있고,

소프트웨어 및 펌웨어가 설치되어 있다. 또한 도면 파일을 끊임없이 입력하므로 네트워크를 사용하는 와중에 해커들이 네트워크를 통해 3D 프린터 시스템에 침투하거나 바이러스를 심어둔 펌웨어나 도면 파일을 통해 3D프린터를 훼손하는 것이 가능하다. 실제로 3D프린팅 업계에서는 'dr0wned'라는 외부 공격으로 해커가 3D프린터 부품 도면을 임의로 수정하고 완성품 품질에 악영향을 주는 사건이 벌어졌다.

미 퍼듀대 공대의 진 장(Jing Zhang) 박사는 다음과 같이 말했다.

"3D프린터와 관련된 보안성을 높이지 않을 경우, IP(지적재산권) 도난과 공정 프로세스가 파괴될 수 있다. 특히 IP는 클라우드 기반 파일 공유 시스템이나 이메일 서버가 해킹되면서 유출될 수 있으며, 3D 스캐닝 기술을 사용하여 만든 부품을 리버스 엔지니어링할 수 있다. 만약 해커의 최종 목표가 제품을 위조하는 것일 경우 이를 막지 못한다면 기업은 크나큰 수익 손실로 이어질 수 있다."

이런 문제점이 지적되자 3D프린터의 보안성을 높이기 위해 암호화된 파일을 이용하거나 연결된 컴퓨터에 백신 프로그램을 설치한다. 또한 상용 3D프린터 하드웨어 및 솔루션에서도 자체적인 보안 기술을 지원한다. 특히 원격(온라인)으로 자신이 사용하는 프린터에 접속해서 다양한 제어기능을 지원하기도 한다.*/**

* 「[기획기사] 3D프린터의 보안 위협과 오픈 소스 해결책」, 이지현, OSS, 2023. 03. 23.
** 「3D프린팅 오픈 소스 소프트웨어 보안 취약점 분석 및 대체 소프트웨어에 대한 연구」,
김재민 외, 2020년 온라인 추계학술발표회, 2020년 11월

3D프린터의 아킬레스건은 특허권 침해 및 3D 도면해킹 등 분쟁이 만만치 않게 일어날 수 있다는 점이다.

학자들은 값싼 노동력을 찾아 해외로 생산시설을 이전했던 제조업체들이 국내로 돌아오게 될 것으로 예상하기도 하는데, 국내의 제조업 일자리가 사라질 가능성도 제기된다. 3D프린팅 기계가 공장에서 사람을 대신해 상시 제품을 생산할 수 있기 때문이다.

3D프린팅을 이용하여 자신만의 장신구, 용구, 선반, 장난감을 설계하고 이를 기계에서 만들어 낼 수 있다는 사실은 기본이다. 문제는 3D프린팅 기술 영역이 빠른 속도로 커지고 있지만, 저작권 문제는 만만치 않다는 점이다. 3D프린터는 저작권 개념에도 변화를 가져온다.

저작권은 책, 음악, 영상물 등 '지적 소유물'을 보호하기 위한 수단으로 나온 개념인 데 비해, 3D프린터는 소비자들이 현실에서 물건을 사는 대신 사이버공간에서 내려받은 도면으로 물건을 생산하는 것이다.

초콜릿 캔디, 바이오닉 의수와 의족까지, 3D프린팅 기술은 기업 규모와 상관없이 모든 제조 분야에서 사용될 수 있으므로 가능성 역시 무궁무진하지만, 어느 것이나 마찬가지로 리스크가 따르게 마련이다.

여기에 대두되는 것은 새로운 제조 환경에서 어떻게 자신의 지적재산권을 보호할 것인가 하는 것이다.

한마디로 3D프린팅의 단계에서 특허권, 저작권, 상표권, 디자인권의 침해가 불을 보듯 뻔하게 발생할 수 있다. 프린팅 기술을 그저 첨단 제조 도구 중 하나라는 관점만이 아니라, 지적재산권 보호 측면에서도 바라보는 다면적인 접근 방식이 필요하다는 주장 설득력을 얻는다.*

* 「[기획기사] 3D프린터의 보안 위협과 오픈 소스 해결책」, 이지현, OSS, 2023. 03. 23,

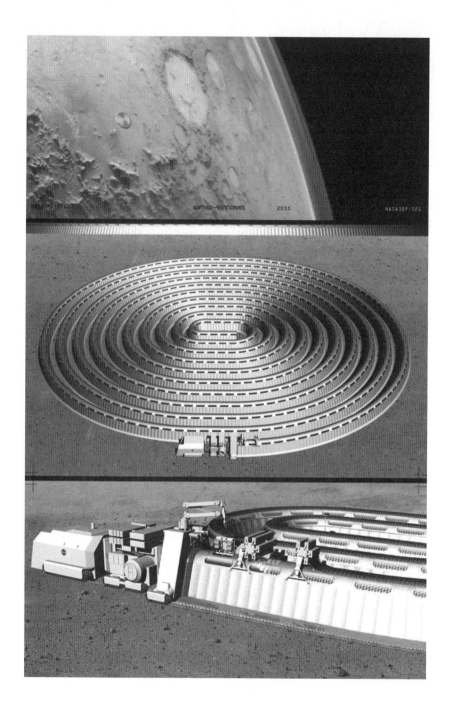

제5부

3D프린팅과 CNC

0. 무엇이 다른가?

공작기계를 잘 알고 있는 사람들은 3D프린팅이라면 CNC(computer numerical control)와 무엇이 다르냐고 질문한다. 그동안 CNC는 공작기계라고 부르는데, 다양한 절삭공구를 사용하여 원하는 거의 모든 물건을 만들 수 있었기 때문이다.

다시 말해서 다양한 재료로 어떤 물건이든 정밀하게 제작할 수 있다고 알려져서 그동안 현대문명을 이끈 절대적인 무기를 CNC로 인식한다. 물론 CNC라는 말 자체에 컴퓨터와 수치해석이라는 단어가 들어 있으므로 컴퓨터가 인간 세상에 들어온 이래 등장한 것이 틀림없지만, 3D프린터보다 훨씬 오래전부터 보급된 기술이다.

사실 우리 주변의 수많은 제품이 지금도 CNC로 제작되고 있다. 특히 CNC는 알루미늄이나 플라스틱 가공 등 대부분의 재료를 원하는 형상대로 만들 수 있는 제조업계의 터줏대감으로 불린다.

그렇다면 CNC가 3D프린터와 결정적으로 다른 것이 무엇일까?

이는 3D프린터와 달리 공작기계를 기본으로 활용한다는 점이다.

1. 공작기계의 간판 CNC

CNC의 간판은 공작기계의 대표주자로 설명되는 밀링 머신이다.

밀링 머신은 바이스로 부품을 고정한 뒤 고속으로 회전하는 툴을 움직여 형상을 제조하는데 대체로 X, Y, Z 축으로 움직이는 절삭공구가 장착된 3축 밀링 머신이 사용된다. 3축 밀링 머신의 특징은 간단한 세팅으로 제조할 수 있고, 대부분 제품을 제조할 수 있다는 것이다. 특히 날카로운 모서리 조형, 구멍 뚫기, 단차 생성 등에서 월등한 능력을 보인다.

물론 3축 밀링 머신은 한 번의 세팅으로 한 면을 가공할 수 있으므로 설계적 제한 사항이 있다. 추가적인 면이 필요하다면 또 한 번의 세팅이 요구된다는 뜻이다. 일반적으로 허용범위 외 오차를 발생시키지 않으므로 일반적인 요구사항을 충족하는 데는 문제가 없다. 이런 단점을 보완하기 위해 등장한 것이 4축, 5축 밀링 머신 또는 동시 5축 머신이다.

다축 CNC 머신은 전통적인 방식의 3축 머신에 축을 추가하여 더욱 정교하고 복잡한 형상을 제조할 수 있다. 다축 CNC 머신은 X, Y, Z 3개의 축이 선형으로 이송하는 것은 물론, 제품이 고정된 테이블과 절삭공구가 장착된 툴 헤드의 회전이 가능하다.

5축 CNC 방식을 3+2축 CNC라고 하는데 기존 3축 CNC 머신과 달리 공작물을 수동으로 재배치할 필요도 없다.

밀링 머신만큼 공작기계 중 잘 알려진 것이 선반으로 CNC 기술의 주춧돌이라고도 불린다. 스핀들에 고정된 대상물이 고속으로 회전하며 절삭공구와 맞닿아 절삭(切削)되는 방식이다. 대상물의 회전 운동이 주된 동력이므로 원통 형상을 제작하는 데 특화되며 도자기를 만들 때 사용하는 물레를 떠올리면 된다. 선반의 스핀들은 밀링 머신의 절삭공구보다 훨씬 더 빨리 회전하므로 생산성이 뛰어나다.

공작기계에서 잘 알려진 것은 밀링과 선반이 결합한 5축 CNC 밀 터닝 머신이다. 밀 터닝 머신의 스핀들은 대상물을 고정한 채로 정밀한 각도와 위치로 이송하며 동시에 스핀들과 절삭공구가 함께 회전하며 형상을 조형한다.[*]

* 「CNC 가공 총정리: 공작기계를 통한 제품 생산」, CAPA, 2021. 01. 20.

CNC 공작기계는 주로 산업용으로 사용되지만, 단순히 산업 영역에만 머물지는 않는다. 사실 CNC 가공은 우리 실생활과도 밀접한 관련을 맺고 있는데, CNC 특유의 정교함을 필요로 하는 곳에서 활용된다.

가장 잘 알려진 것이 반지 액세서리이다. 반지를 제작하는 데 CNC 선반이 필요하다. 바이스로 금속 재료를 선반에 고정한 뒤 고속으로 회전시키면 원형의 형태를 얻을 수 있다. 내부는 드릴링을 통해 안쪽을 파내면 반지의 형태가 갖춰진다. 물론 반지에 디테일한 디자인을 입히기 위해선 추가 작업이 필요하다. 반지 외에도 각종 커팅, 각인, 명판 마킹, 3D 조각 등의 작업이 CNC 공작기계를 이용해 가능한 일이다. 주변에서 흔하게 볼 수 있는 것은 반려동물 목에 거는 목걸이에 달린 인식표이다.

대형 조형물도 CNC 조각기가 사용된다. 이때 사용되는 CNC 조각기는 3차원 가공작업이 가능한 형태로 도심 속 또는 아파트 단지 내 조형물 중에선 CNC를 통해 만들어진 것이 상당수이다.

아파트, 상가, 학교, 행사장, 놀이공원 등에 설치된 많은 조형물이 CNC로 깎은 스티로폼 원형에 FRP를 입힌 결과물이다.*

* 「CNC 가공: 액세서리부터 대형 조형물까지」, CAPA, 2022. 05. 30.

CNC와 3D프린터의 차이는

3D프린터와 CNC는 큰 틀에서 같은 개념으로 인식하지만, 우선 공작기계로 불리는 CNC는 디지털 정보를 활용해 기계를 제어하는 가공 장비 중 하나이다.

다양한 절삭공구와 재료를 활용할 수 있으며 정밀도가 높으므로 소형 부품을 제작하거나 매끄러운 표면의 제품을 가공하기에 적합하므로 항공기는 물론 우주발사체 부품을 제작하는 데에 많이 활용된다.

CNC의 대표 가공법 중 하나로 알려진 밀링은 공작물을 베드에 고정하고 회전하는 공구를 활용해 가공하는 방식을 사용하며 선반은 공작물을 회전시키고 고정된 공구를 움직여 가공하는 기법을 사용한다.

돌을 깎아내 조각상을 만들어 내는 방법과 다름없다.

한마디로 CNC는 깎아내는 방식을 사용하는 데 비해 3D프린터는 기본적으로 적층 가공방식을 사용한다.

다시 말해서 한 층씩 쌓아 올려서 형상을 만든다. CNC 가공이 돌을 깎아 조각상을 만드는 것과 유사하다면 3D프린터는 진흙을 올려 도자기를 성형(成形)하는 것과 다름없다. 여기서 곧바로 질문이 나온다.

'어떤 장비를 사용하는 것이 더 좋을까?'

이 질문에 대한 대답은 공자님 말씀과 다름없다.

장비마다 특성이 다르므로 만들고자 하는 제품에 맞는 장비를 사용하는 것이 좋다는 뜻이다. 한마디로 만들고자 하는 제품의 퀄리티, 형태, 예산, 소재 등의 기준을 참고하라는 뜻이다.

① 제품의 퀄리티

정밀한 시제품이 필요한 CNC 가공을 추천한다. 3D프린터는 적층 가공방식을 사용하므로 쌓아 올린 레이어가 표면으로 드러날 수 있지만, CNC 가공은 기계적으로 미세한 부분까지 섬세하게 컨트롤이 되므로 표면 퀄리티가 높다.

② 제품의 형태

제품의 속이 텅 빈 형태라면 내부를 깎아내야 하는 CNC보다 적층 방식의 3D프린터가 유리하다고 설명된다. 그러므로 실무적으로 다음 상황에 적극 추천된다.

: 복잡한 피규어 같은 유기적인 형태 제작
: 속이 비어 있는 형상을 제작
: PCB, IoT 모듈이 포함되어 전선 등을 넣고 뺄 구멍이 안쪽에 여러 개 있는 경우

특히 제품 성능 테스트용 시제품을 만들 때 내부에 들어갈 카메라 및 센서 등이 실제로 작동하는 것까지 고려한다면 3D프린터를 추천한다.

③ 재료와 용도

수많은 제품에 사용되는 재료가 다를 수밖에 없다. CNC는 목재나 아크릴을 깎아낼 수 있지만, 3D프린터로는 목재나 아크릴을 쌓아 올릴 수 없다. 재료에 따라 선택이 달라진다는 뜻으로 초정밀, 강도 높은 제품 등의 제작에는 CNC가 추천된다.

: 초정밀 부품, 공차(기계 부품에서 기준 치수의 허용된 양)를 고려하는 부품 제작

: 고강도 및 고압력 제품

: 기계로 표면 가공

: 금속, 나무, 대리석 등의 원재료 반영하여 제작*/**

* 「3D프린터, CNC, 레이저커팅…내 시제품에 맞는 선택은?」, CAPA, 2021. 08. 26.

** 「CNC와 3D프린터의 차이점」, 한국전자기술, 2022. 11. 05.

이 말은 CNC는 CNC대로, 3D프린터는 3D프린터대로 나름의 장단점이 있다는 의미다. 특히 CNC는 재료에 따라 일괄 작업도 가능하므로 정밀 부품의 대량 생산에 적합하다. 특히 일정하게 구멍을 뚫는 드릴링 작업과 공작물을 절삭하는 밀링 작업도 손쉽게 할 수 있다. 특히 플라스틱부터 금속, 비금속, 비철금속 등 다양한 소재를 활용할 수 있지만 각각의 소재별 특성을 잘 파악한 뒤 적합한 툴을 선정하는 것이 기본이다.*

* 「정밀하게 시제품을 제작하는 CNC 가공」, 한국전자기술, 2022. 11. 15.

2. 북한의 과학기술과 CNC

CNC와 3D프린터의 중요성을 가장 잘 보여주는 예는 북한의 우주 굴기이다. 일반적으로 내연기관 자동차 한 대에 20,000여 개의 부속품이 들어가며 기계, 전자, IT, 소재 등 분야별로 고도의 기술이 복합된 항공기 부품 수는 자동차의 10배인 약 20여만 개로 추정한다. 그런데 인공위성의 경우 30~40여만 개가 필요하다는 것이 일반적인 설명이다.*/**

* 「우주 강국을 향한 K-로켓의 꿈」, 정책브리핑, 2021. 11. 04.

** 「발사 하루 전 연기된 누리호…나로호 때는 8분 전 '스톱'」, 연합뉴스, 2022. 06. 15.

북한의 우주 굴기에 대해 들을 때 의문을 가진다.

인공위성이든 ICBM이든 북한은 우주발사체 포함하여 이들 모두를 스스로 제작했다는 점이다. 적어도 중국이나 러시아로부터 발사체 전부를 이전받은 것이 아니냐는 추정도 있지만, 이는 사실 불가능하다는 사실을 모르는 사람은 없을 것이다.

이에 대한 의문은 한국군이 북한이 2023년 6월 31일 발사한 우주발사체가 서해에 추락한 지 15일 후에 2단 추정 동체를 발견한 것으로부터 풀리기 시작했다. 잔해 동체 표면에 '천마'라는 두 글자와 날개 달린 말 형상의 그림이 그려져 있는데 이것은 엔진 주요 구성품인 '터보 펌프(Turbo Pump)', 즉 북한 대륙간탄도미사일(ICBM) 기술 수준을 밝힐 수 있는 핵심 부품으로 알려졌다.

터보 펌프는 액체 연료를 로켓 엔진에 공급하는 장치로 노즐, 연소기, 가스발생기 등과 함께 핵심 구성품으로 꼽힌다. 한국군은 북한이 '천리마 1형'이라고 명명한 발사체는 러시아가 개발한 추력 90tf(톤포스)급 RD-250 엔진을 역설계한 백두산 계열 엔진을 한 단계 더 개량한 신형일 가능성이 크다고 말했다. 우주발사체, ICBM 등에 사용되는 북한의 장거리탄도미사일 주력 엔진 기술이 계속 발전하고 있다는 것이다.

천리마 1형은 백두산 계열 엔진이 1단에 2개, 2단에는 1개 장착된 것으로 분석됐다. 백두산 엔진은 추력이 80tf로 1단은 총 160tf의 추력, 2단은 80tf 추력을 내도록 제작됐다는 것이다. 2단 동체의 직경(直徑)은 2.3~2.8m 정도로 상단부에서 하단부로 갈수록 넓어지는 형태였다.

그러나 조사단은 '천리마 1형'의 발사 실패 요인에 대해 2단 엔진의 시동기나 터보 펌프에 문제가 생겨 연료와 산화제가 엔진에 제대로 공급되지 않은 것으로 추정했다.

한국군은 잔해에서 러시아산으로 추정되는 부품도 찾아냈다고 발표했다. 북한이 미국과 유엔 등 국제사회의 대북(對北) 제재를 피해 러시아 등으로부터 탄도미사일 제작 부품을 들여오고 있다는 증거로 제시했지만, 발사체 전체를 러시아나 중국으로 들여오지 않았다는 것은 분명한 사실이다. 그렇다면 수십만 개에 대한 부속품을 어떻게 조달했을까?*

* 「[단독] 軍, 北 ICBM 비밀 담긴 '백두 엔진 터보 펌프' 찾았다」, 노석조, 조선일보, 2023. 06. 28.

북한의 우주발사체가 모두 성공한 것은 아니지만, 북한의 우주 굴기에 의문이 생기지 않을 수 없는데 2010년 북한의 사설에서 다음과 같은 기사가 발표됐다.

'금속 덩어리를 투입구에 올려놓고 시작 스위치를 누르면 로봇팔은 미리 입력된 프로그램에 따라 자동적으로 금속 덩어리를 선반 위에 고정시키고 필요한 공구를 회전축에 부착한다. 고속으로 회전하는 공구는 티타늄과 같은 매우 강한 재질로 되어있어 금속 덩어리가 이것과 닿으면 쉽게 깎여나간다. 공구는 필요에 따라 중간중간 교체된다. 금속 덩어리를 올려놓은 선반은 컴퓨터로 계산된 결과에 따라 전후, 좌우, 상하로 움직이거나 좌회전, 우회전 등을 하면서 깎여나갈 부분을 절삭공구에 가져다 댄다. 공구 주위 여러 곳에 배치되어 있는 각종 센서들은 작업 상태를 실시간으로 측정하여 설계대로 제작되고 있는지 점검한다.

금속이 깎이는 동안 열이 많이 발생하므로 공구 옆에 붙은 호스에서 물이 계속 뿜어진다. 주변으로 튀는 부산물을 막기 위해 그리고 작업공간의 온도를 일정하게 제어하기 위해 작업공간은 투명한 판으로 밀폐되어 있다. 몇 분간의 작업 끝에 CNC 기계는 투박한 금속 덩어리를 정밀한 엔진으로 바꾸어 투입구에 다시 내려놓는다.'

강호제 박사는 북한의 신년 사설에 아주 드물게, 아마도 거의 처음으로 영어 알파벳이 등장하였다고 적었다.*

* 『과학기술로 북한 읽기』, 강호제, RPScience, 2016

북한에서 사용되는 CNC는 5축, 7축으로 2~3축과 차원이 다르다고 알려진다. 축의 수가 늘어날수록 작업 대상을 더욱 정밀하게 제어할 수 있게 되고 주축의 회전수도 높아져야 하므로 더욱 높은 수준의 기술이 요구된다.

1990년대 후반 '라남의 봉화'로 유명한 '라남탄광기계연합기업소'에서 자력으로 제작한 자동금속가공기계의 정밀도가 10배로 높아졌다고 알려진다. 정밀도가 10배가 된다는 것은 만들 수 있는 기계의 수준이 완전히 달라진다는 의미다.

이를 두고 학자들은 일반 기계에서 공작기계, 자동차에서 비행기, 그리고 우주발사체로 이어진다는 것을 의미한다고 설명한다.

세계를 놀라게 하는 CNC

컴퓨터가 인간의 공간으로 들어온 이래 산업체에서 사용하는 공작기계는 대부분 컴퓨터수치제어 기술을 접목한다. 여기에서 NC(Numerical Control) 공작기계는 수치제어에 의해 공작물을 가공해 필요한 형상의 가공품을 생산하는 장비이며 CNC(Computerized Numerical Control)는 '컴퓨터수치제어 공작기계 기술'이라는 뜻으로 이미 앞에서 설명한 바 있다. 현대의 공장에 활용하는 장비에는 기본으로 컴퓨터 모듈이 달려 나오므로 NC 장비라고 하면 통념상 CNC를 가리킨다.

CNC 가공은 프로그램에 따라 작동되고, G코드와 M코드를 이용하여 프로그래밍한다. 여러 가공 코드와 좌푯값 등이 모여서 하나의 블록을 만들고, 이 블록들이 모여서 하나의 프로그램이 완성된다. 한마디로 어떤 공작물의 형태를 프로그래밍하여 CNC 장비에 입력하고 공작물을 장착하면 곧바로 고난도의 정밀한 가공물을 만들 수 있다.

더불어 과거에는 아무리 복잡하거나 어렵더라도 사람이 직접 프로그래밍했으나 요즘은 각종 설계 소프트웨어(CAD)로 설계하여 변환시키면 CNC 코드로 자동 변환이 된다. 고급 3차원 캐드 프로그램에서는 자체적으로 CNC 코드로 변환해주는 기능을 포함하고 있을 뿐 아니라 CNC 장비와 연동하여 작동하는 기능도 내장하고 있다. 이를 CAD/CAM(Computer Aided Design/Computer Aided Manufacturing)이라고 한다. 컴퓨터를 이용하여 설계하고 생산하는 체계이다.

잘 알려진 CAD는 컴퓨터를 이용한 설계를 뜻한다.

예전에는 설계하기 위해서는 제도(製圖)라고 하여 손으로 직접 그렸지만, 현재는 대부분 컴퓨터를 이용해 설계한다. 대표적 프로그램이 Auto CAD인데 기본적으로 2차원 CAD 프로그램이다. 이를 업그레이드한 것이 큰 틀에서 NC로 3차원 설계를 접목하면 실제 가공품과 같은 형상으로 설계하여 2차원으로 표현하기 힘든 부분을 쉽게 표현할 수 있다.

한편 PLC는 Program Logic Control의 약자로 말 그대로 프로그램에 따라 논리적으로 작동되는 기계 또는 체계라 할 수 있는데, 대표적 PLC가 현대인들의 주력 기자재로 활용되는 엘리베이터이다. 프로그램이 내장된 컴퓨터에 의해 제어되어 어떤 버튼을 누르면 어떻게 작동되고 여러 상황에 따라 같은 명령을 주어도 다르게 작동하기도 한다.

5층에서 엘리베이터 내려가는 버튼을 눌렀다면 상황에 따라 5층보다 높이 있었다면 내려오고 5층보다 아래에 있으면 올라온다.

이런 논리적 작동을 할 수 있게 만든 장치가 PLC인데 현대 생산에서는 이런 CAD, CNC, PLC 등을 모두 묶어서 FMS(Flexible Manufacturing System)라고 하며 대형 제조업체의 생산라인은 대부분 FMS로 이루어져 있다고 볼 수 있다.

FMS의 장점은 말 그대로 유연하다는 것인데 이는 현대의 기계 구조나 디자인이 하루가 다르게 변하기 때문이다. 복잡한 기계 부품을 생산하기 위해서는 유연한 생산 체계를 갖고 있지 않으면 생산이 어렵고, 시간도 오래 걸리게 되며 생산 단가가 높아진다.*

*「CNC 공작기계 가공기술, CAD, 3-D CAD, 전기-공압 및 PLC 제어 기술」, 네이버 지식in, 2006. 02. 22.

놀라운 사실은 북한이 CNC 분야에서 세계 최고 수준을 보인다는 점이다. 선진국에서 기계 제작 기술의 최첨단이라면 CNC 기술 여부로 설명하는데, 북에서 주장하는 경제 발전 전략, 즉 선군시대 경제 발전 전략인 '국방공업을 우선적으로 발전시키고 농업, 경공업을 동시에 발전시킨다'라는 정책 기조의 근본이 바로 CNC라는 것이다.

사실 북한은 1962년부터 국방-경제 병진 노선을 채택하여 집중적으로 국방공업에 치중했는데 이것은 최첨단의 과학기술을 요구한다. 그러므로 우선 국방 부분에 인적, 물적 자원을 투입한 후 그 여세로 경제 부문에 이전시켜 경제 발전 속도를 높이겠다는 전략이다.

이를 강호제 박사는 북한의 동향으로도 알 수 있다고 지적했다.

2009년 4월 제2차 인공위성 시험발사 후 이 부분 실질적 책임자인 군수공업부 제1부부장 주규창이 국방위원으로 임명되었는데 이는 국방공업에서 개발한 기술들을 민수기술로 전환하려는 노력의 일환이라는 것이다.

전 세계에서 인공위성 발사체 제작 기술을 보유한 나라는 한정되는데, 공교롭게도 5축 이상의 CNC 공작기계를 제작할 수 있는 나라와 엇

비슷하다. 이는 두 기술이 같은 수준의 최첨단 기술임을 이야기해준다.

강호제 박사는 북한이 공작기계의 CNC화 이후 일반기계의 CNC화와 생산라인의 CNC화를 넘어 공장 전체의 CNC화, 다시 말해서 생산활동의 전면적인 자동화를 실현하는 데 집중할 것으로 예측했다.

북한의 우주 기술 습득

북한의 우주 굴기 일지를 보면 인공위성이든 ICBM이든 북한은 우주발사체 포함하여 이들 모두를 스스로 제작했다는 점이 눈에 띈다. 중국이나 러시아로부터 이전받은 것이 아니냐는 추정도 있지만, 이는 사실 불가능하다는 사실을 모르는 사람은 없을 것이다.

우주를 향해 인공위성을 쏘아 올린 국가를 일컬어 일명 '스페이스 클럽' 회원으로 설명하는데, 현재 10여 개국에 불과하다.

도대체 북한에서 이들 우주발사체 기술을 어떻게 습득할 수 있었는지 궁금하지 않을 수 없다. 학자들은 이를 1959년부터 시작된 '공작기계 새끼치기 운동'과 연계한다.

처음에는 주로 선반, 바이트 등을 비롯한 절삭 기구에 주력했는데, 1960년대에 자동차 실린더를 가공하는 6축 보링반, 트랙터 본체 좌우 측면의 38개 구멍을 한꺼번에 뚫는 기계를 자체적으로 개발하면서 점차 높은 수준, 그러니까 작은 규모의 기계에서 대형 기계로 발전하기 시작하였다.

그런데 여기에 접목되어야 할 북한의 IT 수준이 오래전부터 세계적으로 인정받아왔다는 사실이다. 북한에서 IT기술은 단순히 소프트웨어 상품을 생산하는 것이 아니라 생산의 자동화와 정보화에 직결되어 있다.

한마디로 생산 제품의 자동화이다.

북한의 자동화는 생산품과 직결되므로 이를 CNC 공작기계 생산기술로도 설명한다. 다소 놀라운 사실은 북한에서 1961년에 컴퓨터를 처음으로 생산했다는 것이다.

1961년 9월 북한 최초의 컴퓨터 '9.11형 만능 전자계산기'를 만들었다. 당시 제작된 컴퓨터는 1세대에서 2세대 컴퓨터로 넘어가는 단계로 '입출구 장치', '연산장치', '조종장치', '기억장치', '전원장치'로 구성되었다. 500여 개의 진공관과 반도체를 함께 사용했는데 서양에서도 1950년대 말에야 컴퓨터에 반도체를 사용하기 시작했으므로 북한의 컴퓨터 역사는 매우 빠른 편이라 볼 수 있다.

이후 북한의 컴퓨터 기술은 계속 발전했는데, 1969년 수자형만능전자계산기인 '전진-5500'이 개발되었다. 알려지기는 1970년대 프랑스에 유학 갔다 온 연구원들을 중심으로 1980년대 초에 중국으로부터 구한 유닉스 컴퓨터를 역(逆)설계 방식으로 자체 제작 생산하는 데 성공하였다고 알려진다. 그러나 대량 생산으로는 이어지지 않았다.

이러한 컴퓨터 기술의 발전을 발판 삼아 북한의 본격적인 우주 굴기 실력은 1982년부터 시작한 '제2의 공작기계 새끼치기 운동'부터 시작된다고 설명한다. 이는 전자화, CNC화된 대형 및 특수정밀 공작기계들을 대상으로 하여 1988년 9월까지 전개되었다.

이 당시 NC 공작기계인 '구성-105호'가 제작되었는데, 이를 오늘날 북한의 CNC 공작기계의 원조로 간주한다. 북한의 기계 제작 능력이 이 당시를 기점으로 비약적으로 발전했기 때문이다.

1995년 CNC화한 '구성-10호 만능선반(4축)'은 동아시아와 아프리카의 일부 국가들에 수출되기도 했다.

CNC는 컴퓨터가 내장된 NC(Numerical Control) 공작기계라 할 수 있다. 한마디로 컴퓨터수치제어 공작기계 기술로 CNC화란 당연히 프로그램에 따라 작동되는데, 여러 가공 코드와 좌푯값 등을 모아 하나의 블록을 만들고, 이 블록들이 모여서 하나의 프로그램이 된다.

CNC를 3D프린터로 생각하면 이해하기 쉽다.

한마디로 프로그램된 코딩을 CNC 장비에 입력하고 공작물을 장착하면 순서에 따라 가공을 하는 것이다. 당연한 이야기이지만 복잡하고 정밀한 가공물의 경우 프로그램도 복잡하고 양이 많아진다. 현재는 각종 설계 소프트웨어(CAD)로 설계하여 변환시키면 자동으로 CNC 코드로 변환된다. 컴퓨터를 이용하여 설계하고 생산하는 체계인데, 북한의 경우 현재 CNC 9축이며 12축도 불가능하지 않다고 한다.

현재 지구에서 가장 높은 정밀도를 요구하는 기계가 바로 우주발사체이다. 한마디로 우주발사체를 위해서는 정밀한 이송 능력, 계측 능력, 그리고 자동 제어기능이 갖추어진 최고 수준의 CNC 공작기계가 필수적으로 요구된다는 것이다.

놀라운 점은 북한이 인공위성 발사 시험 후 CNC 공작기계를 공개했다는 사실이다. 1998년 8월 광명성 1호 발사 후 'CNC 구상-10호'가 공개되었다. 2009년 4월 광명성 2호 발사 후 '첨단을 돌파하라'라는 기사와 함께 5축 CNC 공작기계가 개발되었다고 발표했다.

북한은 현재 세계에서 가장 강력한 제재를 받고 있으므로 이들을 외국에서 수입하여 활용할 수는 없다. 이는 국방부가 은하3호 로켓 잔해를 분석한 결과 북한이 자체 기술로 은하3호 부품을 대부분 만들었다는 발표로도 알 수 있다.

특히 일부 서방제 부품이 사용되었지만, 이들은 미사일 기술 통제체제(MTCR)에 위배(違背)되는 부품들이 아님을 확실히 했다. 북한이 현재 세계 최고급 기술이 망라된 우주발사체에 필요한 30만에서 40만에 이르는 거의 모든 부품을 자체 생산했다는 점이 명백해 보인다.*

* 「첫 발걸음 떼는 누리호, 한국 우주 개발 도약 신호탄」, 황진영, 중앙일보, 2022. 06. 20.

한국의 경우 2022년 6월 21일 드디어 발사에 성공한 순국산, 즉 한국형 발사체 누리호(KSLV-Ⅱ)에 무려 359개의 기업이 참여했다고 알려지는데, 한국의 우주 개발은 조직과 인력·예산 측면에서 우주 선진국과 비교해 크게 부족하다고 한다.

경제 규모가 북한에 비할 바 없이 거대한 한국의 형편에도 우주발사체 개발은 상당한 부담이 된다는 뜻으로 설명되는데, 북한에서 우주발사체를 개발할 수 있다는 것은 북한이 이를 극복할 수 있는 과학기술 자산을 확보하고 있다는 것임을 염두에 두어야 한다는 말이다.*

* 「누리호 발사에 359개 우주 개발 기업 미래 달렸다」, 김경민, 중앙일보, 2022. 06. 14.

북한의 CNC 기술이 세계 최고위 수준인데, 여기에 3D프린터 기술이 합해짐은 물론이다. 학자들은 북한의 CNC+3D프린터 기술이 아니었다면 북한에서 우주발사체를 발사하려는 의욕이 있더라도 원천적으로 우주발사체를 만들려고 하는 생각 자체가 불가능했다고 단언한다.

북한에서 우주발사체 발사의 큰 틀은 정치적, 군사적인 면을 우선시한다고 하더라도 우주발사체 발사 자체는 전적으로 과학기술 논리에 의해 절대적인 영향을 받는다는 뜻이다.

학자들은 북한이 자체 개발한 CNC 기술로 CNC 공작기계가 만들어지기 시작한 것은 1980년대 중순부터라고 추정한다. 이것이 구체적인 성과로 드러난 것은 1990년대 초반으로 소위 북한의 고난의 행군 시대인데, 1990년대 중반부터 CNC 공작기계가 생산되기 시작했다.

2009년부터 2계통 CNC 공작기계라 할 수 있는 5축 CNC를 생산했고 2010년 9월 9축 CNC를 생산했다.

특히 2011년 북한의 핵심 기계 제작공장인 희천종합공장이 CNC 전용 제작공장으로 바뀌면서 CNC 공작기계를 생산하는 '어미 CNC'라 할 수 있는 '11축 복합가동 중심반'을 제작했다고 한다.

그 후 북한은 이렇게 확보한 CNC 기술을 기반으로 낙후한 생산설비들을 대대적으로 교체하기 시작했다. 이를테면 CNC 기술 개발, CNC 공작기계 제품 생산, 중심 거점의 생산시설 CNC화/ CNC 기계로 대체, 기존 생산설비에 CNC 기술 접목을 통한 개량 등이다.

2011년 자강도에 위치한 CNC 생산기지인 '희천련하기계종합공장'이 공개되었다. 축구장 몇 개에 달하는 넓은 공장에 설치된 숱한 CNC 공작기계들이 제품들을 생산하는 장면들이다. 이곳은 항온, 항습 조절 시스템까지 갖추어져 있는데 CNC 공작기계를 생산할 수 있는 11축 CNC 공작기계가 제작되고 있다고 설명했다.

일부 학자들은 이런 점을 고려하면 북한의 CNC 기술은 세계 10위 안에 틀림없이 포함되며, 일부 전문가들은 세계 톱5 안에도 들 수 있다고 주장한다. 한마디로 북한의 우주발사체 개발을 군사, 정치적으로만 볼 것이 아니라 그것이 가능한 과학기술이 뒷받침되었기 때문이라는 점도 생각해볼 문제라고 강조한다.

북한의 경우 여러 가지 외부적 제한 때문에 거의 모든 부품을 자체 생산해야 한다. 이는 이들 부품 대부분을 FMS로 만들었다는 것을 의미하는데 완벽한 CNC 기술이 제공되어야 한다는 뜻이다. 다소 놀랍지만 많은 전문가가 한국의 CNC 부분은 상당히 약하다고 말한다.

이런 점은 다음과 같은 내용으로도 알 수 있다. 일본이나 독일에서 제작된 CNC 개념은 거의 모두 3축과 4축으로 나뉘는데 일본이 근래 5축 가공으로 전환하였다고 한다. 그런데 북한은 CNC 9축(RPM 10,000 정도)이며 12축도 가능하다고 알려진다.

이것은 아무리 정교한 부속품이라도 척척 찍어낼 수 있으며 더불어 원하는 제품의 무인자동화가 가능하다는 것을 뜻한다.* 학자들은 한마디로 북한이 ICBM이든 인공위성이든 우주발사체를 자체적으로 만들 수 있는 기술을 확보하고 있다고 설명한다.**

---

* 「남북한과학기술비교」, 네이버 지식in, 2013. 09. 15.

** 「CNC 공작기계 가공 기술, CAD, 3-D CAD, 전기-공압 및 PLC 제어 기술」, 네이버 지식in, 2006. 02. 21.

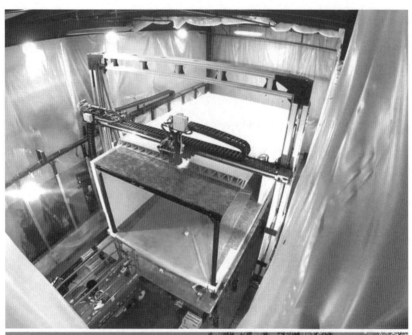

제6부

건축의
새로운 미래

0. 건물의 3차원 프린팅

사람들을 놀라게 하는 점은 딱딱하기 그지없는 건물도 3D프린터로 만들 수 있다는 사실이다. 기본적으로 3D프린터는 평면을 의미하는 2D를 입체화시켰다고 이야기하지만, 건물까지 3D프린터로 만든다는 것은 그야말로 상상을 초월한다.

2014년 4월 놀라운 내용이 발표되었다. 중국 상하이의 '양주양신소재주식회사'가 3D프린터 4대를 사용하여 단 하루 동안 200㎡의 집 10채를 건설했고 이후 수백 채씩 건설하고 있다는 사실이다.

구조물 재료도 일반 건축물과 마찬가지인데 빨리 마르는 시멘트와 유리섬유를 사용하여 이를 조립했다고 설명했다. 또한 집안의 모든 가구나 필요한 물건도 프린트할 수 있다. 즉 최종 목적지에 인쇄된 주택을 운반하고 조립하여 고객에게 제공한다는 설명이다. 특히 내 집의 구조, 색상, 내부 인테리어를 지정하여 3D프린트 회사에 연락만 하면 내 집터에 와서 프린트해주거나, 공장에서 프린트하여 싣고 와서 조립해준다.

프린터로 만든 건축 자재를 조립한 것을 건축물이라 할 수 있느냐는 비아냥도 받았지만, 사용된 '잉크', 즉 건축자재는 심지어 산업폐기물이나 쓰레기로도 만들 수 있는데 건설비용은 한 채당 4,000달러 약 500만 원에 불과했다.*

* http://samsungblueprint.tistory.com/463

2018년 프랑스에서는 세계 최초로 3D프린터로 '프린팅'한 주택에 실제로 사람이 입주했다. 프랑스 낭트대학교가 만들었는데 침실 네 개의 단독 주택 형태로, 단 이틀 만에 골조를 완성했다고 발표했다.*

* 「[캐파 스토리] 집을 하루 만에 '프린팅'한다고?」, CAPA, 2022. 02. 14.

이탈리아 볼로냐에 건설된 3D프린팅 저탄소 주택은 콘크리트가 아닌 점토로 만들어졌다. 현지 인근 강바닥에서 조달한 점토를 350겹의 물결 모양으로 쌓아 구조적 안정성을 확보했고, 다중레벨 3D프린터를 사용해 200시간 만에 완성했는데 단 6kw의 전력만 사용했다. 두 개의 연결된 돔으로 구성되어 있으며 60㎡의 면적을 갖고 있다.

이 주택이 주목받은 것은 주변의 재료를 사용해 빠르게 만들 수 있으므로 저개발국가나, 재난 상황에서 적은 비용으로 주거를 해결할 수 있는 대안으로 평가받았기 때문이다.

미국 건설사 '아이콘'의 경우 2021년 텍사스 오스틴 지역에 93~186㎡ 면적의 주택 4채를 3D프린팅 기술로 1주일 만에 완공했다.

건축 기간이 획기적으로 줄어든다는 것은 건축 분야에서 가장 큰 덕목으로 작용하는데 이에 따라 가격은 일반 주택보다 약 30~45%까지 저렴하다는 설명이 따랐다.*

* 「지속 가능한 건축을 향한 새로운 시도, 3D프린팅」, 삼표, 2022. 07. 07.

미국·유럽 등에서의 3D프린팅의 건설 분야 약진은 놀라워 미국의 한 건설사는 2023년 텍사스 조지타운에 침실 3개, 화장실 2개 규모 주택을 일주일 만에 건설하는 등 속전속결로 100가구를 건설했다고 발표했다.

더욱 놀라운 것은 중동의 두바이 정부가 세계 최초로 3D프린터를 이용한 사원 건축 프로젝트를 진행했다.

약 605평 규모로 최대 600명의 신도를 수용할 수 있는데 3D프린터는 한 번에 3명의 작업자가 시간당 2㎡ 속도로 재료를 적층한다.*/**

* 「3D프린터 건축의 진화, 3D프린팅으로 이슬람사원을?」, CAPA, 2023.02.07
** 「세계 '3D프린팅 건축' 연평균 40.3% 성장 전망」, 김성훈, 문화일보, 2024. 03. 12.

황량함과 추위를 대변하는 러시아에서도 3D프린터로 만든 주택이 발표되었다. 러시아의 'ApisCor3D인쇄하우스'는 영하 35도의 날씨인데도 단 하루 만에 38㎡의 소형 주택을 건축했다고 발표했다.

재료가 콘크리트이므로 구조적인 문제가 없다고 발표되었는데 구체적으로 내장과 외장은 석고로 만들어 쉽게 도장 가능하며 폴리우레탄폼으로 단열 처리하여 혹독한 시베리아 기후에 대처했다는 내용이다.

재료를 복합수지로 만들면 혹독한 기후에 영향을 받지 않고 연중 건설할 수 있다. 3D프린터로 만들었음에도 건축비는 10,134달러에 불과했다. 기존 건축비보다 70% 이상 절감되었다는 것이다.*/**

* http://zerosevengames.com/220951891703
** 「3D프린터로 하루 만에 지은 집…"175년 버틴다"」, 민형식, 2017. 08. 03.

여기서 중요한 사실은 하루 만에 프린트되는 집이 보통 집과 전혀 다를 것이 없다는 점이다. 우선 엔지니어링 작업, 설비, 캐비닛, 배관, 전기공사, 난방 및 에어컨 등은 모듈화로 해결한다. 다시 말해 덕트, 배관, 배선 채널구조도 인쇄로 해결할 수 있으므로 물, 전력, 히터만 추가하면 금방 들어가서 살 수 있는 집이 된다는 설명이다.

정말로 이런 환상적인 일이 가능하냐고 질문하겠지만 중국의 3D프린터 실적은 그야말로 놀랍다.

중국에서 자체적으로 주택과 아파트의 건물의 벽과 지붕까지 모두 3D프린터로 출력했는데 건설에 사용되는 20,000여 개의 부품을 불과 하루 만에 모두 3D프린터로 출력했다는 것이다.

건설에 관한 한 한국은 세계 최강의 기술을 갖고 있다고 하지만, 3D 프린터에 관한 한 아직 뚜렷한 실적을 내지 못하고 있는 것은 사실이다.

이는 매우 놀라운 일로 여기서는 한국의 3D프린팅을 주제로 한 건설에 대해서만 다루되 한국의 3D프린터 정황을 입문으로 먼저 다룬다.

1. 한국의 3D프린팅

학자들은 글로벌 제조산업계의 디지털 전환이 가속화되면서 디지털 제조 구현을 위한 핵심 요소 중 하나인 3D프린팅 기술의 중요성이 부각(浮刻)되고 있다고 설명한다.

3D 프린팅 기술이 혁신산업 또는 다른 산업과의 융합을 통해 부가가치가 높은 신시장을 창출할 수 있는 주요 수단이기 때문이다.

그러나 한국의 경우 핵심 장비/ 소재/ 소프트웨어에 대한 외국 기술 의존도가 높으므로 제조업의 3D프린팅 활용이 저조하다고 분석된다.

미국, 유럽, 중국, 일본 등 글로벌 주요 국가들은 3D프린팅의 국제 경쟁력 확보를 위해 자국의 대표 제조산업 정책에 3D프린팅 기술을 포함하고, 코로나19로 촉발된 디지털 전환을 자국 경제 성장의 동력으로 삼아 3D프린팅 기술을 통한 제조 혁신에 나서고 있다.

특히 미국은 코로나19 이후의 제조업 혁신 가속화를 위해 'America Makes'를 중심으로 추진된 3D프린팅 지원정책을 제조산업 육성정책에 포함하며, 생산시설의 디지털화를 통한 현지 생산기지 강화와 더불어 부처 기반의 3D프린팅 R&D를 확대하고 있다. 중국 또한 장기적인 자국 제조산업 육성정책인 '중국제조 2025'를 중심으로 3D프린팅, 인공지능 등 차세대 첨단기술과 제조업의 융합을 확대해 나가고 있다.

건축에서 사용되는 재료의 기본은 콘크리트이다.

콘크리트는 전 세계에서 물 다음으로 많이 사용되는 물질로 설명되는데 생산 과정에서 많은 공해를 일으킨다. 콘크리트의 주요 성분 중 하나인 시멘트를 만들 때 발생하는 CO_2가 전체 배출량의 5~7%를 차지한다. 콘크리트 생산뿐 아니라 산업 현장에서 발생하는 폐기물 또한 골칫거리이다. 한국에서 매일 발생하는 폐기물 중 45~49%에 육박한다. 철거 과정에서 발생하는 폐콘크리트가 가장 큰 비중을 차지하며 건물 공정상 사용되는 거푸집이나 폐자재 등도 상당 부분을 차지한다.

이런 문제를 해결하기 위해 건설산업에서 많은 대안을 제시하고 있지만, 건설이라는 복잡한 공급망 등의 이유로 근원적인 해결책이 만만치 않다. 하나의 프로젝트에 수십, 수백 개의 회사가 포함되기 때문인데 이 문제의 해결 대안으로 등장한 것이 3D프린팅 건설이다.

기본 건축 재료는 콘크리트이지만 3D프린팅, 즉 적층 방식으로 쌓아 올리면 건축이 된다.

그러나 건축이라는 단위가 만만치 않은 크기이므로 기존 방식보다 훨씬 더 큰 크기의 제품을 생산하는 것이 관건이다. 특히 작업 중 결함이 발생할 가능성이 있는 데다 품질 관리가 어려운 부분도 과제이다.

그렇더라도 학자들이 3D프린팅 건축방식에 주목하는 것은 기존 건설산업의 복잡한 공급망 구조를 근본적으로 바꿀 수 있다고 생각하기 때문이다. 다시 말해 디지털 모델링 방식의 제품 설계, 자동화된 공정 등을 통해 건설 프로세스를 보다 간결하고 효율적이며 지속 가능한 방식으로 만들 수 있다.

3D프린팅 건축은 더 적은 자재, 적은 인력, 적은 공정, 적은 비용은 물론 더 빠른 속도로 건물을 지을 수 있다. 자원 집약적, 노동집약적 건설산업을 디지털 기반의 친환경적인 산업으로 바꾸어줄 수 있다는 의미

다. 더불어 그동안 건설의 기본이었던 거푸집 등이 필요 없으므로 기존 공법에서는 쉽게 시도할 수 없었던 다양하고 복잡한 형태의 건축물도 손쉽게 건축할 수 있다. 장점이라면 장점인 셈이다.*

* 「지속 가능한 건축을 향한 새로운 시도, 3D프린팅」, 삼표, 2022. 07. 07.

3D프린터가 21세기의 세계를 이끌어가는 첨단의 핵심 3대 요소 중 하나이므로 한국 정부에서도 이를 도외시할 리 없다.

한국은 3D프린팅 기술을 다른 산업과의 융합을 통한 파급효과가 큰 차세대 제조의 핵심 기술로 선정하고 3D프린팅 산업의 기술 개발과 산업 발전을 가속화하고 있다.

2014년 '3D프린팅 산업 발전 전략'을 국가과학기술심의회에서 의결하였으며, 범부처 3D프린팅 산업 발전협의회를 구성했다. 2020년 국제적인 3D프린팅 선도국가 도약이 비전으로 제시되었고, 독자 기술 확보를 통해 세계 시장점유율 15% 달성을 목표로 했다. 3D프린팅에 대한 특허도 증가하는데 미국이 1위, 일본과 중국이 그 뒤를 잇고 있다.*

* 「3D프린팅 기술의 동향과 3D프린팅 기술에 의한 미래 산업 전망」, 신창식 외, 한국발명교육학회지, 한국발명교육학회, 제4권 제1호 2016. 12.

2015년 '삼차원프린팅산업진흥법'을 제정, 법률에 따라 3년마다 관계부처 합동으로 '3D프린팅 산업 진흥 기본계획'을 수립하여 3D프린팅 산업 진흥의 기반 조성을 목표로 전국에 3D프린팅 지원 인프라 및 공공 수요 기반 초기시장 창출을 도모했다.

제2차 기본계획('20~'22)의 바탕 위에서 현재 제3차 기본계획으로 보급형 3D프린터 안전 이슈에 대한 대응과 3D프린팅 기술의 산업 적용 확대를 위한 연구개발 및 지원 기반 고도화 등을 진행 중이다.*

* 「3D프린팅 국내외 산업 및 표준 동향」, KEA, 2023년 6월

2022년 국내 3D프린팅 사업체는 320개가 존재하고 있었다. 코로나19 팬데믹으로 3D프린팅 산업이 큰 타격을 입은 것은 사실이지만, 영역별 분석이 다소 다르다. 서비스 분야의 업체 비중은 축소되는 반면, 장비 제조업체의 비중은 계속 증가하고 있다는 것이다.

3D프린팅은 활용 재료가 중요한데, 한국의 경우 대세는 플라스틱이고 금속이 그 뒤를 잇는다. 과거와는 달리 플라스틱만이 아니라 금속(20.8%)과 의료/ 치과에서 활용되는 바이오, 세라믹 등의 기타 소재(5.5%) 활용률이 높게 나타난다.

주요국의 3D프린팅 기술 수준은 미국의 기술력이 가장 높고, 그 뒤를 이어 유럽 96점, 일본 86.7점, 중국 86.3점, 한국 84.2점 순으로 미국과는 큰 기술격차를 보인다.*

* 「[포커스] 고부가가치 창출하는 3D프린팅… 국내 제조업의 3D프린팅 활용에 대한 인식 높여야」, 이성숙, 캐드앤그래픽스, 2023. 07. 03.

2. 변화가 필요한 건축

　여러 산업 중에서 건설 분야는 독특한 성격을 갖고 있다. 세계 각국의 정부와 기관들이 힘주어 주장하는 것은 '건설산업의 미래 만들기' 또는 '건설산업의 재창조'이다. 이처럼 각국이 건설사업에 치중하는 이유는 제조업과 마찬가지로 건설사업은 글로벌경제와 국가 경제에서 차지하는 비중이 매우 크기 때문이다.

　글로벌 GDT에서 차지하는 건설 관련 투자 비중은 약 13% 정도 되는데, 2025년의 전망은 14조 달러 정도 기록할 것으로 보인다.

　한편 '얼라이드마켓(AMR)'은 3D프린팅 건설 시장을 좀 더 크게 생각하여 2031년까지 연평균 성장률이 90%에 달하며, 시장 규모는 800조 원에 달한다고 발표했다.*

* 「미국·유럽, 건축 3D프린팅 생태계 구축…韓 법·제도 서둘러야」, 김민수, 대한경제, 2023. 05. 23.

　미국의 경우 약 71만 개의 종합건설업체가 있고, 그중 약 2%의 종업원 수가 100명이 넘는다. 80%는 10명도 안 된다는 뜻이다. 왜냐하면 건설산업의 경우 수익성이 낮기 때문이다. 한마디로 생산성이 낮다는 뜻이다. 1995년부터 약 20년간 글로벌 GDP의 96%를 차지하는 41개국을 대상으로 조사하여 '맥킨지글로벌연구소'에서 발표한 생산성 변화를 보면 세계 경제의 생산성은 연평균 2.7%, 제조업은 3.6% 성장했는데 건설산업은 1%에 그쳤다. 이것은 농업, 유통업, 광업보다 낮은 수치이다.

'맥킨지글로벌연구소'는 건설산업의 생산성이 빈약한 이유를 다음과 같이 진단했다.

① 외부 요인: 세계적으로 프로젝트나 현장의 크기와 복잡성이 많이 증가했다. 외부 규제와 토지의 파편화, 그리고 들쭉날쭉한 공공 건설 투자, 비공식성과 부패가 시장을 왜곡시킨다.

② 내부요인: 건설사업 프로세스 자체가 불명확하고 고도로 파편화되어 있다. 발주자의 전문성 부족도 문제다.

③ 기업 차원의 실행역량 부족: 설계과정이 부적절하고 프로젝트 관리나 실행 기반이 빈약하다. 디지털화, 혁신 및 자본확충을 위한 투자도 부족하다.

세계적으로 방대한 시장 규모를 갖고 있음에도 생산성 증가율이 1%에 그친다는 것은 이례적이라고 볼 수 있다. 여기에 대해 전문가들은 건설산업에서 디지털화 수준이 낮기 때문이라고 설명한다.

학자들은 스마트 디지털 기술로 건설 프로세스를 바꾸어야 한다고 강조한다. 한마디로 건설 현장의 자동화가 필요하다는 뜻이다.

물론 이런 점에 착안한 건설회사들의 신기술도 등장한다.

일본의 '고마쯔'사는 덤프트럭, 불도저 등 건설기계와 장비에 각종 정보통신기술을 결합한 지능형 건설기계 관리 기술을 만들었다. 여기에 드론을 접목한 각종 정밀 조사 등으로 공사 업무의 자동화를 꾀했다. 특히 건설기계와 사물인터넷(Iot)을 결합하여 전체 건설기계 및 장비 운용의 자동화와 최적화, 생애주기 전체에 걸친 관리를 시행한다.

　다소 놀라운 소식이지만, 미국 스타트업 '카자(Cazza)'는 UAE와 계약으로 2030년까지 국가 전체 건물의 25%를 3D프린팅 기술로 건설한다고 발표했다.

　인공지능 AI도 빠지지 않는다. 반복 업무인 벽돌쌓기와 콘크리트 타설 등도 로봇이 담당한다.

　미국의 SAM(Semi-Automated Mason) 로봇은 하루에 3,000장의 벽돌을 쌓는데, 이 로봇은 인간보다 500%의 생산성을 높인다.

　호주기업 하드리언X(Hadrian X)는 거의 30미터에 달하는 긴 팔로 시간당 벽돌 1,000장을 쌓는데, 이 벽돌은 모두 3D프린터로 만든 것이다. 이를 이용해 벽돌집을 이틀 만에 완성했다.

　학자들은 미래의 인간들이 사물인터넷, 스마트시티, 스마트홈의 환경에서 살아갈 것으로 예측했다고 앞에서 설명했다.

　실제로 '미국소비자기술협회'는 2050년에 전 세계 인구의 70%가 스마트시티에 거주할 것으로 전망했다.

　여기에 첨단 건설산업의 참여가 필수적이고, 3D프린팅이 결정적인 역할을 하게 되리라는 데는 의문의 여지가 없을 듯하다.

3. 건물 뚝딱, OK

세계 건축업계에서 '3D프린팅' 건설 기술 개발이 폭발적인 이유는 기존 건축방식보다 여러 가지 면에서 이점이 있기 때문이다.

① 비용 절감
② 공사 기간 단축
③ 다양한 디자인 실현
④ 건축 폐기물 감축
⑤ 이산화탄소 배출 감소

위의 덕목 중 하나만으로도 큰 호응을 얻을 수 있는데, 위의 내용 전체를 하나로 아우를 수 있다는 데 주목하지 않을 수 없다는 설명이다.

3D프린팅에 대해 여러 각도에서 설명했지만, 3D프린팅 건설은 컴퓨터 등에서 생성된 3D 모델 정보에 따라 건축용 3D프린터가 노즐을 통해 콘크리트, 금속, 폴리머, 모르타르 등 재료를 짜내 적층 형태로 쌓아올리면서 구조물을 구현하는 방식이다.

프린터로 문서를 인쇄하듯 건축물을 인쇄해 낸다는 뜻이다.

사실 3D프린팅 건축이 관심을 끄는 것은 일반 건축보다 빨리 지을 수 있다는 장점으로 재난 지역이나 이재민이 많은 곳, 분쟁 지역 등의 주거시설을 신속하게 준비하는 데 유용하다는 평가 때문이다. 더불어 또 코로나19로 인한 팬데믹 사태 등의 문제로 공사비가 급등하고, 건축자재 수급난과 인력난이 가중되는 상황에서 이의 대처방안으로도 제시된다.

건축 분야에 한정한다면 3D프린터가 3D 모델을 기반으로 정확하게 자재를 생산해 건축하므로 낭비가 적고, 또 실제 사람이 해야 할 일을 3D프린터가 대신할 수 있어 전문인력을 구하는 어려움도 덜 수 있다.

이런 장점을 두고 국내외 전문가들은 3D프린팅 기술이 세계적으로 대두되고 있는 저소득층 주택 부족 현상을 해결할 새로운 기술혁명이라고 관측한다. 유현준 홍익대 교수는 다음과 같이 설명했다.

"150년 전 철근콘크리트, 엘리베이터, 강철 등의 기술혁명으로 해결했던 것은 이제 효과가 다 됐다. 3D프린터는 20세기 초반 철근콘크리트의 도입과 비슷한 혁명적 건축 기술이 될 가능성이 있다."

3D프린터 기술의 발전은 저렴한 비용으로 아파트나 콘도 등 고층 건물도 건설할 수 있다. 실제로 네덜란드 건축사들은 '방 제조기'라는 뜻의 6미터짜리 카머르 메이커(KamerMaker)라는 건축용 프린터를 자체 개발했다. 이 프린터는 커다란 빌딩이라도 조각내어 레고처럼 조립하는 형식으로 건설할 수 있다. 3D프린터는 궁극적으로 DIY(Do It Yourself) 스타일로 원하는 형태의 건물을 자유롭게 짓도록 만들 수 있는데 현재 공사 기간이 3년 걸리는 건축물이라면 3주일로 단축할 수 있다고 예상한다. 이들의 장점은 건설폐기물이 사라지고 운송비가 절감되며 건물을 해체하는 것도 수월하다. 한마디로 건축/건설업의 판도가 바뀌는 것이다.*

*http://samsungblueprint.tistory.com/463

대형 건축물을 설계할 때 모형을 만드는 것은 매우 중요하다. 모형을 만들어보면 실제 건축할 때 발생할 수 있는 문제점들을 사전에 점검할 수 있기 때문이다.

　그런데 3D프린터는 제작하기 어려운 모형도 간단하게 해결한다.

　건축 모델링 서비스 업체 중의 하나인 '모델지움'은 용산지구 전체 개발지역에 대해 3D프린터를 사용하여 축적 모형을 제작했다.

　새롭게 개발되는 용산지구는 620m 높이의 랜드마크 타워를 비롯해 20동에 이르는 상징적인 신축 건물들로 구성되었는데 이를 간단하게 3D프린터로 해결한 것이다. 3D프린터가 모형업자들이 4차 산업혁명 시대에 살아남는 방법을 간명하게 보여주었다고 볼 수 있다.*

* http://blog.naver.com/cream9371/100180282915

　아무리 복잡한 구조로 이루어진 물건이라 하더라도 빠르고 쉽게 출력할 수 있다는 것이 프린팅의 장점이지만, 단점도 만만치 않다. 기존 제조 방식으로 만든 결과물에 비해 상대적으로 약하다는 점이다. 3D프린터로 출력할 때 사용하는 소재는 열가소성 플라스틱 분말이 대부분이기 때문에 물을 만나게 되면 결합력이 떨어질 수밖에 없다.

　시멘트는 현대 건축에 있어서 필수 불가결의 소재다.

　해가 가면서 강도가 높아지는 특성은 일반 건축 재료와는 전혀 다른 장점인 데다 철골과의 복합사용도 문제가 없으므로 빌딩이나 대형 건축에 적용하는 것은 기본이나 마찬가지이다.

　반면 시멘트의 단점은 너무 무겁고 균열에 약하다는 점이다.

　이런 문제를 개선하기 위해 얀 올렉(Jan Olek) 교수가 나섰다. 그는 살아있는 생물체인 갑각류와 곤충에서 영감을 받아 생체모방 기술을 활용했다. 올렉은 절지동물 외골격의 미세구조를 분석하여 벌집 구조나 빗살 구조 형태로 겹쳐서 쌓는 방법을 개발했다. 3D프린터로 시멘트를 분사하며 유사한 구조물들을 출력했는데, 그 성과는 그야말로 놀랍다. 벌집이나 빗살 형태의 틀을 겹쳐서 쌓아 올린 구조물은 가벼우면서도 균열에 특히 강했고, 컴플라이언트(compliant) 형태로 설계한 구조물은 재질이 시멘트임에도 스프링 같은 탄력을 가졌다.

2022년 미국 휴스턴에서 대형 3D프린터를 동원해 침실 3개를 포함한 약 112평 넓이의 주택을 콘크리트로 출력했다.

기존 건축방식으로 건물을 지을 때는 보조 비계(飛階)를 갖춘 상태에서 철근콘크리트를 이용해 골조를 세우고, 단열재와 마감재 시공 등은 단계별로 공정이 나누어진다. 건물에서 가장 중요한 요건은 '단열'과 '방음'인데 이 둘은 다른 특성을 가진다. 단열은 밀도가 낮을수록 단열 효과가 뛰어나며 방음은 밀도가 높을수록 방음 효과가 좋다. 그러니까 전통적인 건설 방식으로는 단열과 방음을 각각 시공한다.

그러나 건설용 3D프린터는 콘크리트를 출력하는 과정에서 미세한 공기층을 주입하여 단열과 방음 효과를 동시에 얻을 수 있다. 학자들은 건물 구조가 복잡할수록 기존의 건설 공법보다 3D프린팅 공법이 훨씬 효율적일 수 있다고 강조한다. 앞으로의 건설 시장을 3D프린팅 공법이 주도하는 것은 시간문제라고 주장한다.

영국의 미르코 코바치 박사는 비행하며 건축물을 짓는 3차원(3D) 프린팅 드론을 개발했다. 3D프린팅 기술로 철근이나 콘크리트 구조물은 물론 형태가 자유로운 비정형 건축재 제작까지 3D프린터가 맡는다.

한마디로 3D프린터가 달린 드론이 날아다니며 직접 건축물 만드는 것이다. 더불어 또 다른 드론이 날아다니며 카메라로 건축물 건설이 설계대로 진행되는지 점검한다.

이를테면 드론에게 설계도만 주면 한 드론은 건설에 나서고 다른 드론이 그 건축물을 측정하고 다음 건축 단계를 알려주는 형태이다.

'얼라이드마켓리서치'에 따르면 세계 건설 드론 시장 규모는 2019년 48억 달러에서 2027년 약 120억 달러로 폭증할 것으로 예측했다.

3D프린터와 드론의 접목이야말로 전통적 건축방식에 비해 건설 비용 최적화는 물론 접근하기 어려운 위치에 있는 주택이나 중요한 기반시설에 대한 근로자의 안전성을 확보하는 데 크게 이바지할 것으로 추정한다.*/**

* 「제비처럼 날며 정교하게 건물 짓는 드론」, 고재원, 동아사이언스, 2022. 09. 23.
** 「 [표지로 읽는 과학] 날아다니며 건축물 짓는 드론 나왔다」, 고재원, 동아사이언스, 2022. 09. 24.

고건축에서도 3D프린터는 발군의 실력을 보인다. 고대 목조건물들은 현재의 기술로도 만만하게 제작하기 어려운 매우 정밀한 가구법이 사용되었는데 이를 3D프린터가 효과적으로 접목하여 표현할 수 있다는 뜻이다. 한마디로 오래된 전통 목각(木刻) 기술을 재현하는 일도 가능하므로 가구 생산에 있어 혁신이 불 것이라는 추정이다.

교량도 3D프린터로 제작

3D프린터로 다리를 건설하는 일도 어렵지 않다.

복잡한 구조를 3D프린팅으로 출력하는 사례는 다리 건설에서도 찾아볼 수 있다. 네덜란드의 MX3D는 3D프린터로 스테인리스 스틸 소재의 다리를 건설했다. 12.5m 길이에 6.3m 폭을 지닌 이 금속 구조물은 총 4.5톤 중량이다.

당초 계획한 3D 출력 방식은 현장에서 1,500도로 가열된 스테인리스 스틸을 조금씩 분사해서 마치 새싹이 돋아나듯 자라나게 하는 방식이었다. 하지만 출력에 시간이 워낙 오래 걸리자 아예 현지 작업장에서 출력했다.

중국은 상하이에 총길이 26.3m, 넓이 3.6m에 달하는 교량을 특수 콘크리트를 사용하여 건설했는데 3D프린터로 만든 교량 중에서는 세계 최대이다. 칭화대의 쉬웨이궈 교수가 건설했는데 그는 3D프린터로 교량을 건설하기 위해 콘크리트 3D프린팅 시스템을 개발했다.

이 시스템은 디지털 건축설계, 프린팅 가공 경로 생성, 제어장치 작동, 콘크리트 자재 배합 등 복합적인 기능을 갖추고 있다. 한마디로 이들 기능들을 한데 모아 안정적이고 완성도 높은 프린팅 작업으로 다리를 건설했는데, 건설 기간은 단 450시간, 더욱 중요한 것은 축조 비용이 기존 방식의 3분의 2밖에 들지 않았다는 사실이다.

일반 아파트에 사용되는 콘크리트의 압축강도는 약 24MPa인데, 이 다리의 압축강도는 65MPa, 휨강도는 15MPa이다.

한마디로 사람들이 다리 위에 가득 차 있어도 무너지지 않는 강도와 내구성을 갖고 있다는 뜻이다.*

* 「21세기의 연금술, 3D프린터」, 한수원, 2019. 02. 21.

네덜란드에서도 '3D프린팅 기술'로 만든 자전거 전용 콘크리트 다리가 등장했다. 길이 8미터의 이 다리는 자전거 전용 도로로 일반 차량이 다닐 수 있는 것은 아니지만, 다리 전체를 3D프린터로 만들었다.

3D프린터로 콘크리트 구조물을 만든 뒤 현장에서 이를 조립해 다리를 완성한 것으로 3D프린팅 기술이 건설업에 새로운 가능성을 열어줄 뿐만 아니라 환경친화적으로 주목을 받았다.

특히 건축에 필요한 만큼만 프린트하기 때문에 사용하고 남는 원자재가 적고, 건축 쓰레기도 그만큼 줄어들게 되며, 가격이 싸고 공사 기간이 전통적 방식에 의한 건설보다 짧은 장점이 있다.*/**

* 「네덜란드에 3D 프린팅 기술로 만든 자전거 전용 다리 등장」, 김병수, 연합뉴스, 2017.10.19

** 「특별기획 – 3D프린팅 국내외 기술 현황 및 활용」, 신기진, 기술과혁신, 2022년 9/10월(455호)

스페인 마드리드의 한 공원에 세계 최초의 3D프린팅 육교가 등장했다. '카탈루냐고등건축연구소(IAAC)'는 미세 강화 콘크리트와 열가소성 폴리프로필렌 등의 재료로 길이 12m, 폭 1.75m의 육교를 제작했다. 특히 3D프린터로 다리 같은 건축물뿐만 아니라 맨홀 뚜껑, 벤치, 조형물, 가구 등을 제작하는 일은 어렵지 않다.*

* https://www.kaia.re.kr/webzine/2019_04/sub/sub1.html

학자들은 3D프린팅 건설의 등장으로 심각한 타격을 받는 분야는 보험과 부동산 시장이라고 설명한다. 건축물의 희소성이 대부분 사라지고 누구나 다 프린트한 집을 보험에 들 필요가 없기 때문이다. 주택을 불연성 재료로 인쇄하면 더 이상 화재보험도 들 필요가 사라진다.

한마디로 수백만 원짜리 집에 화재보험을 넣을 사람이 거의 없어진다. 전문가들은 보험에 대한 필요성이 제거되는 시대에 불만을 터트릴 사람이 있는지 의문이라고 설명한다.*/**

* http://harmsen.blog.me/220104801579

** 3D프린터 건축의 진화, 3D프린팅으로 이슬람사원을?」, CAPA, 2023. 02. 07.

4. 한국건축의 3D프린터

진화론을 주장한 찰스 다윈은 갈라파고스 군도를 방문한 후 다른 대륙의 생물로부터 영향을 받지 않고 스스로 진화된 고유종이 있다는 것을 발견했다. 한마디로 다른 세계, 즉 외부와 교류하면서 고유종들이 사라지는 위기를 겪게 되는데 이런 역경을 이겨야 종의 번식이 가능하다고 생각했다.

이런 현상을 차용(借用)하여 매우 흥미 있는 용어가 생겨났는데 갈라파고스 증후군(Galapagos Syndrome), 즉 '우물 안의 개구리'라는 뜻이다. 다소 헷갈리는 이야기이지만 진화를 거부하면 여러 가지 문제점이 생긴다는 뜻이다.

'한국산업건설연구원'의 이상호 박사는 한국의 건설산업이 바로 이런 상황이라고 주장했다. 어떤 산업이라도 당대의 수준과 동떨어진 채 자신만의 표준이나 기준만 집착하면 시장에서 낙후된다는 이야기이다.

"한국 건설산업도 똑같은 질환을 앓고 있다. 4차 산업혁명을 맞이했지만, 건설산업의 근간인 법과 제도는 산업화 초창기 때와 별로 달라진 것이 없다. (중략) 건설 생산성이 오랫동안 정체되었지만, 국가적·산업적 차원에서 생산성 혁신을 추진한 적도 없다. (중략) 건설인력과 문화는 새로운 변화를 수용하지 못하고 있다."

이상호 박사는 이런 불합리한 상황의 요인으로 법과 제도 그리고 규제가 건설산업을 지배하고 있다고 지적했다.

한국의 건설산업과 관련된 법령들의 내용은 면허 제도로 진입장벽을 세우거나 중소기업을 보호하거나 육성하는 지원제도에 총력을 경주했는데 초창기에 비교적 큰 성과를 거둔 것은 사실이라고 설명했다.

규제 남발

이상호 박사는 남발되는 규제, 즉 코리안 스탠더드로 퇴행적인 기존 질서에서 더 이상 차고 나가지 못했다고 주장했다.

다소 시니컬한 지적이지만 한국의 규제가 얼마나 강한지는 100개를 넘는 건설업종이 탄생했다는 것으로도 알 수 있다.

한국의 복잡한 건설 분야 문제를 간단하게 설명하기는 어렵지만, 학자들은 디지털 전환을 서둘러야 한다고 말한다.

무슨 뜻인지 이해할 것이다.*

* 『4차 산업혁명 건설산업의 새로운 미래』, 이상호, 알에이치코리아, 2018

2010년대에 〈기술과혁신〉은 한국의 산업에서 가장 눈에 띄는 핫이슈 분야는 단연 3D프린팅 관련 분야라고 발표했다. 특히 정치권이나 미디어의 힘을 크게 도움받지 않았음에도 3D프린팅이 부각(浮刻)되는 것은 3D프린팅 자체가 갖추고 있는 덕목 때문이라고 설명했다.

그러나 학자들은 3D프린팅 기술이 어느 날 '짠'하고 우리 앞에 나타난 것이 아니라고 말한다. 이는 3D프린팅 자체가 1980년대부터 알려졌지만, 한국에는 매우 늦게 알려졌기 때문이다. 이처럼 3D프린팅이 한국에 늦게 알려진 것은 두 가지 이유 때문이다.

첫째는 당대에 프린터 한 대에 최소한 몇천만 원이라는 고가여서 일반인들이 범접할 수 없는 단위였기 때문이다. 둘째는 재료 사용에 한계가 있었기 때문이다. 그런데 현재 일반 용도의 3D프린터 가격은 보이어 박사의 특허 기술 공개로 몇백 달러에 불과하여 비용 문제가 사라진 데다 지구인이 사용할 수 있는 거의 모든 재료를 사용할 수 있다.

두 가지 결정적인 부분이 해결되자 세계 건설 부문에서 초강국인 한국이 여기에 발을 들여놓지 않을 리 없다.

시공 능력 평가 1위인 삼성물산건설, 2위인 현대건설이 3D프린팅 기술을 이용한 주택사업에 뛰어들고 있다.

벤처기업 '뉴디원'은 3D프린팅을 활용해 황토 찜질방과 가정용 소형 주택을 건설했다. 황토 찜질방은 일체형 외벽을 출력했고 주택은 콘크리트를 활용해 약 10평 규모 공간을 11시간 만에 제작했다고 발표했다.

'쓰리디팩토리'는 현대건설이 시공한 아파트에 3D프린팅 기법으로 출력한 폭 1m, 높이 1m, 길이 8m의 비정형 벤치를 설치했다.

한국의 경우 대체로 공사 기간은 절반, 비용은 최소 3분의 1을 줄일 수 있다고 설명한다. 한국의 건설 현장 인력난 등을 고려하면 이른바 '무인 건축'은 거스를 수 없는 흐름이라고 주장한다.*

* 「16m 구조물도 한 번에 '뚝딱'… 21세기 연금술 3D프린팅 [우리 동네 강소기업]」, 박은경, 한국일보, 2024. 03. 11.

'반도건설'은 국내에서 처음으로 공사 현장에 로봇 기반의 3차원(3D)

프린팅 기술을 발표했다. 3D프린터는 거푸집을 사용하지 않으므로 건축 폐기물을 90% 이상 줄일 수 있는 친환경 공법으로 꼽힌다. 특히 건설 현장의 인력난과 고령화 문제를 해소할 대안으로 설명된다.

더불어 3D프린팅 기술이 많은 전문가로부터 호평을 받는 것은 다채로운 디자인의 건축물을 만들 수 있기 때문이다. 기존에는 시공방식에 따른 구조적 제약 때문에 복잡하고 독특한 디자인을 선보이기 어려웠지만, 3D프린팅 기술을 사용하면 디자인을 유연하게 구현할 수 있다.*

* 「반도건설, 국내 최초 로봇 기반 3D프린팅 공법 현장 시공」, 오진주, 대한경제신문, 2023. 03 .20.

문제는 한국의 경우 3D프린팅 주택사업을 진행하려면 풀어야 할 숙제가 많다는 점이다. 3D프린팅 건축물을 인허가할 수 있는 법적 제도나 장치, 즉 관련 인증이나 안전기준, 규정 등도 마련되지 않았고, 심지어 건축법상 사람이 들어가 주거하는 건축물은 3D프린팅으로 지을 수 없다는 설명도 있다.

그러나 이 점이 건축에서 3D프린터에 대한 가장 강력한 지원 무기라는 설명도 있다. 3D프린팅 활용에 관한 관련법이 없다는 자체가 문제점이 될 소양이 아니라는 주장이다.

중국의 경우 어떤 신기술이라도 시장 진입에 사전 규제란 없다.

일단 시장에 진입하여 문제가 생기면 그때 적절한 대안을 마련하면 된다는 것이다. 사실 중국이 첨단 산업 분야에서 발 빠르게 기술 선진국들을 따라잡을 수 있는 비결이 바로 이런 정책 때문이라는 것은 구문(舊聞) 중 구문이다.

한국의 상황만 고려하면 현재 건설 현장의 노동력 부족과 안전사고 예방 등이 당면 과제로 부상하자 3D프린팅 기술이 이를 해결할 신기술로 제시되고 있다.

2023년 5월, '3D프린팅 기술을 활용한 건축산업 활성화 정책 간담회'가 국회에서 열렸는데 이날의 주제는 '한국 건설의 문제점을 해결하는 데 3D프린팅의 적극적인 참여가 필요하다.'는 사실의 강조였다.

'3D프린팅 기술은 건설 노동력 확보의 어려움과 안전사고 문제를 해결하고 저렴한 비용으로 빠른 주택 공급을 실현할 가장 효과적인 대응책이다. 또한 기술 고도화 때는 건설 비용 30% 이상 절감, 건설 시간 50% 이상 단축 등 사회적으로나 경제적으로 이점을 가진다.

현재 글로벌시장의 절대적 강자가 없는 상황에서 국가적 차원의 적극적인 지원이 이루어진다면 국내 기업이 미래 건설 시장에서 기술 우위를 잡고, 글로벌 스탠다드를 선도할 수 있다.'[*]

[*] 「미국·유럽, 건축 3D프린팅 생태계 구축…韓 법·제도 서둘러야」, 김민수, 대한경제, 2023. 05. 23.

한편 건축에 3D프린팅을 도입하면 한국의 특성도 개입한다.

가장 큰 걸림돌은 기술적인 한계이다. 현재 3D프린팅 기술은 프린터와 로봇팔 등을 활용해 적층하는 방식으로 4~5층 건물 건설이 보편적이라는 점이다. 그러나 한국의 경우 해외와 달리 고층 아파트 등이 기본이므로 당장 고층 건물들을 3D프린팅으로 건설하는 것이 만만치 않다는 점이다. '대한건설정책연구원' 이보라 박사는 다음과 같이 설명한다.

'3D프린팅 건설 기술은 장비, 재료, 프로세스의 혁신을 통해 기술적인 한계를 완화해야 한다.

그렇게 되면 많은 양을 생산하고, 큰 규모의 구조물을 만들고, 더 전문화되고 복잡한 물체를 제작하는 데 활용할 수 있다. 먼 미래에는 대형 건물 전체가 3D프린터 한 대에 의해 인쇄될 수 있을 것이다.'*

* 「3D프린터로 일주일 만에 집 한 채 '뚝딱'…국내에서는 불가능」, 함영원, 스트레이트 뉴스, 2022. 08. 26.

건축 전문가들이 3D프린터로 만든 집이 세계적으로 폭발적인 인기를 끌 것으로 추정하는 것은 자신이 프린터하여 만든 집에 살다가 마음에 들지 않으면 다른 구조로 또다시 손쉽게 프린트하여 완전히 새로운 집으로 이사할 수 있기 때문이라는 점이다.

공사 기간이 짧고 저렴하다는 것이 덕목으로 미래 세대의 유목 생활에 가장 적합한 주택이 3D프린팅 주택이 될 수 있다는 뜻인데 사실 이 문제는 앞으로 건설업계에서 큰 화두가 될 것으로 생각한다.

즉 3D프린팅 주택이 과거에 집착한 건설업체 등을 파괴하는 킬러 도구가 될 수 있다는 설명이다.

제7부

/

3D프린팅과
일자리

0. 제조업 민주화에 이바지하는 3D프린터

4차 산업혁명이 시작된다고 하자 인간이 말과 같은 운명에 처할지 모른다는 우려가 제기되었다. 1840~1900년대만 해도 미국에서 말과 노새는 약 2,100만 마리가 사육되고 있었다.

하지만 2차 산업혁명으로 자동차와 트랙터가 보급되자 1960년대 말 사육 두수는 300만 마리로 줄어들었다. 마찬가지로 4차 산업혁명으로 사람의 일자리가 급격히 줄어들지 않겠느냐 하는 것이다.

노벨경제학상 수상자인 레온티에프(Wassily W. Leontief)는 단언해서 말했다.

'Yes!"

물론 사람과 말은 다르다. 하지만 현재 인공지능 AI와 3D프린터 등의 진격을 보면 인간들의 일자리가 위협받는다는 것은 자연스러운 일이다. 그런데 3D프린터의 등장에 다소 놀라운 시각이 제시되었다. 한마디로 3D프린터가 제조업 민주화에 이바지할 수 있다는 주장이다.

자본이 제조업 시설을 독점하고, 이를 통해 얻는 잉여생산물로 자본을 증식하게 된 산업혁명 이후 처음으로 자본이 아닌 보통 사람들도 제조업의 본질에 가까이 다가갈 수 있게 되었다는 것이다.

심지어는 인터넷의 발명 이후 3D프린터의 대중화를 또 다른 산업혁명으로 부르기도 한다. 에드 포레스트 박사는 3D프린팅 기술이 사회에 미칠 영향을 다음 네 가지로 꼽았다.

① 거의 모든 것을 제작할 수 있도록 돕는다.
② 노동·조립·유통 단계의 비용 절감으로 이어진다.
③ 네트워크화의 영향으로 크라우드소싱과 협업을 이끈다.
④ 지리경제학에까지 영향을 미친다.

네 번째 변화와 관련한 지리경제학적 관점은 3D프린팅이 가져올 밝은 미래와 어두운 미래 모두를 포함한다. 3D프린터를 통해 누구나 낮은 가격에 간단하고 빠르게 필요한 물건을 만들어 낼 수 있다면, 제조업의 역할이 지금보다 떨어질 것이라는 예측은 상당히 유효하다.

이는 각국 제조업 노동자들에게 상당한 파급을 가져올 수 있는데 한마디로 일자리 감소라는 어두운 문제가 자리 잡게 된다는 것이다.

미국의 비즈니스 전문 온라인 잡지 〈아비트리지매거진〉은 3D프린팅 기술에 대해 다음과 같이 논평했다.

'3D프린팅 공정은 의심의 여지 없이 저임금 일자리를 위협한다.'*

* 「3D프린팅」, 오원석, 커뮤니케이션북스, 2016

3D프린터의 럭비공이 어디로 튈지 모르지만 저렴한 3D프린터 덕분에 자신이 필요로 하는 상당수 물건들을 자신이 직접 만들 수 있다는 사실은 상쾌한 일이 아닐 수 없다.

4차산업의 특성은 개인과 기업의 기하급수적 성장을 가능케 했다는 점이다. 고소득 전문직이나 창의성을 요하는 직군(職群)에게 4차 산업 혁명은 새로운 기회다. 사실 저소득 노무직은 자동화나 기계를 통한 전면 대체가 거의 불가능하므로 그런대로 버틸 수 있다.

그러나 어중간한 소득층의 대체가 가능한 단순 반복 업무 일자리는 대폭 줄어들 수 있다는 데 이론의 여지가 없다.

가장 큰 특징은 플랫폼 혁명이 진행되면서 소수의 플랫폼 기업으로 부가 집중되고 있다는 점이다. 특히 전자 산업 등은 건설산업과 같이 디지털화에 뒤처진 산업보다 월등하게 높은 생산성을 보인다.

학자들이 지적하는 것은 4차 산업혁명이 승자가 모든 것을 가져가는 승자독식 결과를 초래할 가능성이 높다는 점이다. 특히 평등 지향성이 높은 사회에서 불균형의 심화는 극단적인 대립과 폭력을 초래할 수 있다.

여기서 강조되는 것은 3D프린터의 등장으로 산업계의 변화가 점쳐지는데 바로 '맞춤 기반 소량 생산'이다. 사실 산업혁명의 기본은 획일화된 제품의 생산과 사용이라 볼 수 있다. 똑같은 제품을 한 번에 많이 만드는 것이야말로 '생산 속도는 빠르게, 가격은 더 낮게' 할 수 있는 핵심 요인이다. 그동안 대량 생산 체제를 거부하면 여러 부분에서 마찰을 빚으므로 가능하면 이를 거스르지 않으려 노력한다.

자율자동차, 드론과 함께 첨단 미래의 3대 요소로 설명되는 3D프린터는 이와 전혀 다른 개념에서 출발한다.

한마디로 '필요에, 취향에' 맞춰 원하는 제품을 큰 부담 없이 만들어 내는 것을 덕목으로 삼기 때문이다.

3D프린팅은 1980년대에 설계 도면만 입력하면 플라스틱 등은 물론 수많은 재료를 사용하여 다양한 형태의 구조물을 만들어 내는 것으로

부터 시작됐다.

물론 초기부터 만족스러운 결과를 얻은 것은 아니다. 단정하지도 않고 정밀도도 떨어지며 출력 시간도 만만치 않았다. 더불어 특허권자가 독점하므로 가격도 엄청나 아무나 사용할 수 있는 것은 아니다.*/**

* 「21세기 연금술의 진화 새로운 시선, 3D프린팅 기술의 현재와 미래」, 최호섭, 발명특허 vol 460

** 「3D프린터를 활용한 융합교육이 초등학생의 컴퓨팅 사고력에 미치는 영향」, 임동훈, 정보교육학회논문지 제23권 제5호, 2019

https://koreascience.kr/article/JAKO201931765017722.pdf

한국의 학자들은 한국이 수출 등 대외 의존도가 높아 세계 정황에 상당한 취약점이 노출되지만 이를 새로운 기회로 만들 수 있다고 설명한다. 미래 첨단 사회는 인공지능 컴퓨터와 네트워크를 기반으로 하므로 한국은 유리한 고지에 있다는 설명이다.

자율주행차, 드론, 3D프린터 시대에 시장의 기반이 되는 반도체, 디스플레이, 배터리 등에서 국내 업체들이 강력한 경쟁력을 가지기 때문이다. 특히 건설 분야는 세계 최강으로 설명되는데 3D프린팅의 신기술이 가세한다면 한 차원 높은 미래를 만들어 낼 수 있다는 뜻이다.*

* 「4차 산업혁명 큰 기회…'AI 퍼스트' 전략 세우자」, 최경섭, ZDNet Korea, 2017. 02. 03.

한국의 직원을 구하지 못해 동동 구르는 회사들이 증가하고 있는데 공작기계 부문은 더욱 어려움이 많다고 지적되었다.

기본적으로 일은 고되고 임금이 그리 높지 않기 때문이다. 특히 일감이 없어서가 아니라 금형을 만들 직원을 구하지 못해서인데, 이에 3D프린터가 등장하자 돌파구가 열렸다.

사실 3D프린팅은 금형산업의 천적이라고 볼 수 있다.

제품을 찍어내는 성형 틀의 일종인 금형 없이 마법처럼 제품을 생산할 수 있기 때문이다. 3D프린팅 기술이 장차 전통 제조업종을 위협하고 일자리도 줄이는 부작용을 일으킬 수 있다는 우려는 3D프린터의 등장 초기부터 제기된 일이다. 그런데 이런 문제가 모든 업종, 모든 국가에서 똑같이 발생하는 것은 아니다.

한국의 경우 금형산업에서 3D프린팅이 오히려 기존 제조업종의 일손 부족 문제를 덜어주고 상품 제작효율을 높일 수 있는 보완 기술 역할로 활로를 찾아주고 있다는 설명이다. 2017년 미래창조과학부의 손진철 사무관이 정확하게 이야기한다.

"금형업계 분들은 3D프린터를 싫어하실 줄 알았는데 오히려 환영하시더군요. 그래서 정부는 앞으로 국가 기술 자격증을 발급하기로 하고 관련 기술을 인증하는 기사 시험도 만들 계획입니다."

3D프린터가 바꾸는 세상

앞에서 3D프린터의 활약으로 3D프린터가 적용되고 있는 분야를 여러 가지로 설명하였지만, 여기서는 일자리 차원에서 포괄하여 설명한다.

3D프린터가 바꿔놓을 세상의 대전제는 그동안 산업계에서 누군가가 상품을 만들어 내면 그 가운데 자신이 원하는 것을 골라서 구매해야 했

다. 그러나 3D프린터는 이런 개념에서 벗어나 자신이 원하는 물건을 집에서 마음대로 만들 수 있다는 것을 대전제로 한다.

이 말은 3D프린터 기술이 발전할수록 우리의 소비문화가 획기적으로 달라질 수 있다는 의미다.

소비문화가 달라진다는 것은 전체 산업구조가 크게 바뀐다는 뜻이다. 이를 간단하게 설명하면 어떤 직업은 영원히 사라지고 어떤 직업은 새로 생겨나 유망 직업으로 올라선다는 뜻이다. 3D프린터 하나가 세상을 뒤바꾸는 엄청난 힘을 갖고 있다는 사실을 간과하지 말라는 뜻이다.

3D프린팅, 즉 3D프린터로 물건을 만들어 내는 기술은 1980년대에 개발되어 시제품을 제작하거나 콘셉트 디자인을 만들 때 주로 사용했다. 그런데 40년밖에 지나지 않았음에도 자동차, 항공 우주, 방위산업, 가전제품, 의료 장비, 의학, 건축, 교육, 애니메이션, 엔터테인먼트, 완구, 패션 같은 다양한 산업에서 활발하게 이용하고 있다.

한마디로 3D프린팅은 다양한 분야에 커다란 지각변동을 일으키고 있는데 앞에서 여러 단원으로 설명되었지만, 지각변동을 일으킨다는 사실 자체가 수많은 일자리의 요동을 의미한다.

눈 크게 뜨고 3D프린터가 바꿔놓을 미래 세계를 파악한다면 수많은 일자리에 선도적으로 나갈 수 있다는 뜻이기도 하다.

일자리 자체가 워낙 많은 요소에 의해 결정되지만, '에드윈' 김해림 기자의 3D프린터 접목으로 생기는 새로운 직업 설명은 3D프린팅이 어느 분야까지 영향을 미칠 수 있는가를 잘 보여준다. 단편적이지만 앞에서 설명한 3D프린터와 연계해서 살피면 이해하기 쉽다.

① 맞춤형 개인소품 제작자

사람들이 자신의 취향에 맞는 품질을 사고 싶어 한다는 것은 기본이다. 한마디로 3D프린터로 만들어 내는 인형, 액세서리, 신발, 인테리어 소품 같은 분야에서 개인 맞춤형 제품을 적은 양으로 제작해 직접 판매하는 창업자가 늘어날 것이다. 한국에도 이미 손님의 얼굴이나 태아의 피규어를 제작해 주는 3D프린터 전문점이 성업 중이다. 피규어(figure)란 관절이 움직여 다양한 동작을 표현할 수 있는 모형 장난감을 뜻한다.

② B2C 부품 제작 및 창업자

3D프린터가 하드웨어라면 디자인을 담은 디지털 디자인 설계도는 3D프린팅의 소프트웨어라고 할 수 있다. 3D프린팅 제품의 질은 설계도가 좌우하므로 이는 숱한 고객들이 좋은 설계도를 찾기 위해 온라인 시장을 찾게 될 것은 기본이다. 한마디로 3D 디자인을 사고파는 중개 사이트 등이 활성화되어 작곡가가 자신이 만든 음원의 저작권료를 받는 것처럼 3D프린팅 디자이너 또한 자신이 만든 디지털 도면을 사용하는 사람들에게 저작권료를 받는 시대가 열릴 것으로 예상한다.

③ 바이오 인공장기 제작사

치아나 턱뼈, 인공 혈관, 귀 같은 신체 일부를 환자의 몸에 딱 맞게 맞춤형으로 전문 제작하는 직업이 생겨나리라는 것은 자연스러운 예측이다. 한마디로 3D 바이오 프린터로 의료 분야 제작을 전담하는 사람들이 등장한다. 맞춤형 신발이나 의자를 만들기 위해서는 반드시 사용할 사람의 몸을 측정해야 하므로 이를 전담하는 인체 측정사도 새로운 직장을 얻는다.

④ 3D 출력물 품질 및 신뢰성 평가 전문가

3D프린터로 출력한 제품들이 우수수 쏟아져 나오면서, 이 제품들의 품질과 신뢰성을 평가하는 전문직이 필요하지 않을 수 없다. 이들의 주 업무는 복잡한 저작권법 문제를 해결해주는 것을 기본으로 한다.

⑤ 3D프린팅 소재 코디네이터

소비자가 원하는 제품을 만들 수 있는 가장 적당한 소재가 무엇인지를 찾아주는 3D프린팅 소재 코디네이터 직업도 등장한다. 당연히 3D프린팅 컨설턴트도 힘을 얻는다. 3D프린터를 이용하는 사람들이 모두 전문가가 아니므로 전문가들의 기술적인 자문은 항상 유효하다.

⑥ 3D프린터 예술가

3D프린터로 창의적인 예술 작품을 만드는 사람들도 등장한다. 그동

안은 상상도 할 수 없었던 새로운 설치미술, 도자기, 조형물 등이 3D프린터를 통해 탄생할 수 있다는 뜻이다. 수많은 3D패션디자이너가 직업을 얻게 된다는 것은 기본이다.*

* 「3D프린터가 바꿔놓을 세상, 어떤 직업이 '흥'할까」, 김해림, 에듀진, 2018. 01. 26.

한국에서 3D프린팅 기술이 여러 방면에서 본격적으로 실용화되려면 넘어야 할 산이 있는 것은 사실이다.

우선 소재 기술 개발이 급선무로 어떤 소재의 재료를 프린터에 넣느냐에 따라 이를 이용해 찍어내는 완성품의 내구성, 마감 품질, 제작 속도, 제조원가 등이 천차만별이기 때문이다.

학자들이 가장 크게 주목하는 것은 3D프린터를 다양한 제조 공정에 맞게 효율적으로 운영하도록 하는 소프트웨어 개발로 지구상의 수많은 제품 하나하나 코딩된 소프트웨어가 필요하다는 점이다.

이를 누가 하느냐 하는 질문에 대한 대답은 간단하다. 필요한 사람이 만들면 '만사 OK'라는 설명이다.

현재 지구를 석권하고 있는 챗GPT가 코딩까지 가능하다고 하지만 챗GPT에 지령하는 질문, 다시 말해서 프롬프트의 기본은 인간의 작동으로부터 시작된다는 점이다. 이 말은 3D프린팅으로 생기는 수많은 일자리가 대기하고 있다는 뜻이다.*

* 「3D프린터가 일자리를 빼앗는다고요? 오해예요!」, 민병권, 서울경제신문, 2017년 03월호

맺음말

하루가 다르게 급변하는 미래가 어떻게 움직일지 정확하게 예측하기란 간단한 일은 아니지만 한 가지 사실만은 분명하다.

과학기술의 발달로 인한 가장 큰 수혜자는 혁신적인 사고를 부단히 창출하는 사람이라는 것이다.*/**

* 「4차 산업혁명의 충격」, 클라우스 슈밥 외, 흐름출판, 2016

** 「다양한 인재…그러나 4차 산업혁명에 걸맞은 핵심 능력은」, 곽수근, 조선일보, 2017. 03. 30.

첨단기술의 기본은 '창조성'과 '생각하는 힘'이다. 여기에 '유연성'까지 합쳐지면 금상첨화다. 새로운 시대를 맞이하는 방법은 두려워하지 않고 도전하는 마인드가 중요하다.*/**

* 「대학에 가서 무엇을 해야 하나」, 임선애, 경북일보, 2017. 01. 25.

** 「일이 아니라 인류 자체를 바꾼다」, 김은영, 사이언스타임스, 2016. 12. 30

보다 노골적으로 창조적인 생각을 유도하는 방법으로 다양한 발명과 새로운 아이디어 창출에 관한 한 3D프린터처럼 문호가 폭넓게 개방되고 있는 사례는 없다.*/**/***

* 「[지식재산 이야기] 미래인재 양성의 길, 발명 교육」, 이영대, 대전일보, 2016. 11. 16.

** 「15년 후 인공지능 대통령 가능」, 김은영, 사이언스타임스, 2016. 11. 08.

*** 「이세돌, 처음부터 질 수밖에 없었던 경기」, CBS 시사자키, 노컷뉴스, 2016. 03. 10.

3D프린팅이 21세기의 연금술이라 불리는 이유라고도 할 수 있다. 3D프린팅에서 자신에 맞는 역할을 찾는 것이 첨단과학기술 시대를 현명하게 이겨나갈 수 있는 길이라는 사실!

이의를 제기할 까닭은 없을 성싶다.

3D프린팅은 기본적으로 CAD 기술 표현기법으로부터 발전해왔다고 볼 수 있다. 다시 말해 컴퓨터 프로그램이 업그레이드되면서 그래픽을 실물로 만드는 단계로 발전했다고 볼 수 있다.

바로 이 이아디어, 3D프린팅이 4차 산업혁명의 3대 핵심 요소인 자율자동차, 드론과 함께 미래를 이끄는 핵심 요소가 되었다는 뜻이다.

3D프린터가 자동차, 항공기, 집까지 만들 정도로 전방위로 확장될 수 있는 것은 신기술 사용에 대한 지구인들의 거부반응이 없기 때문이다. 한마디로 신(新) 환경 청정 사회에 적격이기 때문이라고도 설명할 수 있겠는데, 미국 뉴욕타임스는 다음과 같이 썼다.

'3D프린터는 특히 일반 방식보다 온실가스 배출이 적고, 자원 낭비가 적다.'

뉴욕타임스가 지구인들이 가장 듣고 싶어 하는 이야기를 콕 집어 이야기한 것이다. 3D프린터가 일반 공장에서 물건 만드는 것보다 제조 과정이 간단하므로 시간과 비용이 크게 줄어든다는 사실은 이미 구문(舊聞)이다. 미국 건설업계에 따르면 집을 제작할 때 3D프린터는 기존 주택 제조방식보다 95%가량의 시간을 절약할 수 있다고 한다. 더불어 딱 필요한 만큼만 자재를 쓰기 때문에 산업 폐기물도 대폭 줄어든다. 주택 한 채를 지을 때마다 2t의 이산화탄소 감축 효과가 있다고 설명한다.*

* 집 하루에 뚝딱, 이산화탄소는 2t 감축… ESG에 '3D프린터' 부활」, 최인준, 조선일보, 2021. 10. 14.

21세기의 연금술이라는 말을 들을 정도로 3D프린터가 현대사회에서 큰 파급력을 갖고 온다는 것을 의미하므로 현명한 독자들은 이를 자신의 기회로 만드는 데 주저하지 않을 것이다.*

* 「국내 3D프린팅 산업 활성화 방안」, 김하진, 전자공학회지 2016. 8.

21세기 연금술
3D 프린터

초판1쇄 2024년 7월 1일 발행
지은이 과학국가박사 이종호
펴낸이 모두출판협동조합(이사장 이재욱)
펴낸곳 MODOOBOOKS
디자인 디자인플러스

MODOOBOOKS 등록일 2017년 3월 28일
등록번호 제 2013-3호
주소 서울특별시 도봉구 덕릉로 54가길 25(창동 557-85, 우 01473)
전화 02)2237-3316
팩스 02)2237-3389
이메일 ssbooks@chol.com

ISBN 979-11-89203-45-0(03500)

*책값은 뒤표지에 씌어 있습니다.